高职高专工程造价专业系列教材

建 筑 施 工 工 艺

庞金昌　主编

中国建材工业出版社

图书在版编目（CIP）数据

建筑施工工艺/庞金昌主编. —北京：中国建材
工业出版社，2010.6（2024.8 重印）
（高职高专工程造价专业系列教材）
ISBN 978-7-80227-774-8

Ⅰ. ①建… Ⅱ. ①庞… Ⅲ. ①建筑工程－工程施工－
高等学校：技术学校－教材 Ⅳ. ①TU7

中国版本图书馆 CIP 数据核字（2010）第 087603 号

内 容 介 绍

本书根据《高等职业教育工程造价专业教育标准和培养方案及主干课程教学大纲》的要求编写而成。本书共由 10 章组成，内容涵盖了建筑工程施工工艺的各个分部分项工程。在编写方式上，没有冗长的叙述语言，抓住了施工工艺的关键要素，从材料要求、主要机具、作业条件、操作工艺等几个方面直接切入主题，脉络清晰，通俗易懂。

本教材的主要内容包括：土方工程、地基与基础工程、砌体工程、钢筋混凝土工程、预应力混凝土工程、结构吊装工程、防水工程、装饰工程、高层建筑施工简介、季节性施工。

本教材可作为高等职业教育工程造价与建筑管理类专业教材，也可作为工程技术人员的参考资料。

建筑施工工艺

庞金昌　主编

出版发行　中国建材工业出版社
地　　址：北京市西城区白纸坊东街 2 号院 6 号楼
邮　　编：100054
经　　销：全国各地新华书店
印　　刷：北京雁林吉兆印刷有限公司
开　　本：787mm×1092mm　　1/16
印　　张：13.5
字　　数：330 千字
版　　次：2010 年 6 月第 1 版
印　　次：2024 年 8 月第 8 次
书　　号：ISBN 978-7-80227-774-8
定　　价：**36.80 元**

本社网址：www.jccbs.com.cn
本书如有印装质量问题，由我社事业发展中心负责调换，联系电话：(010) 63567692

《高职高专工程造价专业系列教材》
编 委 会

丛书顾问：杨文峰

丛书编委：（按姓氏笔画排序）

刘 镇　张 彤　张 威

张万臣　邱晓慧　杨桂芳

吴志红　庞金昌　姚继权

洪敬宇　徐 琳　黄 梅

盖卫东　虞 骞

《建筑施工工艺》编委会

主　编：庞金昌

副主编：吴秀峰

参　编：刘义贤　马 军　刘文生　党 伟

前　　言

建筑工程施工是涉及结构施工、装饰装修和设备安装等多种专业的综合性学科。随着我国经济建设的发展，人们对建筑工程的质量和施工环境也提出了更高的要求。为此，在建筑施工中必须采用合理的施工工艺标准，作为实际操作和质量控制的依据。

建筑施工工艺是工程造价、建筑管理专业的主要技术课程之一，其研究的主要内容包括建筑工程的施工工艺、质量验收标准和施工中的安全技术等。本书依据《高等职业教育工程造价专业教育标准和培养方案及主干课程教学大纲》的要求，详细地阐述了一般工业与民用建筑的施工程序，建筑施工各项分部工程的施工方法、施工工艺、施工特点，旨在培养学生独立分析和解决建筑工程施工中的基本问题的职业能力，以达到该专业的培养目标。

本书共分十章，内容主要包括：土方工程、地基与基础工程、砌体工程、钢筋混凝土工程、预应力混凝土工程、结构吊装工程、防水工程、装饰工程、高层建筑施工简介、季节性施工。

本书语言通俗易懂、实用性强，并且注重利用图片和表格辅助讲解知识和技能，既可作为企业施工工艺标准用语编制施工方案、进行技术交底，也可以用于施工准备、指导操作。

本书编写过程中参考借鉴了相关资料，并得到多方支持与帮助，在此表示衷心感谢。

由于建筑工程施工是一门实践性强、涉及面广、发展快的应用学科，加之编者的水平有限，书中难免存在不妥之处，恳请读者批评指正。

编　者

目　　录

第1章 土方工程

重 点 提 示

1. 掌握土方工程的相关内容、土方边坡与支撑的表示方法。
2. 理解土方工程量的计算、土方开挖的施工过程。
3. 掌握施工排水、土方填筑与压实的方法。
4. 了解定位放线、土方调配的方法。

1.1 概述

1.1.1 土方工程特点

土方工程是基础施工的重要施工过程，它的特点是工程量大，施工工期长，劳动强度大。一个大型建筑项目的场地平整，土方工程量可达数百万立方米以上，施工面积可达数十平方公里，大型基坑的开挖，有的深达20m。土方工程施工条件复杂，多为露天作业，受地区气候、水文、地质等条件的影响，劳动条件差。因此在组织土方工程施工前，必须做好施工组织设计，选择好施工方法和机械设备，制定出合理的调配方案，实行科学管理，以保证工程质量，并取得较好的经济效果。

1.1.2 土的工程分类

在土方工程施工中，根据土方施工时的开挖难易程度，将土分为松软土、普通土、坚土、砂砾坚土、软石、次坚石、坚石、特坚石八类。前四类属于一般土，后四类属于岩石，土的具体分类方法及其现场鉴别方法见表1-1。

表 1-1 土的工程分类与现场鉴别方法

土的分类	土的名称	开挖方法	可松性系数	
			K_s	K'_s
一类土（松软土）	砂土、粉土、冲积砂土，种植土、泥炭（淤泥）	能用锹、锄头挖掘	1.08～1.80	1.01～1.04
二类土（普通土）	粉质黏土，潮湿的黄土，夹有碎石、卵石的砂，种植土，填筑土	用锹、锄头挖掘，少许用镐翻松	1.14～1.28	1.02～1.05
三类土（坚土）	软及中等密实黏土，重粉质黏土，粗砾石，干黄土及含碎石、卵石的黄土，粉质黏土，压实的填筑土	主要用镐，少许用锹、锄头，部分用撬棍	1.24～1.30	1.04～1.07
四类土（砂砾坚土）	重黏土及含碎石、卵石的黏土，粗卵石，密实的黄土，天然级配砂石，软的泥灰岩及蛋白石	用镐、撬棍，然后用锹挖掘，部分用楔子及大锤	1.26～1.37	1.06～1.15

续表

土的分类	土的名称	开挖方法	可松性系数	
			K_s	K'_s
五类土（软石）	硬石炭及黏土，中等密实的页岩、泥灰岩，白垩土，胶结不紧的砾岩，软的石灰岩	用镐或撬棍、大锤，部分使用爆破	1.30～1.45	1.10～1.20
六类土（次坚石）	泥岩，砂岩，砾岩，坚实的页岩、泥灰岩，密实的石灰岩，风化花岗岩、片麻岩	用爆破方法，部分用风镐	1.30～1.45	1.10～1.20
七类土（坚石）	大理岩，辉绿岩，粗、中粒花岗岩，坚实的白云岩、砂岩、砾岩、片麻岩、石灰岩	用爆破方法	1.30～1.45	1.10～1.20
八类土（特坚石）	玄武岩，花岗片麻岩，坚实的细粒花岗岩、闪长岩、石英岩、辉绿岩	用爆破方法	1.45～1.50	1.20～1.30

注：K_s 为最初可松性系数，K'_s 为最后可松性系数。

1.1.3 土的工程性质

土的基本工程性质包括：土的密度、天然含水量、可松性、透水性等。

1. 土的密度

土的密度通常可分为天然密度、干密度、饱和密度和浮密度。

（1）天然密度。土在天然状态下单位体积的质量称为土的天然密度，它影响土的承载力、土压力及边坡的稳定性，通常用环刀法测定。天然密度可按下式计算：

$$\rho = \frac{m}{V} \tag{1-1}$$

式中 ρ——土的天然密度，单位为 kg/m³；

m——土的总质量，单位为 kg；

V——土的天然体积，单位为 m³。

一般黏性土的天然密度为 1800～2000kg/m³，砂土的天然密度为 1600～2000kg/m³。

（2）干密度。单位体积土中固体颗粒的质量称为土的干密度。土的干密度越大，表示土越密实。工程上常把干密度作为检验填土压实质量的控制指标，通常用环刀法和烘干法测定。土的干密度可按下式计算：

$$\rho_d = \frac{m_s}{V} \tag{1-2}$$

式中 ρ_d——土的干密度，单位为 kg/m³；

m_s——土中固体颗粒的质量，单位为 kg；

V——土的天然体积，单位为 m³。

2. 土的天然含水量

土的天然含水量是指在天然状态下，土中所含水的质量与土的固体颗粒的质量之比，通常用百分数表示，计算公式如下：

$$W = \frac{G_1 - G_2}{G_2} \times 100\% \tag{1-3}$$

式中　W——土的天然含水量；

　　　G_1——含水状态时土的质量，单位为 kg；

　　　G_2——土中固体颗粒的质量，单位为 kg。

土的干湿程度影响土方施工方法的选择、边坡的稳定和回填土的夯实质量，一般用土的含水量来表示。土的含水量越大，对施工就越不利，如果超过 30%，则机械化施工就困难；而回填土则需有最佳含水量，方能夯压密实，获得最大干密度。土的最佳含水量和最大干密度参考值见表 1-2。

表 1-2　土的最佳含水量和最大干密度

土的种类	最佳含水量 （质量比）（%）	最大干密度 （g/cm³）	土的种类	最佳含水量 （质量比）（%）	最大干密度 （g/cm³）
砂　土	8～12	1.80～1.88	黏　土	19～23	1.58～1.70
粉　土	16～22	1.61～1.80	粉质黏土	12～15	1.85～1.95

3. 土的可松性

自然状态下的土经开挖后，其体积因松散而增大，以后虽经回填压实，也不能恢复其原来的体积，这种现象称为土的可松性。由于土方工程量是以自然状态的体积来计算的，所以在土方调配、计算土方机械生产率及运输工具数量等的时候，必须考虑土的可松性。土的可松性程度用可松性系数表示，即

$$K_s = \frac{V_2}{V_1} \tag{1-4}$$

$$K'_s = \frac{V_3}{V_1} \tag{1-5}$$

式中　K_s——最初可松性系数；

　　　K'_s——最后可松性系数；

　　　V_1——土在天然状态下的体积，单位为 m³；

　　　V_2——土经开挖后的松散体积，单位为 m³；

　　　V_3——土经回填压实后的体积，单位为 m³。

在土方工程中，K_s 是计算土方施工机械及运土车辆等的重要参数，K'_s 是计算场地平整标高及填方时所需挖土量等的重要参数。各类土的可松性系数可参照表 1-1。

4. 土的透水性

土的透水性是指土体被水透过的性质，是水流通过土中空隙的难易程度，一般以渗透系数 K 表示。渗透系数 K 表示单位时间内水穿透土层的能力，单位为 m/d。K 值的大小将直接影响降水方案的选择和涌水量计算的准确性，一般应通过室内渗透试验或现场抽水试验确定。一般土的渗透系数参考值见表 1-3。

表 1-3　土的渗透系数参考值

土的种类	K（m/d）	土的种类	K'（m/d）
黏　土	<0.005	中　砂	5～20
粉质黏土	0.005～0.10	均质中砂	35～50
粉　土	0.1～0.50	粗　砂	20～50
黄　土	0.25～0.50	圆砾石	50～100
细　砂	1.0～5.00	砾　石	100～500

1.2　土方工程量的计算和调配

1.2.1　场地平整的土方工程量计算

大型工程项目通常要进行场地平整，场地平整就是挖高填低将天然地面改造成施工所要求的设计平面。计算场地挖方量和填方量，首先要确定场地平整设计标高。场地平整设计标高的确定一般有以下两种情况：

（1）整体规划设计时确定场地设计标高，需要综合考虑的因素包括：

①要与已有建筑标高相适应。

②尽量利用地形，减少挖方数量。

③能满足生产工艺和运输的要求。

④要有一定的泄水坡度，以满足排水需要等。

⑤要求场地内的挖方和填方基本平衡，以降低土方运输的费用。

（2）总体规划没有确定场地设计标高时，以场地内挖填平衡、降低运输费用为原则，确定设计标高。由此计算场地平整的土方量的步骤如下：

①划分方格网。依据已有地形图（1/500）划分成边长相等的若干个方格网，方格网的规格一般采用 20m×20m～40m×40m。

②确定各角点的自然地面标高。

③确定各角点的设计地面标高。

④确定各个角点的施工高度（挖或填），挖方为（一），填方为（＋）。

⑤确定零线。

⑥计算方格挖、填方量。

⑦计算土方量汇总。

分别将挖方区（填方区）所有方格计算的土方量和边坡土方量汇总，即得该场地挖方和填方的总土方量。

1.2.2　土方工程施工前的准备工作

（1）场地清理。包括清理地面及地下各种障碍。在施工前应拆除旧房和古墓，拆除或改建通信、电力设备、地下管线及地下建筑物，迁移树木，去除耕植土及河塘淤泥等工作。

（2）排除地面水。场地内低洼地区的积水必须先排除干净，同时应注意雨水的排除，使场地保持干燥，以利于土方施工。地面水的排除一般采用排水沟、截水沟、挡水土坝等措施。

（3）做好土方工程测量、放线工作。

（4）修筑好临时道路及供水、供电等临时设施。

（5）做好材料、机具及土方机械的进场工作，并保证机械的正常运转。

（6）根据土方施工设计做好土方工程的辅助工作，如边坡稳定、基坑（槽）支护、降低地下水等。

1.2.3　土方的调配

1. 土方调配的原则

（1）好土尽量用在回填质量要求较高的地区。

（2）土方平衡调配应尽可能地与大型地下建筑物的施工相结合，将余土一次性地运送到指定弃土场，做到文明施工。

（3）合理布置挖、填方分区线，选择恰当的调配方向、运输线路，使土方运输无对流和乱流现象，便于机械化施工。

（4）应力求达到挖方与填方基本平衡和就近调配，使挖（填）方量与运距的乘积之和尽可能最小，使总土方运输量或运输费用最小。

（5）土方调配应考虑近期施工与后期利用相结合的原则，考虑分区与全场相结合的原则，还应尽可能与大型地下建筑物的施工相结合，以避免重复挖运和场地混乱。

2. 土方调配区的划分原则

在划分调配区的时候要注意以下几点：

（1）调配区的划分应与工程建（构）筑物的平面位置相协调，并考虑它们的开工顺序和工程分期的开工顺序。

（2）调配区的大小应满足土方施工主导施工机械的技术要求，尽可能地降低工程的施工成本。

（3）调配区的范围应该和土方工程量计算时用的方格网相协调，可将若干个方格组成一个调配区。

（4）当土方运距比较大或者场地范围内的土方挖填量不平衡时，应根据附近地形来考虑就近取（弃）土，此时每个取（弃）土区都可以作为一个独立的调配区。

3. 平均运距的确定

确定了调配区的大小和位置以后，便可计算各个挖填方调配区之间的平均运距。如果土方施工是用铲运机或推土机施工，则挖方和填方调配区土方重心之间的距离一般就是该挖方和填方调配区之间的平均运距。若挖方和填方调配区之间的距离较远，则可采用汽车、自行式铲运机或其他运土工具沿工地现有的道路或者规定路线运土，其运距应该按路线实际距离进行计算。

4. 土方施工单价的确定

采用汽车或其他专用运土工具运土时，调配区之间的运土单价可根据预算定额确定。采用多种机械施工时，除了要考虑单机核算问题外，还要考虑运、填配套机械的施工单价，确定一个综合单价，所以这时确定土方的施工单价就比较复杂。

5. 土方调配

土方调配时，由于有多个挖（填）方区，这样导致从不同的挖方区到填方区的运输路线就有很多种，因此方案便有很多种，且最优方案可以不只一个，为人们提供了更多的选择余地，这些方案调配区或调配土方量可以不同，但它们的目标函数都是相同的。当土方调配区数量较多时，为了找出最优方案，现已有较完善的电算程序，能准确、迅速地求得最优方案值，而且还能得到所有可能的最优方案。

1.3 定位放线与土壁支护

1.3.1 建筑物的定位放线

基坑（槽）的施工，应首先进行房屋定位和标高引测，然后根据基础的底面尺寸、埋置深度、土质好坏、地下水位的高低及季节性变化等不同情况，考虑施工需要，确定是否需要留工作面（施工人员操作、支模板等所需要的平面位置）、放坡、增加排水设施和设置支撑，从而定出挖土边线和进行放灰线工作。

1. 基槽放线

根据房屋主轴线控制点，将外墙轴线的交点用木桩测设在地面上，并在桩顶钉上钢钉作为标志。房屋外墙轴线测定以后，再根据建筑物平面图，测出内部开间所有轴线。最后根据边坡系数计算的开挖宽度，在中心轴线两侧的地面上用石灰撒出基槽开挖边线。为便于基础施工时复核轴线位置，还应同时在房屋四周设置龙门板。

2. 柱基放线

基坑开挖前，从设计图上查对基础的纵横轴线编号和基础施工详图，根据柱子的纵横轴线，用经纬仪在矩形控制网上测定基础中心线的端点，同时在每个柱基中心线上，测定基础定位桩，每个基础的中心线上设置 4 个定位木桩，其桩位离基础开挖线的距离为 0.5～1.0m。若基础之间的距离不大，可每隔 1～2 个或几个基础打一个定位桩，但两个定位桩的间距应≤20m，以便拉线恢复中间柱基的中线。桩顶上钉一钉子，标明中心线的位置。然后按照施工图上柱基的尺寸和按边坡系数确定的挖土边线的尺寸，放出基坑上口挖土灰线，标出挖土范围。

大基坑开挖，根据房屋的控制点，用经纬仪放出基坑四周的挖土边线。

1.3.2 土壁支护

1. 土方边坡坡度

土方边坡坡度用其高度与其底宽度之比来表示，如公式（1-6）所示。

$$土方边坡坡度 = \frac{H}{B} = \frac{1}{\dfrac{B}{H}} = \frac{1}{m} \tag{1-6}$$

式中　H——土方边坡的高度；

　　　B——土方边坡的底宽度；

　　　m——坡度系数，$m = \dfrac{B}{H}$。

边坡坡度应根据土质、开挖方法、开挖深度、施工工期、地下水位、坡顶荷载及气候条件等因素确定。边坡可做成直线形、折线形或踏步形，如图 1-1 所示。

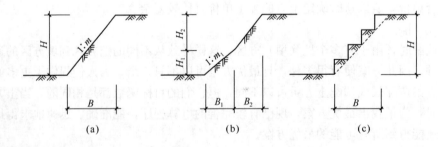

图 1-1　土方放坡
(a) 直线形；(b) 折线形；(c) 踏步形

使用时间较长的临时性挖方边坡的坡度，应根据边坡高度和工程地质，结合当地实践经验确定。施工时，土方边坡坡度的留设应考虑土质、开挖深度、开挖方法、施工工期、地下水水位、坡顶荷载及气候条件等因素的影响。临时性挖方边坡坡度应符合表 1-4 所列的规定。

表 1-4　临时性挖方边坡坡度

土 的 类 别		边坡坡度（高：宽）
砂土（不包括细砂、粉砂）		1：1.25～1：1.50
一般性黏土	硬	1：0.75～1：1.00
	硬、塑	1：1.00～1：1.25
	软	1：1.50 或更缓
碎石类土	充填坚硬、硬塑黏性土	1：0.50～1：1.00
	充填砂土	1：1.00～1：1.50

注：1. 设计有要求时，应符合设计标准。

　　2. 如采用降水或其他加固措施，可不受此表限制，但应计算复核。

　　3. 开挖深度，对软土不应超过 4m，对硬土不应超过 8m。

永久性挖方边坡应按设计要求放坡，临时性挖方边坡值应符合表 1-5 所列规定。

表 1-5　深度在 5m 的基坑（槽）、管沟边坡的最大允许坡度（不加支撑）

土 的 类 别	边坡坡度（高：宽）		
	坡顶无荷载	坡顶有静载	坡顶有动载
中密的砂土	1：1.00	1：1.25	1：1.50
中密的碎石类土（充填物为砂土）	1：0.75	1：1.00	1：1.25
硬塑的粉土	1：0.67	1：0.75	1：1.00
中密的碎石类土（充填物为黏性土）	1：0.50	1：0.67	1：0.75
硬塑的粉质黏土、黏土	1：0.33	1：0.50	1：0.67
老黄土	1：0.10	1：0.25	1：0.33
软土（经井点降水后）	1：1.00	—	—

注：1. 静载指堆土或材料等，动载指机械挖土或汽车运输作业等。静或动载距挖方边缘的距离应保证边坡和直立壁的稳定，堆土或材料应距挖方边缘 0.8m 以外，高度不超过 1.5m。

　　2. 当有成熟施工经验时，可不受本表限制。

2. 边坡稳定

基坑开挖后，如果边坡土体中的剪应力大于土的抗剪强度，则边坡就会滑动失稳。边坡的滑动一般是指土方边坡在一定范围内整体沿某一滑动面向下和向外移动而丧失其稳定性，如图 1-2 所示。边坡失稳往往是在外界不利因素影响下触发和加剧的。这些外界不利因素往往会导致土体剪应力的增加或抗剪强度的降低。

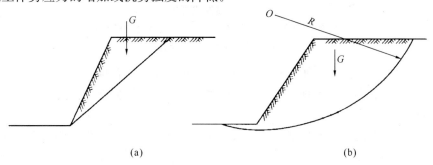

（a）　　　　　　　　　　　　　　　　（b）

图 1-2　土坡的滑动

（a）直线滑动面；（b）圆弧滑动面

一般情况下，开挖深度较大的基坑，应对土方边坡作稳定性分析，即在一定开挖深度及坡顶荷载下，选择合适的边坡坡度，使土体抗剪切破坏有足够的安全度，而且其变形不应超过某一容许值。边坡稳定的分析方法很多，如摩擦圆法、条分法等。

施工中除了应正确确定边坡外，还要进行护坡，以防边坡发生滑动。土体的下滑在土体中产生剪应力，引起下滑力增加的因素主要有：坡顶上堆物、行车等荷载，雨水或地面水渗入土中使土的含水量提高而使土的自重增加，地下水的渗流产生一定的动水压力，土体竖向裂缝中的积水产生侧向静水压力等。引起土体抗剪强度降低的因素主要是：气候的影响使土质松软，土体内含水量增加而产生润滑作用，饱和的细砂、粗砂受振动而液化等。

因此，在土方施工中，要预估各种可能出现的情况，采取必要的措施护坡防坍塌，特别要注意及时排除雨水、地面水，防止坡顶集中堆荷及振动。必要时可采用钢丝网细石混凝土（或砂浆）护坡面层。如是永久性土方边坡，则应做好永久性加固措施。

3. 基坑（槽）支护

基坑（槽）支护结构的主要作用是支撑土壁。此外，钢板桩、混凝土板桩及水泥土搅拌桩等围护结构还兼有不同程度的隔水作用。

基坑（槽）支护结构的形式有多种，根据受力状态可分为横撑式支撑、板桩式支护结构（悬臂式和支撑式）、重力式支护结构。

（1）横撑式支撑

横撑式土壁支撑多用于开挖较窄的沟槽（深5m以内）。横撑式土壁支撑根据挡土板的不同，分为水平挡土板式（间断式和连续式）和垂直挡土板式两类，如图1-3所示。湿度小的黏性土挖土深度<3m时，可用间断式水平挡土板支撑；对松散、湿度大的土可用连续式水平挡土板支撑，挖土深度可达5m。对松散和湿度很高的土可用垂直挡土板式支撑，其挖土深度不受限制。

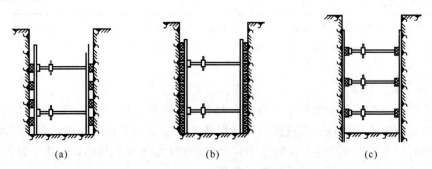

(a)   (b)   (c)

图1-3　横撑式支撑

（a）断续式水平挡土板支撑；（b）连续式水平挡土板支撑；
（c）连续式垂直挡土板支撑

挡土板、立柱及横撑的强度、变形及稳定等可根据实际布置情况进行结构计算。横撑式支撑不适用于较宽的沟槽，此时的土壁支撑可采用类似于基坑的支护方法。

（2）板桩支护结构

板桩支护结构由两大系统组成：挡墙系统和支撑（或拉锚）系统，如图1-4所示。悬臂式板桩支护结构不设支撑（或拉锚）。

挡墙系统常用的材料有槽钢、钢板桩、钢筋混凝土板桩、灌注桩及地下连续墙等。

钢板桩有平板形和波浪形两种，如图1-5所示。钢板桩之间通过锁口互相连接，形成一

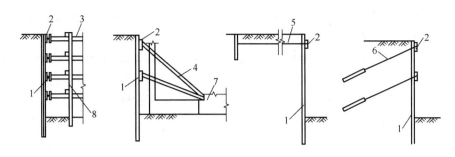

图 1-4　板式支护结构

1—板桩墙；2—围檩；3—钢支撑；4—斜撑；5—拉锚；

6—土锚杆；7—先施工的基础；8—竖支撑

(a)　　　　　　　　　　　　(b)

图 1-5　常用钢板桩

(a) 平板形；(b) 波浪形

道连续的挡墙，可用于 5~10m 的基坑。由于锁口的连接，使钢板桩之间连接牢固，形成整体，同时也具有较好的隔水能力。钢板桩截面积小，易于打入，U 形、Z 形等波浪式钢板桩截面抗弯能力较好。钢板桩在基础施工完毕后还可拔出重复使用。

支撑系统一般采用大型钢管、H 形钢或格构式钢支撑，也可采用现浇钢筋混凝土支撑。拉锚系统材料一般用钢筋、钢索、型钢或土锚杆。根据基坑开挖的深度及挡墙系统的截面性能，可设置一道或多道支点。基坑较浅，挡墙具有一定刚度时，可采用悬臂式挡墙而不设支撑点。

支撑或拉锚与挡墙系统通过围檩、压顶梁等连接成整体。

板桩施工要正确选择打桩方法、打桩机械和流水段划分，以便使打设后的板桩墙有足够的刚度和良好的防水作用，且板桩墙面平直，以满足基础施工的要求，对封闭式板桩墙还要求封闭合拢。

对于钢板桩，通常有以下三种打桩方法：

1) 单独打入法

此法是从一角开始逐块插打，每块钢板桩自起打到结束，中途不停顿。因此，桩机行走路线短，施工简便，打设速度快。但是，由于单块打入易向一边倾斜，累计误差不易纠正，墙面平直度难以控制。一般在钢板桩长度不大（<10m）、工程要求不高时可采用此法。

2) 围檩插桩法

此法是用围檩支架作板桩打设的导向装置，如图 1-6 所示。围檩支架由围檩和

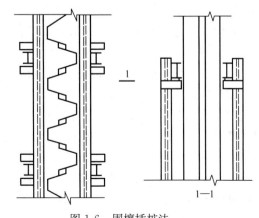

图 1-6　围檩插桩法

围檩桩构成，在平面上分单面围檩和双面围檩，高度方向有单层和双层之分。在打板桩时起导向作用。双面围檩之间的距离比两块板桩组合宽度大 8～15mm。

双层围檩插桩法是在地面上离板桩墙轴线一定距离先筑起双层围檩支架，而后将钢板桩依次在双层围檩中全部插好，成为一个高大的钢板桩墙，待四角实现封闭合拢后，再按阶梯形逐渐将板桩一块块打入设计标高。使用该方法可以保证钢板桩垂直度和平面尺寸准确性，但施工速度慢，不经济。

3）分段复打桩

此法又称屏风法，是将由 10～20 块钢板桩组成的施工段沿单层围檩插入土中一定深度形成较短的屏风墙，先将其两端的两块打入，严格控制其垂直度，打好后用电焊固定在围檩上，然后将其他的板桩顺序以 1/2（或 1/3）板桩高度打入。使用该方法可以防止板桩过大的倾斜和扭转，防止误差积累，有利于实现封闭合拢，且分段打设，不会影响邻近板桩施工。

打桩锤根据板桩打入的阻力确定，该阻力包括板桩端部阻力、侧面摩擦阻力和锁口阻力。为防止因过大锤击而产生板桩顶部纵向弯曲，桩锤不宜过重，一般情况下，桩锤质量约为钢板桩质量的 2 倍。此外，选择桩锤时还应考虑锤体外形尺寸，其宽度不能大于组合打入板桩块数的宽度之和。

地下工程施工结束后，需将钢板桩拔出，以便重复使用。钢板桩拔出时要正确确定拔出方法与拔出顺序。由于板桩拔出时带土，往往会引起土体变形，对周围环境造成危害，必要时还应采取注浆填充等方法。

（3）重力式支护结构

重力式支护结构主要是通过加固基坑周边土形成一定厚度的重力式墙，以达到挡土的目的。

1）水泥土搅拌桩

水泥土搅拌桩支护结构是近年发展起来的一种重力式支护结构。它是通过搅拌桩机将水泥与土进行搅拌，形成柱状的水泥加固土。常用深层搅拌水泥桩支护墙，即在基坑四周用深层搅拌法将水泥与土拌合，形成块状连续壁或格状连续壁，与壁间土组成复合重力式支护结构。这种支护墙具有挡土、挡水双重功能，相邻桩的搭接长度应≥200mm。宜用于场地较开阔，挖深≤6m，土质承载力标准值＜150kPa 的软土或较软土中。此外，还有高压旋喷帷幕墙、水泥粉喷桩、化学注浆防渗挡土墙等形式的重力支护结构。

水泥土加固体的强度取决于水泥掺入比（水泥质量与加固土体质量的比值），围护墙常用的水泥掺入比约为 12％～15％。常用的水泥强度等级为 32.5 级。

2）土钉墙结构

土钉墙结构是指在开挖边坡表面铺钢筋网，喷射细石混凝土，并每隔一定距离埋设土钉，使其与边坡土体形成复合体，共同工作，从而有效提高边坡稳定的能力。土钉长度宜为开挖深度的 0.5～1.2 倍，水平与竖向间距一般均在 1～2m 之间。其受力特点是通过斜向土钉对基坑边坡土体的加固增加边坡的抗滑力和抗滑力矩，以满足基坑边坡稳定的要求。这类结构一般采用钻孔中内置钢筋，然后孔中注浆的土钉，坡面用配有钢筋网的喷射混凝土形成的土钉墙。也有采用打入式钢管，再向钢管内注浆的土钉，或者采用土钉和预应力锚杆等结合的复合土钉墙结构。

1.4 施工排水

1.4.1 流砂现象

1. 形成原因

流砂现象形成的原因，是水在土中渗流所产生的动水压力对土体作用的结果，分为内因和外因。

（1）内因。内因取决于土的性质：土的孔隙度大、含水量大、黏粒含量少、粉粒多、渗透系数小、排水性能差等均容易产生流砂现象。因此，流砂现象经常发生在细砂、粉砂和亚砂土中。

（2）外因。流砂现象形成的外因条件取决于地下水及其产生动水压力的大小和方向：当地下水位较高，基坑内排水所造成的水位差较大时，动水压力也愈大。当动水压力大于或等于浮土重度时，就会推动土失去稳定，形成流砂现象。

2. 防治方法

"治砂必治水"是防治流砂的总原则，其途径有：减小或平衡动水压力；截住地下水流；改变动水压力的方向。具体措施如下：

（1）枯水期施工。因地下水位低，坑内外水位差小，动水压力减小，从而可预防和减轻流砂现象。

（2）人工降低地下水位。截住水流，不让地下水流入基坑，从而不仅可防治流砂和土壁塌方，还可改善施工条件。

（3）地下连续墙法。沿基坑的周围先浇筑一道钢筋混凝土的地下连续墙，从而起到承重、截水和防流砂的作用，可作为深基础施工的可靠支护结构。

（4）水中挖土。即不排水施工，使坑内外的水压相平衡，不致形成动水压力。如沉井施工，不排水下沉，进行水中挖土，水下浇筑混凝土等都是防治流砂的有效措施。

（5）打板桩。将板桩沿基坑周围打入不透水层，可起到截住水流的作用，或者打入坑底面一定深度，将地下水引至坑底以下流入基坑，不仅增加了渗流长度，而且改变了动水压力的方向，从而可达到减小动水压力的目的。

（6）抛大石块，抢速度施工。如在施工过程中发生局部的或轻微的流砂现象，可组织人力分段抢挖，挖至标高后，立即铺设芦席并抛大石块，增加土的压力，以平衡动水压力，争取在未产生流砂现象之前，将基础分段施工完毕。

此外，在含有大量地下水的土层中或沼泽地区施工时，还可采用土体冻结法；对位于流砂地区的基础工程，应尽可能采用桩基或沉井施工；各种方法可根据不同条件选用，其中井点降水是根除流砂的有效方法之一。

1.4.2 明排水

在开挖基坑或沟槽时，土壤里的含水层常被切断，地下水会不断渗入坑内。雨季施工时，地面水也会流入坑内。这些原因都可能导致边坡塌方和地基承载能力下降，从而引起安全事故。所以，必须在基坑开挖前确定排水、降水方案，并进行必要的准备工作。

土方工程中较多采用集水井降水法和井点降水法进行降水。

集水井排水法是在基坑或沟槽开挖时，采用截、疏、抽的方法来进行排水。开挖时，在坑底设置集水井，并沿坑底的周围或中央开挖排水沟，使水在重力作用下由排水沟流入集水井内，然后用水泵抽走，如图1-7所示。

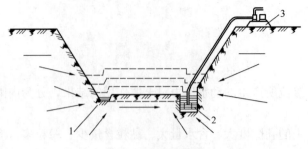

图1-7 集水井降水
1—排水沟；2—集水井；3—水泵

基坑四周的排水沟及集水井一般应设置在基础范围（0.4m）以外、地下水流的上游。明沟排水的纵坡宜控制在1‰～2‰，根据地下水量、基坑平面形状及水泵能力，集水井每隔20～40m设置一个。

集水井的直径或宽度一般为0.7～0.8m，其深度随着挖土的加深而加深，要经常低于挖土面0.8～1.0m。井壁可用竹、木或者砌筑等进行简易加固。

当基坑挖至设计标高后，井底应低于坑底1～2m，铺设碎石0.3m滤水层，以免在抽水时将泥砂抽出，并防止井底的土被搅动，同时做好较坚固的井壁。

明排水法由于设备简单和排水方便，采用较为普遍，但当开挖深度大、地下水位较高而土质又不好时，用明排水法降水，挖至地下水位以下时，有时坑底下面的土会形成流动状态而随地下水涌入基坑，易产生流砂、边坡塌方及管涌等现象，此时往往采用强制降水的方法，人工控制地下水流的方向，降低水位。

1.4.3 井点降水

井点降水就是在基坑开挖前，预先在基坑四周埋设一定数量的管（井），在基坑开挖前和开挖中，利用真空原理，通过水泵从井点管中将地下水不断抽出，使地下水位降低到坑底以下，从根本上解决了地下水涌入坑内的问题。井点降水的作用有：防止地下水涌入坑内，如图1-8（a）所示；防止边坡由于地下水的渗流而引起塌方，如图1-8（b）所示；使坑底

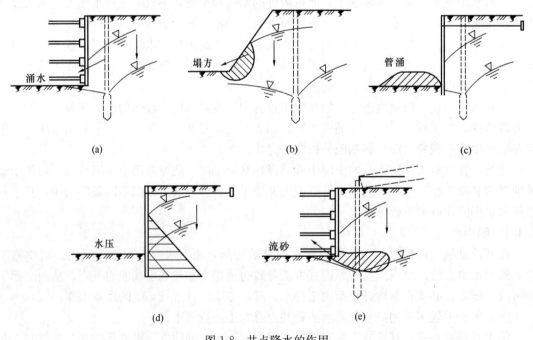

图1-8 井点降水的作用
(a) 防止涌水；(b) 稳定边坡；(c) 防止管涌；
(d) 减少横向荷载；(e) 防止流砂

的土层消除地下水位差引起的压力，因此防止了坑底的管涌，如图 1-8（c）所示；降水后，使板桩减少了横向荷载，消除了地下水的渗流，也就防止了流砂现象，如图 1-8（d）、（e）所示。降低地下水位后，还能使土壤固结，增加地基的承载能力。

井点降水法有轻型井点、喷射井点、电渗井点、管井井点和深井井点。选择何种方法根据土层的渗透系数、要求降低水位的深度、工程特点和设备情况，作技术经济比较后确定，其各自的适用范围参见表 1-6。

表 1-6　各种井点降水适用范围

项次	井点类别	土层渗透系数（m/d）	降低水位深度（m）	适 用 土 质
1	单层轻型井点	0.1～50	3～6	黏质粉土、砂质粉土、粉砂、含薄层粉砂的粉质黏土
2	多层轻型井点	0.1～50	6～12	黏质粉土、砂质粉土、粉砂、含薄层粉砂的粉质黏土
3	喷射井点	0.1～2	8～20	黏质粉土、砂质粉土、粉砂、含薄层粉砂的粉质黏土
4	电渗井点	<0.1	5～6	黏土、粉质黏土
5	管井井点	20～200	根据选用的水泵而定	黏质粉土、粉砂、含薄层粉砂的粉质黏土、各类砂土、砾砂
6	深井井点	10～250	>15	黏质粉土、粉砂、含薄层粉砂的粉质黏土、各类砂土、砾砂

实际工程中，轻型井点应用较为广泛。

1. 轻型井点设备

轻型井点设备由滤管、井点管、弯联管、集水总管和抽水设备等组成，其降低地下水位示意图如图 1-9 所示。

滤管为进水设备，其构造如图 1-10 所示，通常采用直径为 38～55mm 的无缝钢管制成，长度一般为 1.0～1.7m。管壁钻有直径为 12～18mm 的呈梅花形布置的滤孔，滤孔面积占滤管表面积的 20%～30%。管壁外包有两层孔径不同的铜丝或塑料布滤网，为避免滤孔淤塞，在管壁与滤网之间用小塑料管或梯形钢

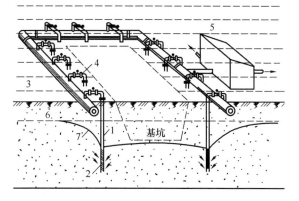

图 1-9　轻型井点降低地下水位示意图
1—井点管；2—滤管；3—集水总管；4—弯联管；5—水泵房；
6—原有地下水位线；7—降水后地下水位线

丝隔开，并在滤网外再绕一层粗钢丝保护层，滤管上端与井点管相连，下端有铸铁头，便于沉入土中。

井点管的直径和滤管相同，长度为 5～7m，可整根或分节组成，井点管上端用弯联管与集水总管相连。弯联管用塑料管、橡胶管或钢管制成，并且每根弯联管上均安装阀门以便检修井点。集水总管为直径 75～110mm 的无缝钢管，每节管长 4m，上面装有与弯联管连接的短接头，间距为 0.8～1.6m，总管要设置一定的坡度坡向泵房。

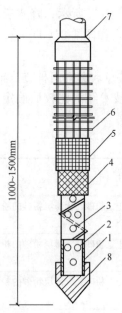

图 1-10 滤管构造
1—钢管；2—管壁小孔；
3—缠绕的塑料管；4—细
网；5—粗滤网；6—粗钢
丝保护网；7—井点管；
8—铸铁头

轻型井点常用的抽水设备有真空泵和离心泵等，其工作原理如图1-11所示。抽水时先开动真空泵，将水汽分离器内部抽成一定程度真空，使土中的水分和空气受真空吸力作用而吸出，进入水汽分离器。当进入水汽分离器内的水达到一定高度时，便可开动离心泵。在水汽分离器内的水和空气向两个方向流去：水经离心泵排出，空气集中在上部由真空泵排出，少量从空气中带来的水从放水口放出。一套抽水设备的负荷长度为100～120m。常用的W5、W6型干式真空泵，其最大负荷长度分别为100m和120m。

2. 轻型井点布置和计算

（1）轻型井点的布置

轻型井点的布置，应根据基坑（槽）形状、大小与深度、土质、地下水位高低与流向、降水深度等要求而定。

当基坑宽度＜6m，降水深度≤6m时，一般采用单排线状井点，井点管应布置在地下水的上游一侧，两端延伸长度不应小于坑（槽）的宽度，如图1-12所示。当基坑宽度＞6m或基坑宽度≤6m且土质不良时，宜采用双排线状井点，如图1-13所示。当基坑面积较大时，宜采用环形井点，如图1-14所示。井点管距离基坑（槽）上口宽不应＜1.0m，以防漏气，一般取1.0～1.5m。为了观察水位降落情况，应在降水范围内设置若干个观测井，观测井的位置和数量视需要而定。

在软土地基中为防止邻近建筑物因人工降水而产生沉降，可以采用回灌的方法，即在井点管与建筑物之间，打一排回灌孔，注水回灌土中，以维持建筑物下的地下水位不下降。这种方法在实际工程中经常使用，效果较好。

进行轻型井点的系统高程布置时，考虑抽水设备的水头损失后，一般井点降水深度应小于或等于6m。井点管的埋置深度按下式计算，如图1-15所示。

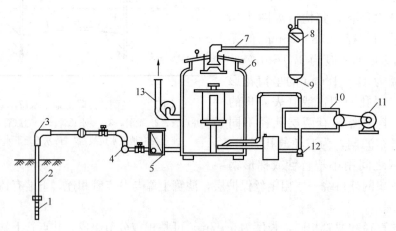

图 1-11 轻型井点设备工作原理
1—滤管；2—井点管；3—弯管；4—集水总管；5—过滤室；6—水汽分离器；
7—进水管；8—副水汽分离器；9—放水口；10—真空泵；
11—电动机；12—循环水泵；13—离心水泵

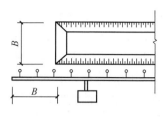

图 1-12　单排线状井点的布置

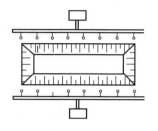

图 1-13　双排线状井点的布置

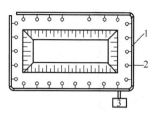

图 1-14　环形井点的布置

1—集水总管；2—井点管

$$H_1 \geqslant H_2 + h + iL \tag{1-7}$$

式中　H_1——井点管埋深，单位为 m；

　　　H_2——井点管埋设面至基坑底面的距离，单位为 m；

　　　h——基坑底面至降低后的地下水位线的距离，一般取 0.5~1.0m；

　　　i——水力坡度，根据实测：双排和环状井点为 1/10，单排井点为 1/4~1/5；

　　　L——井点管至基坑中心的水平距离，当井点管为单排布置时，L 为井点管至边坡脚的水平距离，单位为 m。

此外，确定井点管埋置深度时，还要考虑到井点管上口一般要比地面高 0.2m。

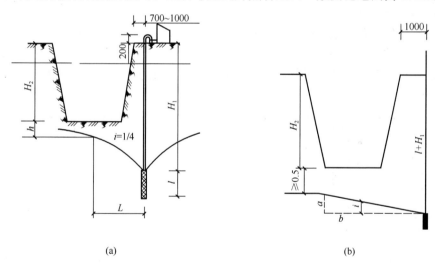

(a)　　　　　　　　　　　　(b)

图 1-15　高程布置

(a) 实际高程布置图；(b) 计算简图

当一级井点系统达不到降水深度要求时，可采用降低总管埋设面或二级井点的方法，即先挖去第一级井点所疏干的土，然后再在其底部装设第二级井点，如图 1-16 所示。

（2）轻型井点的计算

轻型井点计算的目的是：

①求出在规定的水位降低深度时的涌水量。

②确定井管数量和间距，并选择设备。

井点系统的涌水量按水井理论进行计算。根据地下水有无压力，水井可分为无压井和承压井。当水井布置在具有潜水自由面的含水泥层中时，称为无压井；当水井布置在承压含水

15

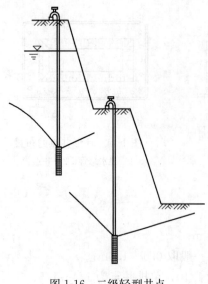

图 1-16　二级轻型井点

层时，称为承压井。当井底达到不透水层顶面时称为完整井，否则称为不完整井，如图 1-17 所示。

不同类型水井的涌水量计算各不相同，其中无压完整井的计算最为完善。完整井抽水时水位降落曲线如图 1-18 所示。经过一定时间的抽水后，其水位降落曲线趋于稳定，呈漏斗状曲面，水井轴线距漏斗边缘的水平距离称为抽水半径 R。

轻型井点系统中，各井点由许多单井组成并布置在基坑四周同时抽水，而各个单井相互之间的距离都小于抽水影响半径，各个单井水位降落漏斗彼此相互干扰。因此，考虑井点系统的相互作用，其总涌水量比单井涌水量小，但总的水位降低要大于单井抽水时的水位降低值。对于无压不完整井的井点系统，地下水不仅从井侧面进入，还要从井底进入，其涌水量较无压完整井大。

（3）井点及抽水设备的平面布置

井点及抽水设备的平面布置如图 1-19 所示。

（4）轻型井点的施工

轻型井点的施工程序是：挖井点沟槽→敷设集水总管→埋设井点管→用弯联管将井点管与总管连接→安装抽水设备。

井管的埋设一般用水冲法进行，并根据现场条件以及土层情况选择冲水管冲孔后沉入井

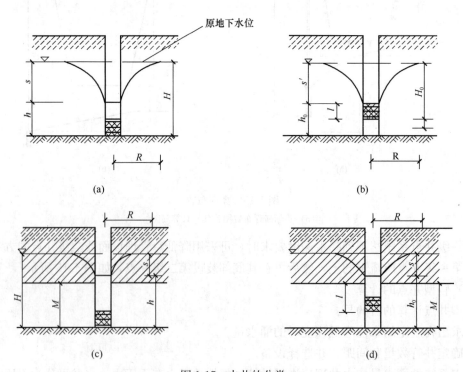

图 1-17　水井的分类

（a）无压完整井；（b）无压不完整井；（c）承压完整井；（d）承压不完整井

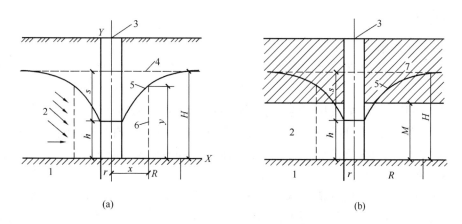

图 1-18 完整井水位降落曲线

(a) 无压完整井；(b) 承压完整井

1—不透水层；2—透水层；3—水井；4—原地下水位线；5—水位降落曲线；

6—距井轴 x 处的过水断面；7—压力水位线

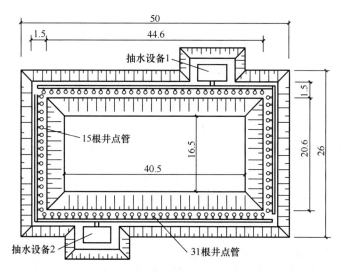

图 1-19 井点及抽水设备的平面位置（单位：m）

点管、直接利用井点管水冲下沉、套管式冲枪水冲法或振动水冲法成孔后沉入井点管等方法。

　　冲孔过程中孔洞必须保持垂直，孔径一般应≥300mm，并应上下一致。冲孔深度宜比滤管底深 0.5m 左右。井孔冲成后，应立即拔出冲管，插入井点管，并在井点管与孔壁之间迅速填灌砂滤层，以防孔壁塌土。砂滤层的填灌质量是保证轻型井点顺利工作的关键，一般应选择干净的粗砂，填灌要均匀，并填塞至滤管顶上 1.0～1.5m，以保证水流畅通。井点管与孔壁之间填砂滤料时，管口应有泥浆水冒出，或向管内灌水时能很快下渗，方为合格。砂滤层填灌好后，距地面下的 0.5～1.0m 深度内，须用黏土封口，以防漏气。

　　井点系统全部安装完毕后，须进行试抽，以检查有无漏气现象。一旦试抽成功，应连续抽水，直至施工进行到地下水位上方时方可停止。

1.5 土方开挖

1.5.1 土方开挖原则

土方开挖的基本原则为："开槽支撑，先撑后挖，分层开挖，严禁超挖"，其具体内容如下：

（1）开挖基坑（槽）应按规定的尺寸，合理确定开挖顺序和分层开挖深度，连续地进行施工，尽快完成。因土方开挖施工要求标高、断面准确，土体应有足够的强度和稳定性，所以在开挖过程中要随时注意检查。挖出的土除预留一部分用作回填外，不得在场地内任意堆放。为避免妨碍施工，应把多余的土运到弃土地区。

（2）根据土质情况及坑（槽）深度，在坑顶两边一定距离（1.0m）内不得堆放弃土，在此距离外堆土高度应≤1.5m，以避免坑壁滑坡，必要情况下还应验算边坡的稳定性。在桩基周围、墙基或围墙一侧，不得堆土过高。在坑边放置有动载的机械设备时，也应根据验算结果，放置在离开坑边较远距离处。在地质条件不好的区域施工时，还应采取加固措施。

（3）基坑（槽）挖好后，应立即做垫层或浇筑基础，否则挖土时应在基底标高以上保留150～300mm 厚的土层，待基础施工时再行挖去，以避免基底土（尤其是软土）受到浸水或其他原因的扰动。

（4）用机械挖土时，结构被破坏，不应直接挖到坑（槽）底，应根据机械种类，在基底标高以上留出 200～300mm，待基础施工前用人工铲平修整，以避免基底土被扰动。

（5）挖土不得挖至基坑（槽）的设计标高以下，如个别处超挖，应用与基土相同的土料填补，并夯实到要求的密实度。如用原土填补不能达到要求的密实度时，应用碎石类土填补，并仔细夯实。重要部位如被超挖时，可用低强度等级的混凝土填补。

（6）深基坑应遵循的开挖原则为：分层开挖，先撑后挖。在基坑正式开挖之前，先将第一层地表土挖运出去，浇筑锁口圈梁，进行场地平整和基坑降水等准备工作，安设第一道支撑（角撑），并施加预顶轴力，然后开挖第二层土。再安设第二道支撑，待双向支撑全面形成并施加轴力后，挖土机和运土车下坑，在第二道支撑上部（铺路基箱）开始挖第三层土，并采用台阶式"接力"方式挖土，一直挖到坑底。第三道支撑应随挖随撑，逐步形成。最后用抓斗式挖土机在坑外挖两侧土坡的第四层土。

（7）深基坑开挖过程中，随着土的挖除，下层土因逐渐卸载而有可能回弹，尤其在基坑挖至设计标高后。对深基坑开挖后的土体回弹，应有适当的估计，如在勘察阶段，土样的压缩试验中应补充卸荷弹性试验等。还应采取结构措施，在基底设置桩基等，或事先对结构下部土质进行深层地基加固。施工中减少基坑弹性隆起的一个有效方法，是把土体中有效应力的改变降低到最少。具体方法有加速建造主体结构，或逐步利用基础的重量来代替被挖去土体的重量。

1.5.2 基坑（槽）土方量计算

1. 基坑土方量计算

基坑土方量可按几何中的棱柱体（由两个平行的平面作底的一种多面体）体积公式计算，如图 1-20 所示。即：

$$V = \frac{H}{6}(A_1 + 4A_0 + A_2) \tag{1-8}$$

式中 V——基坑土方量，单位为 m^3；

H——基坑深度，单位为 m；

A_0——基坑的中截面面积，单位为 m^2；

A_1，A_2——基坑上、下底的面积，单位为 m^2。

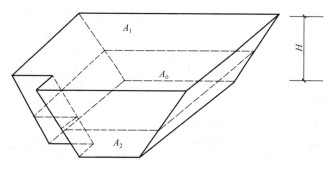

图 1-20　基坑土方量计算

2. 基槽土方量计算

（1）等截面基槽

土方体积按下式计算：

$$V = AL \tag{1-9}$$

式中　V——基槽的土方量，单位为 m^3；

　　　A——基槽横断面面积，单位为 m^2；

　　　L——基槽的长度，单位为 m。外
　　　　　墙中心线之间的长度；内墙
　　　　　净长线之间的长度。

（2）不等截面基槽

基槽和路堤的土方量可以沿长度方向
分段后，再用同样的方法计算。如图 1-21
所示，分段之体积按下式计算：

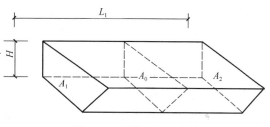

图 1-21　基槽土方量计算

$$V_1 = \frac{L_1}{6}(A_1 + 4A_0 + A_2) \tag{1-10}$$

式中　V_1——第一段的土方量，单位为 m^3；

　　　L_1——第一段的长度，单位为 m；

　　　A_0——基坑的中截面面积，单位为 m^2；

　A_1，A_2——基坑上、下底的面积，单位为 m^2。

将各段土方量相加，即得总土方量：

$$V = V_1 + V_2 + \cdots + V_n \tag{1-11}$$

式中　　　　　V——总土方量，单位为 m^3；

V_1，V_2，$\cdots$，V_n——各分段的土方量，单位为 m^3。

1.5.3　土方机械化施工

土方工程的施工过程包括土方开挖、运输、填筑与压实，为减轻繁重的体力劳动，加快
施工速度，土方工程应尽量采用机械施工。

土方工程施工机械包括推土机、铲运机、平土机、松土机、单斗挖土机及多斗挖土机和
各种碾压、夯实机械等。房屋建筑工程施工中，应用最广泛的有推土机、铲运机和单斗挖土

机。这几种类型机械的性能、适用范围及施工方法如下：

1. 推土机

推土机是土方工程施工的主要机械之一，它操作灵活，运转方便，所需工作面小，易于转移，在建筑工程中应用最多，目前主要使用的是液压式，其外形如图 1-22 所示。

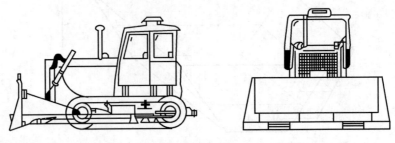

图 1-22　液压式推土机

推土机除适用于切土深度不大的场地平整外，也用于开挖深度≤1.5m 的基槽，尤其适合浅基础的面式开挖，也用于回填基坑、基槽和管沟，还可用于堆筑高度≤1.5m 的路基、堤坝，平整其他机械装置的土堆，推送松散的硬土、岩石和冻土以及配合铲运机助铲等工作。推土机适用于开挖Ⅰ～Ⅳ类土。开挖Ⅲ、Ⅳ类土前应予以翻松。推土机的经济运距宜应≤100m，效率最高的运距为 60m。推土机可采用并列推土、下坡推土、槽形推土和多铲集运四种推土方法。

（1）并列推土。平整场地的面积较大时，可用 2～3 台推土机并列作业。铲刀相距 15～30cm，一般两机并列推土可增大推土量 15%～30%，但平均运距不宜大于 50～70m，也不宜小于 20m。

（2）下坡推土。推土机顺地面坡度沿下坡方向切土和推土，借助机械本身的重力作用，增加推土能力和缩短推土时间。一般可提高生产效率 30%～40%，但推土坡度应≤15°。

（3）槽形推土。推土机反复多次在一条作业线上切土和推土，使地面逐渐形成一条浅槽，以减少土从铲刀两侧流散，可以增加推土量 10%～30%。

（4）多铲集运。在硬质土中，切土深度不大时，可以采用多次铲土、分批集中、一次推送的方法，以便有效地利用推土机的功率，缩短运土时间。

2. 铲运机

铲运机可完成的施工工序包括：挖土、铲土、装土、运土、卸土、压实、填筑和平土等。铲运机按行走方式可分为自行式铲运机和拖式铲运机两种，如图 1-23 和图 1-24 所示。

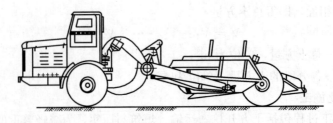

图 1-23　自行式铲运机

铲运机运行路线和施工方法应根据填方、挖方区的分布情况并结合当地具体条件进行合理选择，一般有以下两种运行路线：

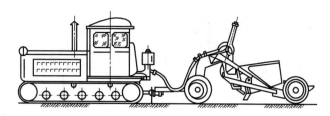

图 1-24 拖式铲运机

（1）环形路线

环形路线可用于地形起伏不大，施工地段较短的区域。如图 1-25（a）、（b）所示。环形路线每次循环只完成一次铲土和卸土，挖土和填土交替；挖、填之间距离较短时，则可采用大环形路线，如图 1-25（c）所示。

（2）"八"字路线

"八"字路线常用于施工地段较长或地形起伏较大的区域，如图 1-25（d）所示。

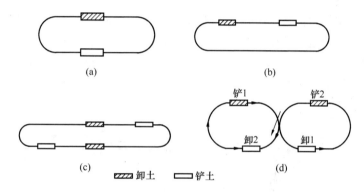

（a）   （b）

（c）   ▨▨▨ 卸土   ▭▭ 铲土   （d）

图 1-25 铲运机运行路线
（a）、（b）环形路线；（c）大环形路线；（d）"八"字路线

3. 挖掘机

基坑土方开挖一般均采用挖掘机施工。挖掘机按行走方式分为履带式和轮胎式两种，按传动方式分为机械传动和液压传动两种。土斗容量有 $0.2m^3$，$0.4m^3$，$1.0m^3$，$1.5m^3$，$2.5m^3$ 等多种。挖掘机利用土斗直接挖土，因此也称为单斗挖掘机，其土斗按作业装置不同可分为正铲、反铲、抓铲及拉铲，使用较多的是前三种。

（1）正铲挖掘机

正铲挖掘机适用于开挖停机面以上的土方，且需与相当数量的自卸运土汽车配合完成，其特点是：前进向上，强制切土，如图 1-26 所示。正铲挖掘机适用于开挖停机面以上的Ⅰ～Ⅳ类土和爆破后的岩石、冻土等。其挖掘力大，生产率高，可以用于开挖大型干燥基坑以及土丘等，也可用于场地平整施工。正铲工作面的高度一般不应＜1.5m，否则一次起挖不能装满铲斗，使生产效率降低。正铲挖土机有两种工作方式：正向工作面和侧向工作面。

①正向工作面挖土适用于开挖工作面狭小且较深的基坑（槽）、管沟和路堑等。

②侧向工作面挖土适用于开挖工作面大、深度不大的边坡、基坑（槽）、沟渠和路堑等。

正铲挖土机按其装置可分为履带式和轮胎式两种。斗容量有 $0.25m^3$，$0.5m^3$，$0.6m^3$，$0.75m^3$，$1.0m^3$，$2.0m^3$ 等几种。一般常用的有万能履带式单斗正铲挖掘机。此外，正铲挖掘机还可以根据不同操作环境的需要，改装成反铲、拉铲、抓斗等不同的工作装置。

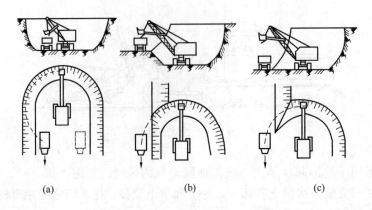

图 1-26　正铲挖土机开挖方式示意图
(a) 后方装车；(b)、(c) 侧向装车

（2）反铲挖掘机

反铲挖掘机的挖掘力比正铲小，适用于开挖Ⅰ～Ⅲ类的砂土或黏土。机身和装土均在地面上操作，省去下坑通道，适用于开挖深度不大的基坑、基槽、沟渠、管沟及含水量大或地下水位高的土坑。反铲挖掘机的工作特点是：后退向下，强制切土，如图 1-27 所示。反铲的开挖方式可采用沟端和沟侧开挖。

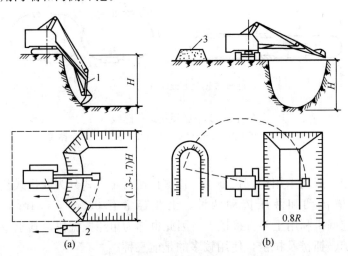

图 1-27　反铲挖土机开挖方式示意图
(a) 沟端开挖；(b) 沟侧开挖
1—反铲挖土机；2—自卸汽车；3—弃土堆

①沟端开挖适用于一次或沟内后退挖土，挖出土方随即运走，或就地取土填筑路基或修筑路基等。

②沟侧开挖适用于横挖土体和需将土方甩到离沟边较远的距离时使用。

反铲挖掘机的斗容量有 $0.25\sim1.0\mathrm{m}$ 不等，经济合理的挖土深度为 $1.5\sim3.0\mathrm{m}$，最大挖土深度为 $4\sim6\mathrm{m}$。对于较大较深的基坑可采用多层接力法开挖，或配备自卸汽车运走。

（3）抓铲挖掘机

抓铲挖掘机的挖掘能力小，可用于开挖停机面以下Ⅰ～Ⅲ类土。其挖土特点是：直上直下，自重切土，如图 1-28 所示。对施工面狭窄而深的基坑、深槽、深井，采用抓铲可取得理想效果。抓铲还可用于挖取水中淤泥、装卸碎石、矿渣等松散材料和疏通旧的渠道等。抓铲的开挖方式也可采用液压传动操纵抓头。

抓铲挖掘机挖土时，通常立于基坑一侧进行，对较宽的基坑则在两侧或四侧抓土。抓挖淤泥时，抓斗易被淤泥"吸住"，应避免起吊用力过猛，以防翻车。

（4）拉铲挖掘机

拉铲挖掘机的挖土深度和挖土半径均较大，适用于挖掘停机面以下的Ⅰ～Ⅲ类土，拉

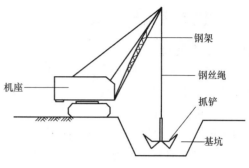

图 1-28　抓铲挖掘机

铲挖土机的工作特点是：后退向下，自重切土，如图 1-29 所示。拉铲挖掘机的铲斗是挂在钢丝绳上的，可以甩得较远，挖得较深，但不如反铲灵活。可开挖停机面以下的土方，如较深较大的基坑（槽）、沟渠，挖取水中泥土以及填筑路基、修筑堤坝等。

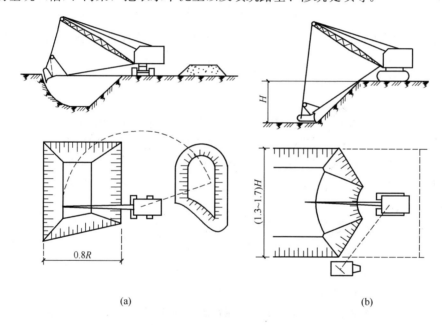

(a)　　　　　　　　　　　　　　(b)

图 1-29　拉铲挖土机开挖方式示意图
（a）侧弃土；（b）汽车运土

1.5.4　施工机械的选择

施工机械可参考以下几方面内容进行选择：

（1）土方工程的类型及规模。应依据开挖或填筑的断面（深度及宽度）、工程范围的大小、工程量多少来选择土方机械。

（2）机械设备条件。指现有土方机械的种类、数量及性能。

（3）地质、水文及气候条件。如土的类型、含水量及地下水情况等。

（4）工期要求。当有多种机械可供选择时，应进行技术经济比较，选择效率较高、费用较低的机械进行施工，一般可选用土方施工单价最小的机械进行施工。但在大型建设项目中，土方工程量很大，而现有土方机械的类型及数量常受限制，此时必须将现有机械进行最优分配，使施工总费用最少。可应用线性规划的方法来确定土方机械的最优分配方案。

1.6 土方填筑与压实

1.6.1 土料选择

填方土料的选择应符合设计要求，保证填方的强度与稳定性，应选择填料应力强度高、压缩性小、水稳定性好、便于施工的土、石料。如设计无要求时，应符合下列规定：

（1）级配良好的砂土、碎石类土和爆破石渣，可以用作表层以下的填料，其最大粒径不得超过每层铺填厚度的 2/3，当使用振动碾时，不得超过每层铺填厚度的 3/4。

（2）以粉质黏土、粉土作填料时，其可采用击实试验来确定最优含水量。

（3）以砾石、卵石或块石作填料，分层夯实时其最大粒径应≤400mm，分层压实时其最大粒径应≤200mm。

（4）挖高填低或开山填沟的土料和石料，应符合设计要求。

（5）如采用工业废料作为填土，必须保证其性能的稳定性。

（6）铺填时大块填料不应集中，且不得填在分段接头处或填方与山坡连接处。填方内有打桩或其他特殊工程时，块石填料最大粒径不应超过设计要求。

（7）不得使用淤泥、耕土、冻土、膨胀性土以及有机质含量大于 5% 的土作为填方土料，但在软土或沼泽地区，经过处理含水量符合压实要求后，可用于填方中的次要部位。含盐量符合规定的盐渍土，一般可以使用，但填料中不得含有盐晶、盐块或者含盐植物的根茎。

填土要求土料的含水量应接近土的最佳含水量。施工前应对土的含水量进行检验。当土的含水量过大，应采用翻松、晾晒、风干等方法降低含水量，或采用换土回填、均匀掺入干土或其他吸水材料、打石灰桩等措施；如含水量偏低，则可预先洒水湿润。含水量过大或过小的土均难以压实。

1.6.2 填筑方法

填方前，应根据工程特点、填料种类、设计压实系数、施工条件等合理选择压实机具，并确定填料含水量控制范围、铺土厚度和压实遍数等参数。对于重要的填方工程或采用新型压实机具时，上述参数应通过填土压实试验确定。填土可采用人工填方和机械填土。

填土时应先清除基底的树根、积水、淤泥和有机杂物，并分层填筑、压实，填土应尽量采用同类土填筑，应控制土的含水量处于最佳含水量范围之内。如采用不同土填筑时，应将透水性较大的土层置于透水性较小的土层之下，不能将各种土混杂在一起使用，以免填方内形成水囊。填方基土表面应做成适当的排水坡度，边坡不得用透水性较差的填料封闭。填方施工应接近水平地分层填筑。当填方位于倾斜的地面时，应先将斜坡挖成阶梯状，然后分层填筑，以防填土横向移动。分层填筑时，每层接缝处应做成斜坡形，碾迹重叠 0.5～1.0m，上、下层错缝距离不应小于 1m。

1.6.3 压实方法

填土的压实方法包括碾压法、夯实法和振动压实法，如图 1-30 所示。

1. 碾压法

碾压法是利用机械滚轮的压力压实土，使之达到所需的密实度，此法多用于大面积填土工程，如场地平整、大型车间的室内填土等工程。碾压机械有光面碾、羊足碾和气胎碾。碾压机械压实填方时，行驶速度不宜过快；一般平碾控制在 2km/h，羊足碾控制在 3km/h。否则会影响压实效果。

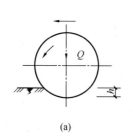 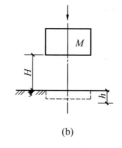 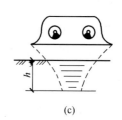

图 1-30 填土压实方法

（a）振动；（b）夯实；（c）碾压

①光面碾对砂土、黏性土均可压实。

②羊足碾需要较大的牵引力，且只能用于压实黏性土，因在砂土中碾压时，土颗粒受到"羊足"较大的单位压力后会向四周移动，从而破坏土的结构。

③气胎碾在工作时是弹性体，使土受到的压力较均匀，填土质量较好。

利用运土机械碾压土壤也可取得较大的密实度，而且经济合理，施工时使运土机械行驶路线能大体均匀地分布在填土面积上，并达到一定重复行驶遍数，使其满足填土压实质量的要求。但如果单独使用运土机械进行土壤压实工作，在经济上是不合理的，它的压实费用要比光面碾贵一倍左右。

2. 夯实法

夯实法是利用夯锤自由下落产生的冲击力来夯实土壤，可以压实较厚的土层，主要用于小面积回填，可以夯实黏性土或非黏性土。夯实法分人工夯实和机械夯实两种。人工夯土用的工具有木夯、石夯等，现以很少使用这种方法。夯实机械有夯锤、内燃夯土机和蛙式打夯机。夯锤是借助起重机悬挂的重锤进行夯土的夯实机械，适用于夯实砂性土、湿陷性黄土、杂填土以及含有石块的填土。

3. 振动压实法

振动压实法是将振动压实机放在土层表面或内部，借助振动机械使压实机械振动，土颗粒在振动力的作用下发生相对位移而达到紧密状态。这种方法适用于振实非黏性土。振动碾可使土受振动和碾压两种作用，碾压效率高，适用于大面积填方工程。振动压实法采用的机械主要是振动压路机、平板振动器等。

1.6.4 影响压实的因素

1. 压实功的影响

填土压实后的重度与压实机械在其上所施加的功有一定关系，如图 1-31 所示。当土的含水量一定，在开始压实时，土的重度急剧增加，待到接近土的最大重度时，压实功虽然增加许多，但土的重度却变化很小。实际施工中，对不同的土应根据选择的压实机械和密实度要求选择合理的压实遍数，对于砂土只需要碾压或夯实 2～3 遍，对粉土只需 3～4 遍，对亚黏土或黏土只需 5～6 遍。此外，松土不宜用重型碾压机械直接滚压，否则土层有强烈起

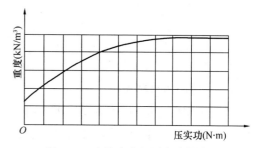

图 1-31 土的密度与压实功的关系

伏现象，效率不高。如果先用轻碾，再用重碾压实，就会取得较好的效果。

2. 含水量的影响

在同一压实功条件下，填土的含水量对压实质量有直接影响，如图 1-32 所示。较为干燥的土，由于其颗粒之间的摩阻力较大，因而不易压实。当含水量超过一定限度时，土颗粒之间孔隙被水占据，难以压实。当土的含水量适当时，水起着润滑作用，土颗粒之间的摩阻力减小，从而容易压实。每种土都有其最佳含水量。在这种含水量的条件下，使用同样的压实功对土进行压实，所得到的重度最大。为了保证填土在压实过程中处于最佳含水量状态，当土过干时，应预先洒水润湿，当土过湿时，则应予以翻松晾干，也可掺入同类干土或吸水性土料。

3. 铺土厚度的影响

土在压实功的作用下，其压应力随深度增加而逐渐减小，如图 1-33 所示，其影响深度与压实机械、土的性质和含水量等有关。铺土厚度应小于压实机械压土时的有效作用深度，还应考虑最优土层厚度问题。铺得过薄，要增加机械的总压实遍数。铺得过厚，则要压很多遍才能达到规定的密实度。最优的铺土厚度应使土方压实而机械的功耗费最少，填方每层的铺土厚度和压实遍数可参考表 1-7。

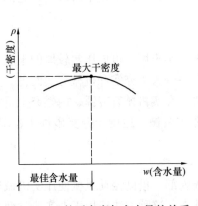

图 1-32 土的干密度与含水量的关系

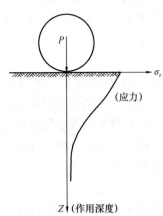

图 1-33 压实作用沿深度的变化

表 1-7 填方每层的铺土厚度和压实遍数

压 实 机 具	每层铺土厚度（mm）	每层压实遍数（遍）
平 碾	250～300	6～8
振动压实机	250～350	3～4
柴油打夯机	200～250	3～4
人工打夯	＜200	3～4

注：1. 人工打夯时，土块粒径应≤50mm。

2. 在表中规定压实遍数范围内，轻型压实机械取大值，重型机取小值。

1.6.5 压实的质量检查

填土压实后要达到一定的密实度要求，以免其上面的建筑物产生不均匀沉降，影响施工质量从而引发安全事故。填土的密实度要求和质量指标通常以压实系数表示。其计算方法如下：

$$\lambda_c = \frac{\rho_d}{\rho_{d,max}} \qquad (1\text{-}12)$$

式中　λ_c——填土的压实系数，一般根据工程结构性质、使用要求以及土的性质确定；

　　　ρ_d——土的施工控制干密度；

　　$\rho_{d,max}$——土的最大干密度。

填土压实后的实际干密度，应有90％以上符合设计要求，其余10％的最低值与设计值的差应≤0.08g/cm³，且差值应较为分散。

若土的实际干密度 $\rho_0 \geqslant \rho_d$，则压实合格；若 $\rho_0 < \rho_d$，则压实不够，应采取相应措施，提高压实质量。

填土工程质量检验标准如表1-8所示。

表1-8　填土工程质量检验标准 　　　　　　　　　　　　　（mm）

项目	序号	检查项目	允许偏差或允许值					检查方法
			柱基、基坑、基槽	场地平整		管沟	地（路）面基础层	
				人工	机械			
主控项目	1	标高	−50	±30	±50	−50	−50	水准仪
	2	分层压实系数	设计要求					按规定方法
一般项目	1	回填土料	设计要求					取样检查或直接鉴别
	2	分层厚度及含水量	设计要求					水准仪及抽样检查
	3	表面平整度	20	20	30	20	20	用靠尺或水准仪

上岗工作要点

1. 掌握场地平整土方量的计算方法。
2. 了解土方工程施工前的准备工作以及土方调配的基本原则。
3. 掌握建筑物定位放线以及土壁支护的分类与施工方法。
4. 掌握施工排水的具体方法与步骤（明排水、井点降水）。
5. 掌握基坑（槽）土方量的计算方法。
6. 理解土方开挖的基本原则，施工机械的选择及具体施工方法。
7. 掌握土方填筑与压实的施工方法及步骤。
8. 理解土方压实后期影响压实的因素及压实的质量检查方法。

思　考　题

1. 工程中常见的土方工程有哪些？
2. 试述土的基本工程性质及土的工程分类，它对土方施工有哪些影响？
3. 试述土的可松性，它对土方施工有哪些影响？
4. 试述最佳含水量，它对土方施工有哪些影响？
5. 试述基坑及基槽土方量的计算方法？
6. 试述场地设计标高应考虑哪些因素？如何测定这些因素？

7. 试述土方调配应遵循的原则及如何划分调配区。

8. 分析流砂形成的原因及防治流砂的方法和途径。

9. 井点降水有何作用？有哪几种类型？

10. 场地平整施工机械有哪些？如何提高它们的工作效率？

11. 填土压实的方法有哪些？各有什么特点？影响填土压实的主要因素有哪些？怎样检查填土压实的质量？

12. 某基坑底长100m，宽50m，深2m，四边放坡，边坡坡度1:0.5。试计算：

①土方开挖工程量。

②若地下室占有体积为4000m³，应预留多少回填土（以自然状态土体积计算）。

③如运输工具的斗容量为2m³，需运多少车（已知土的最初可松性系数 $K_s=1.14$，最终可松性系数 $K_s'=1.05$）。

第2章　地基与基础工程

重 点 提 示

1. 理解浅基础施工的分类及施工方法。
2. 了解地基处理的分类与加固的方法。
3. 掌握预制桩及灌注桩施工工艺的工艺流程。

2.1　浅基础施工

2.1.1　刚性基础

刚性基础的特点是抗压强度大而抗弯、抗剪强度小，一般用砖、石、灰土、混凝土等材料做基础（受刚性角的限制），适用于地基承载力较好、压缩性较小的中、小型民用建筑。

1. 砖基础

砖基础的优点是可就地取材，砌筑方便，但强度低且抗冻性差，在寒冷而潮湿的地区不宜采用砖基础，其多用于低层建筑的墙下基础。为保证耐久性，砖的强度等级应≥MU10，砌筑砂浆强度等级应≥M5。砖基础剖面一般砌成阶梯形，通常称其为大放脚。大放脚从垫层上开始砌筑，为保证其刚度，宜采用两皮一收方式或二一间隔收砌筑法，每砌一阶，基础两边各收 1/4 砖长，一皮即一层砖，标志尺寸为 60mm，如图 2-1 所示。

2. 毛石基础

毛石基础是用强度等级≥MU20 的毛石和强度等级≥M5 的砂浆砌筑而成，其抗冻性较

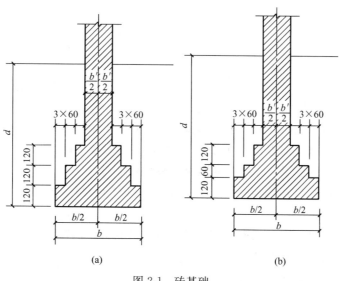

图 2-1　砖基础

（a）两皮一收；（b）二一间隔收

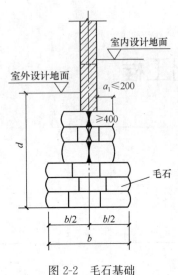

图 2-2　毛石基础

好，在寒冷潮湿地区可用于6层以下建筑物基础。由于毛石尺寸差别较大，为保证砌筑质量，毛石基础每台阶高度和基础墙厚应≥400mm，每阶两边各伸出宽度应≤200mm。石块应错缝搭砌，缝内砂浆应饱满，且每步台阶不应少于两皮毛石，如图 2-2 所示。

3. 混凝土基础

混凝土基础的强度、耐久性和抗冻性均较好，其强度等级一般可采用 C15，适用于荷载较大的墙柱基础。当浇筑基础较大时，可在混凝土内掺入 15％～25％（体积比）的毛石（尺寸应≤30mm），做成毛石混凝土基础，以节约混凝土用量，但掺入的毛石在使用前必须冲洗干净。

2.1.2　柔性基础

1. 柱下独立基础

柱下独立基础按施工方法不同，可分为现浇柱下基础和预制柱下杯口基础，如图 2-3 和图 2-4 所示。

现浇柱下基础施工时，基础与柱的混凝土不应同时浇筑，在基础内需预留插筋，其直径和根数与柱内纵筋相等，并用上下两个箍筋将其伸至基底的端部（加直钩）固定。插筋与柱筋的搭接位置一般在基础顶面，如需提前回填土，搭接位置也可在室内地面处，在搭接长度内的箍筋应加密。

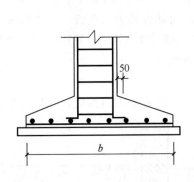

图 2-3　现浇柱下基础

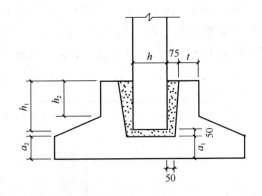

图 2-4　预制柱下单杯口基础

当柱下钢筋混凝土独立基础的边长和墙下钢筋混凝土条形基础的宽度≥2.5m 时，基础板底受力筋的长度可取基础边长或宽度的 0.9 倍，并应交错布置，如图 2-5 所示。

现浇柱下基础的构造形式一般有锥形和阶梯形两种。

①锥形基础边缘高度应≥200mm，锥形基础的顶部为每边放大 20～50mm 的安装柱模板。

②阶梯形基础的每阶高度一般为 300～500mm，阶梯尺寸宜用 50mm 的放大倍数。

预制杯口基础的构造要求：

（1）预制柱下独立基础中柱的插入深度 h_1 应满足锚固长度的要求和吊装时柱的稳定性（不小于吊装时柱长的 0.05 倍），其具体大小可按照表 2-1 选用。

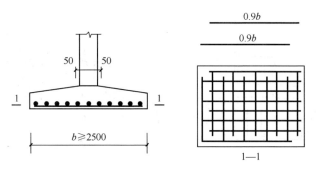

图 2-5 基础底板受力钢筋布置示意图

表 2-1　柱的插入深度 h_1　　　　　　　　　　　　　　　　（mm）

矩形或工字形柱				双肢柱
$h<500$	$500≤h<800$	$800≤h<1000$	$h>1000$	
$h\sim1.2h$	h	$0.9h$ 且≥800	$0.8h$ 且≥1000	$(1/3\sim2/3)\,h_a$ $(1.5\sim1.8)\,h_b$

注：1. h 为柱截面边长尺寸；h_a 为双肢柱整个截面长边尺寸；h_b 为双肢柱整个截面短边尺寸。

　　2. 柱轴心受压或小偏心受压时，h_1 可适当减少，偏心距>$2h$（或 $2d$）时，h_1 应适当加大。

（2）基础的杯底厚度 a_1、杯壁厚度 t 和杯壁配筋可按规范的相关规定选取。

2. 墙下条形基础

墙下钢筋混凝土条形基础如图 2-6 所示。

钢筋混凝土条形基础截面一般根据基础高度可做成矩形和锥形，锥形基础边缘高度应≥200mm。混凝土强度等级应≥C20；混凝土垫层强度等级一般为 C10，厚度应≥70mm，一般取 100mm。墙下钢筋混凝土条形基础底板受力钢筋的最小直径应≥10mm，200mm≥间距≥

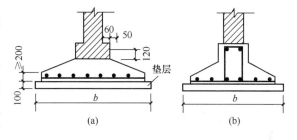

图 2-6　钢筋混凝土墙下条形基础

（a）墙下板式条形基础；（b）带肋板的墙下条形基础

100mm；底板纵向分布钢筋的最小直径应≥8mm，间距≤300mm；当有垫层时，钢筋保护层的厚度应≥40mm，无垫层时≥70mm。

钢筋混凝土条形基础底板在 T 形及十字形交接处，底板横向受力钢筋仅沿一个主要受力方向通长布置，另一方向的横向受力钢筋可布置到主要受力方向底板宽度 1/4 处，如图 2-7（a）、（b）所示；在拐角处，底板横向受力钢筋应沿两个方向布置。

3. 筏形基础

当建（构）筑物上部荷载较大而所在地的地基承载能力又比较弱时，采用简单的条形基础便不能适应地基变形的需要。这时，需将墙或柱下基础连成一片，使整个建筑物的荷载承受在一块整板上，即筏形基础。

筏形基础包括平板式和梁板式两种。柱间设有梁时为梁板式筏形基础，形如倒置的肋形楼盖；柱间不设有梁时为平板式筏形基础，形如倒置的无梁楼盖，如图 2-8 所示。

筏形基础的构造要求为：

31

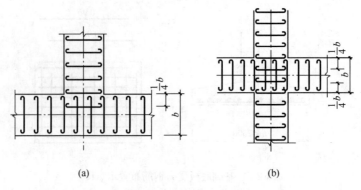

(a)   (b)

图 2-7 条形基础底板受力钢筋布置示意图

（1）通常筏形基础做成等厚，平面应大致对称，尽量减少基础收缩的偏心力矩。

（2）筏板的厚度应≥200mm，一般取 200～400mm。

（3）梁高出底板的顶面一般应≥300mm，梁宽应≥250mm。

（4）筏形基础混凝土强度应≥C30，垫层混凝土应为 C10，厚度为 100mm，每边伸出基础底板应≥100mm。

（5）筏板双向配筋，钢筋宜用 HPB235、HRB335 级，钢筋保护层厚度应≥40mm。

（6）筏板悬挂墙外的长度从轴线起算，横向应≤1500mm，纵向应≤1000mm，边端厚度应≥200mm。

4. 箱形基础

箱形基础是能共同工作的箱形地下结构，是筏形基础的进一步发展，其由钢筋混凝土的底板、顶板和纵横交叉的钢筋混凝土隔墙构成，如图 2-9 所示。箱形基础的高度一般为 3～5m，根据情况可以做成多层的，其地下空间可做成库房、设备间、地下室等。

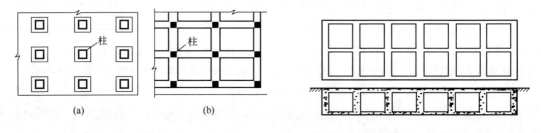

图 2-8 筏形基础
（a）平板式；（b）梁板式

图 2-9 箱形基础

箱形基础的刚度大、整体性好，可用来调整地基不均匀沉降，使上部结构不易开裂。另外，箱形基础具有较好的抗震性能，它的大空壳结构有效地降低了地基附加应力，从而减少了地基的沉降量，是我国高层建筑物常采用的一种主要基础形式。

箱形基础的构造要求有：

（1）箱形基础的底面中心应尽可能与上部结构竖向静荷载重心重合，平面布置尽可能对称，一般应≤0.1ρ（ρ 为基础底板面积抵抗矩对基底面积之比）。

（2）顶板厚度一般约取为 200～400mm。

（3）底板厚度一般取隔墙间距的 1/10～1/8，约为 300～1000mm。

（4）内墙厚度一般应≥200mm，常取 200～300mm。

（5）外墙厚度应≥250mm，一般为 250～400mm。

（6）混凝土强度等级应≥C30，其外围结构的混凝土抗渗等级应≥0.6MPa。

（7）底板、顶板配筋应≥$\phi 14@200$；墙体一般采用双面配筋，横、竖向钢筋一般应≥$\phi 10@200$，但外墙竖向钢筋应≥$\phi 12@200$；除上部为剪力墙外，内、外墙的墙顶宜配置 $2\phi 20$ 的通长构造钢筋。

施工中，基础长度>40m 时，应设置贯通的后浇施工缝，缝宽应≥800mm；当地下水位较高时，基坑的地下水位应降低至设计底板下 500mm 以下；挖基坑时要注意保持原状土结构，机械开方应采取人工修挖的方法，并应在基坑底面上保留 200～400mm 厚的土层。

2.2 地基处理与加固

2.2.1 地基局部处理

地基的局部处理，常见于在施工验槽时查出或出现的局部与设计要求不符的地基，如槽底倾斜、墓坑、管道，或电缆等穿越基槽、古井、大块孤石等。地基处理的原则是使地基不均匀沉降减少至允许范围之内。地基处理时应根据不同情况妥善处理。

1. 局部软土地基处理

（1）"橡皮土"的处理

当采用含水量很大且趋于饱和的黏性土作为地基时，应先采用晾槽或掺生石灰的办法减小土的含水量，然后再根据具体情况选择施工方法及基础类型。否则，经过反复夯打后会使地基变成所谓的"橡皮土"。

如果地基已经发生了"橡皮土"的现象时，则应采取如下措施：

①把"橡皮土"全部挖除干净，然后再回填好土至设计标高。

②若不能把"橡皮土"完全清除干净，可打入碎石或卵石，将泥挤紧，或铺撒吸水材料，如干土、碎砖、生石灰等。

③若施工中扰动了基底土，对于湿度不大的土，可做表面夯实处理；对于软黏土，需掺入砂、碎石或碎砖后夯打，或将扰动土全部清除，另填好土夯实。

（2）墓坑、松土坑的处理

①坑的范围较小时，可挖出坑中全部虚土，直至见到老土为止，然后用与老土压缩性相近的土回填，分层夯实至基底设计标高。若地下水位较高或坑内积水无法夯实时，可用砂、石分层夯实回填。

②坑的范围较大时，可将该范围内的基槽适当加宽，再回填土料，方法及要求与范围较小时相同。

③坑较深，不能挖除全部虚土时，可部分挖除，挖除深度一般为基槽宽的两倍。剩余虚土为软土时，可先用块石夯实挤密后再回填。也可采用加强基础刚度、用梁板形式跨越、改变基础类型或采用桩基进行处理。

（3）管道穿越基槽的处理

①有管道穿越槽底时，最好是能拆迁管道，或将基础局部加深，使管道从基础之上通过。

②如果管道必须埋于基底之下时，则应采取保护措施，避免压坏管道。

③若管道在槽底以上穿越基础或基础墙时，应采取防漏措施，以免漏水浸湿地基造成不均匀下沉（尤其应注意地基为填土或湿陷性土的情况）。另外，有管道穿越的基础或基础墙，

必须在管的周围预留足够尺寸的孔洞。为保证管道的安全，管道上部预留的空隙应大于房屋预估的沉降量。

2. 局部坚硬地基处理

（1）砖井、土井的处理

①当井位于基槽的中部，井口填土较密实时，可将井拆去 1m 以上的砖圈，用 2∶8 或 3∶7 灰土回填，分层夯实至槽底；若井的直径＞1.5m 时，可将土井挖至地下水面，每层铺 20cm 粗集料，分层夯实至槽底平，并用钢筋混凝土梁（板）跨越其上。

②当井位于基础的转角处时，除采用上述的回填方法外，还可根据基础压在井口的面积大小，采用从两端墙基中伸出挑梁，或将基础沿墙长方向向外延伸出去，跨越井的范围，然后再在基础墙内采用配筋或加钢筋混凝土梁（板）来加强。

（2）基岩、旧墙基、孤石的处理

当基槽下发现有部分比其邻近地基土坚硬得多的土质时（如基岩、旧墙基、大树根和压实的路面、老灰土等），均应尽量挖除，然后填与地基土质相近的较软弱土，挖除厚度视大部分地基土层的性质而定（1m 左右）。

若局部硬物不易挖除，则应考虑加强建筑上部刚度，可在基础墙内加钢筋或钢筋混凝土梁等，尽量减少可能产生的不均匀沉降对建筑物造成的危害。

（3）防空洞的处理

①防空洞砌筑质量较好，有保留价值时，可采用承重法：

A. 若洞顶质量较好，但承重强度不足，可贴洞壁做钢筋混凝土扶壁柱，与拱顶浇为一体。

B. 若洞顶施工质量不好，可拆除重做素混凝土拱顶或钢筋混凝土拱顶，也可在原砖砌拱顶上现浇钢筋混凝土拱，使砖、混凝土共同组成复合承重的拱顶。

②当防空洞埋置深度不大，靠近建筑物且又无法避开时，可适当加深基础，使基础埋深与防空洞底取平。

③如果防空洞较深，其拱顶层距地面深达 6～7m，拱顶距基底也有 4～5m 之多，防空洞本身质量较好时，防空洞可以不加处理，但要加强上部结构整体刚度，防止出现裂缝、或因地基承载不均匀，导致产生不均匀沉降。

④建筑物所在的位置恰遇防空洞，为避开防空洞时，可做以下处理：

A. 采用建筑物移位法。这样既可保留防空洞，又不需处理建筑物地基。

B. 如果建筑物受条件限制不能移位，就考虑建筑物某道或某几道承重墙是否能够错开防空洞，使承重墙不直接压在防空洞上。

C. 建筑物因地制宜、"见缝插针"，根据现有能避开防空洞的场地，将建筑物平面做成点式、U 形、L 形等。

2.2.2 地基处理方法

1. 换土垫层法

换土垫层法是先挖去或部分挖去天然软弱土层，然后以质地坚硬、强度较高、稳定、具有抗侵蚀性的砂、碎石、卵石、灰土、素土、煤渣、矿渣等材料分层回填，并同时以人工或机械方法分层压、夯、振动，使之达到要求的密实度，成为良好的人工地基。

（1）材料要求

①砂石。宜选用碎石、卵石、角砾、圆砾、砾砂、粗砂、中砂或石屑，并应级配良好、

不含植物残体、垃圾等杂质。当使用粉细砂或石粉时，应掺入不少于总重量30％的碎石或卵石。砂石的最大粒径不宜大于50mm。对湿陷性黄土或膨胀土地基，不得选用砂石等透水性材料。

②粉质黏土。土料中有机质含量不得超过5％，且不得含有冻土或膨胀土。当含有碎石时，其最大粒径不宜大于50mm。用于湿陷性黄土或膨胀土地基的粉质黏土垫层，土料中不得夹有砖、瓦和石块等。

③灰土。体积配合比宜为2：8或3：7。石灰宜选用新鲜的消石灰，其最大粒径不得大于5mm。土料宜采用粉质黏土，不宜使用块状黏土，且不得含有松软杂质，土料应过筛且最大粒径不应大于15mm。

④粉煤灰。选用的粉煤灰应满足相关标准对腐蚀性和放射性的要求。粉煤灰垫层上宜覆土0.3～0.5m。粉煤灰垫层中采用掺加剂时，应通过试验确定其性能及适用条件。粉煤灰垫层中的金属构件、管网应采取防腐措施。大量填筑粉煤灰时，应经场地地下水和土壤环境的不良影响评价合格后，方可使用。

⑤矿渣。宜选用分级矿渣、混合矿渣及原状矿渣等高炉重矿渣。矿渣的松散重度不应小于11kN/m³，有机质及含泥总量不得超过5％。垫层设计施工前应对所选用的矿渣进行试验，确认性能稳定并满足腐蚀性和放射性安全的要求。对易受酸、碱影响的基础或地下管网不得采用矿渣垫层。大量填筑矿渣时，应经场地地下水和土壤环境的不良影响评价合格后，方可使用。

⑥其他工业废渣。在有充分依据或成功经验时，可采用质地坚硬、性能稳定、透水性强、无腐蚀性和无放射性危害的其他工业废渣材料，但应经过现场试验证明其经济技术效果良好且施工措施完善后方可使用。

⑦土工合成材料加筋垫层。所选用土工合成材料的品种与性能及填料，应根据工程特性和地基土质条件，按照现行国家标准《土工合成材料应用技术规范》（GB 50290—1998）的要求，通过设计计算并进行现场试验后确定。土工合成材料应采用抗拉强度较高、耐久性好、抗腐蚀的土工带、土工格栅、土工格室、土工垫或土工织物等土工合成材料；垫层填料宜用碎石、角砾、砾砂、粗砂、中砂等材料，且不宜含氯化钙、碳酸钠、硫化物等化学物质。当工程要求垫层具有排水功能时，垫层材料应具有良好的透水性。在软土地基上使用加筋垫层时，应保证建筑物稳定并满足允许变形的要求。

（2）施工工艺

1）垫层施工应根据不同的换填材料选择施工机械。粉质黏土、灰土垫层宜采用平碾、振动碾或羊足碾，以及蛙式夯、柴油夯。砂石垫层等宜用振动碾。粉煤灰垫层宜采用平碾、振动碾、平板振动器、蛙式夯。矿渣垫层宜采用平板振动器或平碾，也可采用振动碾。

2）垫层的施工方法、分层铺填厚度、每层压实遍数宜通过现场试验确定。除接触下卧软土层的垫层底部应根据施工机械设备及下卧层土质条件确定厚度外，其他垫层的分层铺填厚度宜为200～300mm。为保证分层压实质量，应控制机械碾压速度。

3）粉质黏土和灰土垫层回填料的施工含水量宜控制在最优含水量 $\omega_{op} \pm 2\%$ 的范围内。粉煤灰垫层回填料的含水量宜控制在最优含水量 $\omega_{op} \pm 4\%$ 的范围内。最优含水量 ω_{op} 可通过击实试验确定，也可按当地经验选取。

4）当垫层底部存在古井、古墓、洞穴、旧基础、暗塘时，应根据建筑物对不均匀沉降的控制要求予以处理，并经检验合格后，方可铺填垫层。

5）基坑开挖时应避免坑底土层受扰动，可保留 180～220mm 厚的土层暂不挖去，待铺填垫层前再由人工挖至设计标高。严禁扰动垫层下的软弱土层，应防止软弱垫层被践踏、受冻或受水浸泡。在碎石或卵石垫层底部宜设置厚度为 150～300mm 的砂垫层或铺一层土工织物，并应防止基坑边坡塌土混入垫层中。

6）换填垫层施工时，应采取基坑排水措施。除砂垫层宜采用水撼法施工外，其余垫层施工均不得在浸水条件下进行。工程需要时应采取降低地下水位的措施。

7）垫层底面宜设在同一标高上，如深度不同，坑底土层应挖成阶梯或斜坡搭接，并按先深后浅的顺序进行垫层施工，搭接处应夯压密实。

8）粉质黏土、灰土垫层及粉煤灰垫层施工，应符合下列规定：

①粉质黏土及灰土垫层分段施工时，不得在柱基、墙角及承重窗间墙下接缝。

②垫层上下两层的缝距不得小于 500mm，且接缝处应夯压密实。

③灰土拌合均匀后，应当日铺填夯压；灰土夯压密实后，3d 内不得受水浸泡。

④粉煤灰垫层铺填后，宜当日压实，每层验收后应及时铺填上层或封层，并应禁止车辆碾压通行。

⑤垫层施工竣工验收合格后，应及时进行基础施工与基坑回填。

9）土工合成材料施工，应符合下列要求：

①下铺地基土层顶面应平整。

②土工合成材料铺设顺序应先纵向后横向，且应把土工合成材料张拉平整、绷紧，严禁有皱折。

③土工合成材料的连接宜采用搭接法、缝接法或胶接法，接缝强度不应低于原材料抗拉强度，端部应采用有效方法固定，防止筋材拉出。

④应避免土工合成材料暴晒或裸露，阳光暴晒时间不应大于 8h。

（3）施工质量

①对粉质黏土、灰土、砂石、粉煤灰垫层的施工质量可选用环刀取样、静力触探、轻型动力触探或标准贯入试验等方法进行检验；对碎石、矿渣垫层的施工质量可采用重型动力触探试验等进行检验。压实系数可采用灌砂法、灌水法或其他方法进行检验。

②换填垫层的施工质量检验必须分层进行，并应在每层土的压实系数符合设计要求后铺填上层土。

③采用环刀法检验垫层的施工质量时，取样点应选择位于每层厚度的 2/3 深度处。检验点数量，条形基础下垫层每 10～20m 不应少于 1 个点，独立柱基、单个基础下垫层不应少于 1 个点，其他基础下垫层每 50～100m² 不应少于 1 个点。采用标准贯入试验或动力触探法检验垫层的施工质量时，每分层平面上检验点的间距不应大于 4m。

④竣工验收应采用静载荷试验检验垫层承载力，且每个单体工程不宜少于 3 点；对于大型工程应按单体工程的数量或工程划分的面积确定检验点数。

2. 夯实法

夯实法对砂土地基及含水量在一定范围内的软弱黏性土、杂填土和黄土等可起到提高其密实度和强度、减少沉降量的作用。现重点介绍浅层处理的重锤夯实法和深层处理的强夯法。

（1）重锤夯实法

重锤夯实法是利用起重机械将重锤提升到一定高度，自由下落，重复夯打击实地基，使地基表面形成一层比较密实的硬壳层，从而使地基得到加固。

1）适用范围

重锤夯实法适用于各种砂土、黏性土、湿陷性黄土、杂填土和分层填土地基的加固处理。由于密实土在瞬间冲击力的作用下，水不易排出，很难夯实，所以拟加固土层必须高出地下水位0.8m以上。另外，当夯击对邻近建筑物有影响，或地下水位高于有效夯实深度时，不宜采用此法。

2）施工机具

①起重设备。起重机、打桩机等，起重能力应大于夯锤重量的1.5～3倍。

②夯锤。夯锤形状为一截头圆锥体，一般用C20钢筋混凝土制成，锤重为1.5～3t，锤底部设置20mm厚钢板，直径一般为1.0～1.5m，锤重与底面积的关系应符合锤重在底面上的单位静压力为15～20kPa（1.5～2.0N/cm²）。

3）施工工艺

①重锤夯实的影响深度大致取决于锤底直径。落距一般采用2.5～4.5m，夯打遍数一般取6～8遍。

②夯实前，槽、坑底面应高出设计标高，预留土层的厚度可为试夯时的总夯沉量再加50～100mm。基槽（坑）的夯实范围应大于基础底面，每边应比设计宽度加宽0.3m以上，其边坡应适当放缓。

③大面积基坑或条形基槽内夯打时，应一夯挨一夯顺序进行，再一次循环中同一夯位应连夯两击，下一循环的夯位，应与前一循环错开1/2锤底直径，落锤应平稳，夯位应准确，如图2-10所示。在进行独立基础基坑夯打时，一般采用先周边后中间或先外后里的跳夯法进行，如图2-11所示。

图2-10 夯位搭接示意图

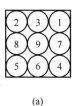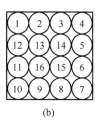

(a)　　　　　　(b)

图2-11 夯打顺序
(a) 先外后里跳打法；(b) 先周边后中间打法

④夯实结束后，应及时将基槽（坑）表面修整至设计标高。

⑤重锤夯实后的地基应经静载试验确定其承载力，必要时还应对软弱下卧层承载力及地基沉降进行验算。

（2）强夯法

强夯法是利用起重设备将8～40t的夯锤吊起，从6～30m的高处自由落下，对土体进行强力夯实的地基处理方法。

1）适用范围

强夯法适用于砂类土、碎石类土、杂填土、非饱和的黏性土、湿陷性黄土等地基的深层加固。对于高饱和软黏土（淤泥及淤泥质土），强夯处理效果较差，但若结合夯坑内回填块石、碎石或其他粗粒料，进行强夯置换或动力挤淤时，处理效果较好。强夯法效果好、速度

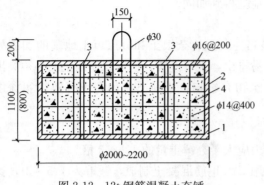

图 2-12 12t 钢筋混凝土夯锤
1—钢底板，厚 30mm；2—钢外壳，厚 18mm；
3—$\phi159 \times 5$ 钢管 6 个；
4—C30 钢筋混凝土，钢筋用 HPB235 级

快、节省材料、施工简便，但施工时噪声和振动较大，因此强夯不得用于不允许对工程周围建筑物和设备有一定振动影响的地基加固，必要时应采取防振、隔振措施。

2）施工机具

①夯锤。一般应采用铸钢或铸铁制作，条件限制时则可向钢板外壳内浇筑 C30 钢筋混凝土，如图 2-12 所示。夯锤底面可为圆形或方形，一般采用圆形。锤的底面积大小取决于表面土质，对于砂土一般为 $2 \sim 4m^2$；黏性土为 $3 \sim 4m^2$；淤泥质土为 $4 \sim 6m^2$。夯锤中宜设置 $1 \sim 4$ 个直径为 $250 \sim 300mm$ 上下贯通的气孔，以减少夯击时的空气阻力。

②起重设备。一般采用履带式起重机，其重心低，稳定性好，行走方便，起重能力大于 1.5 倍锤重，但需装设安全装置，防止夯击时臂杆后仰。

③吊钩。采用自动脱钩装置，如图 2-13 所示。目前国内常用的是通过动滑轮组用脱钩装置来起落夯锤。操作时将夯锤挂在脱钩装置上，当起重机将夯锤吊到既定高度时，利用吊机上副卷扬机的钢丝绳吊起锁卡焊合件，使锤脱落，自由下落进行强夯。

3）技术参数

①夯击点布置。夯击点一般按正方形或梅花形网格排列。其间距根据基础布置、加固土层厚度和土质而定，通常夯击点间距取夯锤直径的 3 倍，一般第一遍夯击点间距为 $5 \sim 15m$，以便夯击能向深部传递，以后各遍夯击点间距可适当减小。

②夯击遍数与单点的夯击数。夯击遍数应根据地基土的性质确定，一般情况下，可采用 $2 \sim 5$ 遍，粗颗粒土夯击遍数可少些，细颗粒土则夯击遍数宜多些。前几遍采用"间夯"，最后一遍以低能量"满夯"，即"锤印"彼此搭接，以加固前几遍之间的松土和被振松的表土层。每个夯击点的夯击数一般为 $3 \sim 10$ 击，最后一遍只夯 $1 \sim 2$ 击。

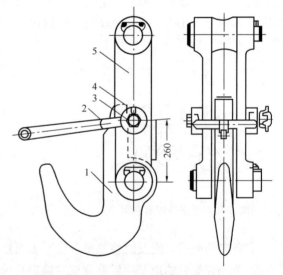

图 2-13 脱钩装置图
1—吊钩；2—锁卡焊合件；3—螺栓；4—开口销；5—架板

③两遍间隔时间。相邻两遍夯击之间应有一定的时间间隔，它取决于土中超静孔隙水压力的消散时间。当缺少实测资料时，可根据地基土的渗透性确定，对于渗透性较差的黏性土地基间隔时间不少于 $3 \sim 4$ 周；当土的渗透性较好或为含水量较低的碎石类土时，可采取间隔 $1 \sim 2$ 天，或在前一遍夯完后将土推平，不需间隔接着连续夯击。

④加固范围。强夯加固范围应大于建筑物基础范围。每边超出基础外缘的宽度宜为设计加固深度的 1/2 至 2/3，并应 $\geqslant 3m$。

4）施工工艺

①强夯夯锤质量宜为 10～60t，其底面形式宜采用圆形，锤底面积宜按土的性质确定，锤底静接地压力值宜为 25～80kPa，单击夯击能高时，取高值，单击夯击能低时，取低值，对于细颗粒土宜取低值。锤的底面宜对称设置若干个上下贯通的排气孔，孔径宜为 300～400mm。

②强夯法施工，应按下列步骤进行：

a. 清理并平整施工场地。

b. 标出第一遍夯点位置，并测量场地高程。

c. 起重机就位，夯锤置于夯点位置。

d. 测量夯前锤顶高程。

e. 将夯锤起吊到预定高度，开启脱钩装置，夯锤脱钩自由下落，放下吊钩，测量锤顶高程；若发现因坑底倾斜而造成夯锤歪斜时，应及时将坑底整平。

f. 重复步骤 e，按设计规定的夯击次数及控制标准，完成一个夯点的夯击；当夯坑过深，出现提锤困难，但无明显隆起，而尚未达到控制标准时，宜将夯坑回填至与坑顶齐平后，继续夯击。

g. 换夯点，重复步骤 c～f，完成第一遍全部夯点的夯击。

h. 用推土机将夯坑填平，并测量场地高程。

i. 在规定的间隔时间后，按上述步骤逐次完成全部夯击遍数；最后，采用低能量满夯，将场地表层松土夯实，并测量夯后场地高程。

5）施工质量

①检查施工过程中的各项测试数据和施工记录，不符合设计要求时应补夯或采取其他有效措施。

②强夯处理后的地基承载力检验，应在施工结束后间隔一定时间进行，对于碎石土和砂土地基，间隔时间宜为 7～14d；粉土和黏性土地基，间隔时间宜为 14～28d。

③强夯地基均匀性检验，可采用动力触探试验或标准贯入试验、静力触探试验等原位测试，以及室内土工试验。检验点的数量，可根据场地复杂程度和建筑物的重要性确定，对于简单场地上的一般建筑物，按每 400m² 不少于 1 个检测点，且不少于 3 点；对于复杂场地或重要建筑地基，每 300m² 不少于 1 个检验点，且不少于 3 点。

④强夯地基承载力检验的数量，应根据场地复杂程度和建筑物的重要性确定，对于简单场地上的一般建筑，每个建筑地基载荷试验检验点不应少于 3 点；对于复杂场地或重要建筑地基应增加检验点数。检测结果的评价，应考虑夯点和夯间位置的差异。

3. 振冲法

振冲法是利用振动和水冲加固土体的方法。振冲法分为振冲挤密法和振冲置换法两种。振冲挤密用于振密松砂地基。振冲置换用于黏性土地基，在黏性土中制造一群以碎石、卵石或砂砾材料组成的桩体，从而构成复合地基。

（1）施工机具

振冲器（带潜水电机）、起重设备、水泵及供水管道、加料设备（翻斗车、手推车）和控制设备（控制电流设备）。

（2）施工工艺

①施工前应先进行振冲试验，以确定其施工参数，如成孔合适的水压、水量、成孔速度、填料方法等以及达到土体密实时的密实电流、填料量和留振时间。

②振冲置换法的施工顺序为：定位→成孔→清孔→填料→振实，如图 2-14 所示。

启动振冲器时，一般水压可用 400～600kPa，水量速度可用 200～400L/min，使振冲器徐徐沉入土中，直至达到设计处理深度以上 0.3～0.5m，清孔。如土层中夹有硬层时，应适当进行扩孔，为扩大孔径，便于填料，在硬层中应将振冲器上下往复多次。填料应"少吃多餐"，每次倒入孔内的填料数量约为堆积在孔内 0.8m 高，之后用振冲器振密再继续加料。

③振冲挤密法的施工顺序为：定位→成孔→边振边上提→振密，如图 2-15 所示。

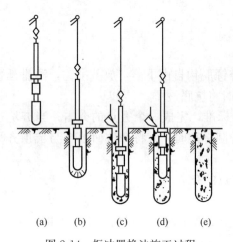

图 2-14　振冲置换法施工过程

（a）定位；（b）振冲下沉；（c）振冲至设计
标高并下料；（d）边振边下料边上提；（e）成桩

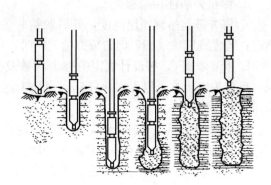

图 2-15　振冲挤密法施工过程

振冲挤密法的水压、水量控制与振冲置换法相同，成孔后，将振冲器提出少许，从孔口往下填料，填料从孔壁间隙下落，边填边振，直至该段振实，然后将振冲器提升 0.5m，再从孔口往下填料，逐段施工，直至完成全孔处理。

④加固区的振冲桩施工完毕后，在振冲最上 1m 左右时，由于土覆压力小，桩的密实度难以保证，应挖除后另做垫层，或用振动碾压机进行碾压密实处理。

（3）施工质量

1）施工前应检查振冲器的性能，电流表、电压表的准确度及填料的性能。

2）施工中应检查密实电流、供水压力、供水量、填料量、孔底留振时间、振冲点位置、振冲器施工参数等（施工参数由振冲试验或设计确定）。

3）施工结束后，应在有代表性的地段做地基强度或地基承载力检验。

4）振冲地基质量检验标准应符合表 2-2 的规定。

表 2-2　振冲地基质量检验标准

项目类别	序号	检查项目	允许偏差或允许值	检查方法
主控项目	1	填料粒径	设计要求	抽样检查
	2	密实电流（黏性土）（A）	50～55	电流表读数
		密实电流（砂性土或粉土）（A）	40～50	电流表读数
		（以上为功率 30kW 振冲器）		
		密实电流（其他类型振冲器）（A_0）	1.5～2.0	电流表读数，A_0 为空振电流
	3	地基承载力	设计要求	按规定方法

续表

项目类别	序号	检查项目	允许偏差或允许值	检查方法
一般项目	1	填料含泥量（%）	<5	抽样检查
	2	振冲器喷水中心与孔径中心偏差（mm）	≤50	用钢尺量
	3	成孔中心与设计孔位中心偏差（mm）	≤100	用钢尺量
	4	桩体直径（mm）	<50	用钢尺量
	5	孔深（mm）	±200	量钻杆或重锤测

2.3 桩基础施工

2.3.1 预制桩施工

1. 桩的预制、起吊、运输和堆放

（1）预制

钢筋混凝土预制桩可以根据需要在打桩现场附近进行预制，如果条件许可，也可以在打桩现场就地预制。较短的桩（10m以下），一般在预制厂预制；较长的桩一般在施工现场附近露天预制，而预应力管桩则应在工厂生产。

为节约场地，预制桩可采用叠浇法间隔制作。叠浇预制桩的层数应由地面允许荷载和施工要求而定，一般不应超过4层，上下层之间、邻桩之间、桩与底模和模板之间应做好隔离层。

预制桩的混凝土浇筑应由桩顶向桩尖连续浇筑，严禁中断。上层桩或邻桩必须在下层或临桩的混凝土达到设计强度等级的30%以后方可进行浇筑。

（2）起吊

钢筋混凝土预制桩的起吊应在混凝土达到设计强度标准值的70%时进行，运输和打桩应在达到设计强度的100%时进行。如需提前吊运，必须作强度和抗裂度验算，并采取必要的防护措施。起吊时，吊点位置应符合设计规定，防止在起吊过程中受弯而损坏。长20～30m的桩，一般应采用3个吊点。当吊点≤3个时，其位置按正负弯矩相等的原则计算确定；当吊点>3个时，其位置按反力相等的原则计算确定。其合理吊点位置如图2-16所示。为避免使棱角损坏，起吊捆绑时钢丝绳与桩之间应加衬垫。为保证桩不受损坏，起吊时应平稳提升，吊点同时离地。

（3）运输

桩的运输应根据打桩进度和打桩顺序确定，为避免二次搬运，一般采用随打随运的方

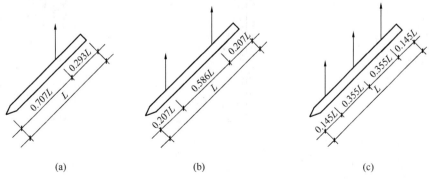

图2-16 桩的合理吊点位置

（a）一点起吊，L<16m；（b）二点起吊，16m<L<25m；（c）三点起吊，L>25m

法。长桩运输可采用平板拖车或平台挂车等，短桩运输也可采用载重汽车，现场运距较近时还可采用轻轨平板车或用起重机吊运。

（4）堆放

桩的堆放应遵守以下规定：

①堆放场地应平整、坚实，不得产生不均匀沉降。

②每层桩应由垫木垫起，垫木位置应与吊点在同一垂直线上。

③堆放层数不宜超过四层，不同规格桩应分别堆放。

2. 打桩施工工艺

（1）打桩设备

打桩设备主要有打桩机及辅助设备。其中打桩机主要包括桩锤、桩架和动力装置三部分。

1）桩锤

桩锤主要是对桩施加冲击力，将桩打入土中。桩锤主要包括落锤、蒸汽锤、柴油锤和液压锤，其中柴油锤目前应用最广泛。

桩锤的选用应该根据地质条件、桩型、桩的密集程度、单桩竖向承载能力及现有施工条件等确定。

2）桩架

桩架主要是支撑桩身和悬吊桩锤，将桩吊到打桩位置，并在打入过程中引导桩身的方向，保证桩锤能沿着所要求的方向冲击打桩设备。打桩时要求桩架应具有较好的稳定性、灵活性和机动性，并可调整垂直度，保证锤击落点准确。

常用的桩架形式有滚筒式桩架、多功能桩架和履带式桩架，如图2-17、图2-18、图2-19所示。

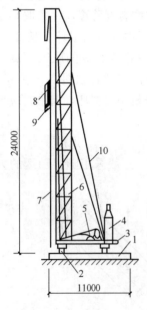

图2-17　滚筒式桩架

1—垫木；2—滚筒；3—底座；
4—锅炉；5—卷扬机；6—桩架；
7—龙门；8—蒸汽锤；9—桩帽；
10—缆风绳

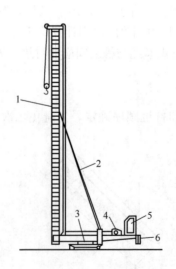

图2-18　多功能桩架

1—立柱；2—斜撑；3—回转平台；
4—卷扬机；5—司机室；6—平衡重

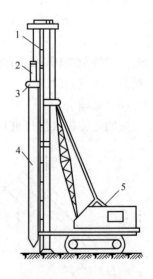

图2-19　履带式桩架

1—导架；2—桩锤；3—桩帽；
4—桩；5—吊车

3）动力装置

动力装置主要根据所选的桩锤性质而定。选用蒸汽锤，则需配备蒸汽锅炉；选用压缩空气来驱动，则需考虑空气压缩机；选用电源作动力，则需考虑变压器的容量、位置、电缆规格及长度、现场供电情况等。

（2）打桩施工

1）打桩前的准备工作

①处理障碍物。打桩前必须认真清理架空高压线、地上的树木、杂草以及地下障碍物（地下管线、旧有基础）等。打桩前应对现场周围（10m以内）的建筑物做全面检查，如有危房或危险建（构）筑物，必须予以加固，防止其在打桩过程中由于振动造成倒塌。

②平整场地。离建筑物基线4～6m范围内的整个区域或桩机进出场地及移动路线，均需做适当平整、压实，并做适当坡度，确保场地排水良好。

③准备材料、机具，接通水电源。桩机进场后，按施工顺序铺设轨道，选定位置架设桩机和设备，接通水电源，进行试机，并移机至桩位，力求桩架平稳、竖直。

④定位放线。施工前还应做好定位放线工作。根据建（构）筑物的轴线控制桩，按设计图纸要求定出桩基础轴线（偏差值应≤20mm）和每个桩位（偏差值应≤10mm）。

定桩位的方法：当桩较稀时，在地面上用小木桩或撒白灰点标出桩位；当桩较密时，用设置龙门板拉线法定出桩位。其中龙门板拉线法可避免因沉桩挤动土层而使小木桩移动，保证定位准确。同时也可在正式沉桩前，用此法对桩的轴线和桩位进行复核。桩基轴线的定位点及水准点应设置在不受打桩影响的区域，水准点的设置应在2个以上，在施工过程中可据此检查桩位的偏差以及桩的入土深度。此外，在打桩施工之前，应在桩架或侧面设置标尺，用来观测、控制桩的入土深度。

⑤进行打桩试验。沉桩前必须细致地进行打桩试验，根据地质勘探钻孔资料，选择能代表工程所处场地地质条件的桩位，做数量不少于2根桩的打桩试验，以了解桩的贯入度、承载力、持力层强度以及施工过程中将会遇到的各种问题和反常情况等，通过实践来校核拟定的设计及打桩方案。打试桩时应做好详细的施工记录，画出各土层深度，记录打入各土层的锤击次数，最后精确地测量贯入度。

⑥打桩顺序。打桩前应根据桩的密集程度、规格、长短以及桩架移动是否方便等因素来选择合理的打桩顺序，以保证质量和进度，防止破坏周围建筑物。

常用的打桩顺序一般有：自两侧向中间打、逐排打设、自中间向四周打、分段打设，如图2-20所示。根据施工经验，打桩的顺序以自中间向四周打和分段打设为最好。

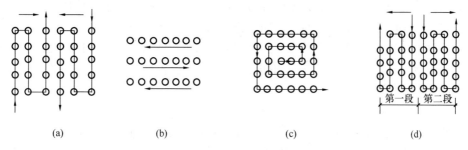

图2-20 打桩顺序

（a）自两侧向中间打；（b）逐排打设；（c）自中间向四周打；（d）分段打设

⑦垫木、桩帽和送桩。

2）打桩

打桩的工艺流程为：吊桩就位→打桩→接桩→送桩。

桩架就位后，用起重机将桩运至桩架下，提升桩至直立，将桩尖准确地对在桩位上，放下桩帽套入桩顶。检查桩的垂直度，偏差应≤0.5%，在桩自重和锤重的作用下，桩会沉入土中一定深度，待下沉停止，再检查、校核，合格后即可进行打桩。应在桩锤与桩帽、桩帽与桩之间安放衬垫材料（如硬木等）作为缓冲，以免击碎桩顶。

2.3.2 灌注桩施工

灌注桩是直接在桩位上就地成孔，然后在孔内安放钢筋笼、灌注混凝土而成。灌注桩可分为钻孔灌注桩、沉管灌注桩等。

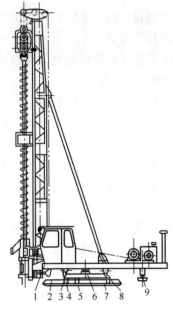

图 2-21　步履式螺旋钻机

1—上盘；2—下盘；3—回转滚轮；4—行车滚轮；5—钢丝滑轮；6—回转中心轴；7—行车油缸；8—中盘；9—支盘

（1）钻孔灌注桩

钻孔灌注桩是先用钻孔机成孔，然后在孔内吊放钢筋笼，再浇灌混凝土而成。根据地质条件不同，钻孔灌注桩可分为干作业成孔灌注桩、湿作业（泥浆护壁）成孔灌注桩。

1）干作业成孔灌注桩

干作业成孔灌注桩主要是用螺旋钻机在桩位钻孔、取土成孔的。目前常用螺旋钻机成孔和洛阳铲人工成孔。其适用于地下水位较低、在成孔深度内不需护壁可直接取土成孔的土质。

螺旋钻成孔直径一般为 300～600mm，钻孔深度 8～20m。螺旋钻成孔灌注桩利用动力旋转钻杆，使钻头的螺旋叶片旋转削土，土块沿螺旋叶片上升排出孔外成孔，如图 2-21 所示。螺旋钻钻孔时，钻杆位置要正确，并且保持垂直稳固，防止因钻杆晃动引起扩大孔径；钻杆钻进速度，应根据电流值变化及时调整；钻进过程中，应随时清理孔口积土和地面散落土，遇到地下水、塌孔、缩孔等异常情况时，应及时处理。

成孔后浇筑混凝土前吊放钢筋笼。按设计要求，钢筋笼应一次绑扎完成，吊放时应缓慢且保持垂直，放入孔中预定位置，钢筋笼上端应妥善固定。浇筑混凝土前，需检查孔底虚土厚度，若超标，清孔后才可灌注混凝土。混凝土浇筑时，桩顶以下 5m 范围内混凝土应随浇随振，并且每次浇筑厚度均应≤1.5m，浇筑须连续，不可中断，其质量全程应满足设计要求。

扩底桩是在钻机成孔后，通过钻杆底部装置的扩刀，将孔底进一步扩大。浇筑混凝土前，孔底虚土厚度需满足规范要求，如图 2-22 所示。扩底桩适用于地下水位以上的坚硬、硬塑的黏性土及中密以上的砂土地基。

2）湿作业成孔灌注桩

湿作业成孔灌注桩是指在成孔过程中，用泥浆保护孔壁，排出土后成孔。泥浆一般需专门配置，在黏土中成孔时可利用钻削的黏土与水混合自造。泥浆在成孔过程中可起到护壁、携渣、冷却和润滑钻头的作用。湿作业成孔灌注桩适用于含水量较高的软土地区。

湿作业成孔灌注桩施工工艺如下：

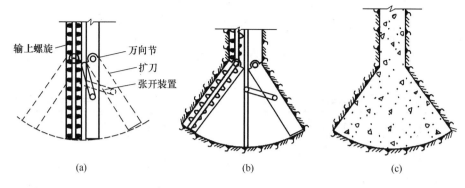

图 2-22 钻孔扩底灌注桩
(a) 钻头；(b) 扩底；(c) 灌注混凝土

①测定桩位。平整清理好施工场地后，设置桩基轴线定位点和水准点，根据桩位平面布置施工图，定出每根桩的位置，并做好标志。施工前，为防止其因外界因素影响而造成偏移，应检查复核桩位。

②埋设护筒。在桩位处挖土埋设孔口护筒，可以起到定位、保护孔口、存储泥浆、维持水头等作用。护筒可用钢板制作，内径应比钻头直径大 100mm，埋入土中深度通常应≥1.0~1.5m。护筒埋设应准确、稳定，护筒中心与桩位中心的偏差应≤50mm。在护筒顶部应开设 1~2 个溢浆口。在钻孔期间，为保护孔壁稳定，应保持护筒内的泥浆面高出地下水位 1.0m 以上，与地下水压平衡。

③泥浆制备。泥浆具有护壁、携砂排土、切土润滑、冷却钻头等作用，其中以护壁为主。泥浆制备方法应根据土质条件确定：在黏土和粉质黏土中成孔时，可注入清水，利用钻削下来的土与水混合成适合护壁的泥浆（自造泥浆）；在砂土中钻孔时，泥浆可选用高塑性的黏土或膨润土与水拌合（制备泥浆）。为保证泥浆达到各项指标要求，还可在其中加入加重剂、增黏剂、分散剂及堵漏剂等掺合剂。泥浆护壁效果的好坏直接影响成孔质量，在钻孔中，应经常测定泥浆性能。施工中废弃的泥浆、泥渣应按环保的有关规定处理。

④成孔方法。成孔方法包括回转钻成孔、冲击钻成孔和潜水钻机成孔。其中回转钻成孔根据泥浆循环方式的不同，又分为正循环和反循环，如图 2-23 所示。

⑤清孔。清孔应在钻孔达到设计要求深度并经检查合格后立即进行，清孔方法包括真空吸泥渣法、射水抽渣法、换浆法和掏渣法。

清孔的合格标准：对孔内排出或抽出的泥浆，用手摸捻应无粗粒感，孔底 500mm 以内的泥浆密度<1.25g/cm（原土造浆的孔则应<1.1g/cm）；在浇筑混凝土前，孔底沉渣允许厚度为：端承桩≤50mm，摩擦端承桩、端承摩擦桩≤100mm，摩擦桩≤300mm。

⑥吊放钢筋笼。安放钢筋笼、浇混凝土应在清孔后立即进行。钢筋笼一般在工地制作，制作时要求主筋环向均匀布置，主筋保护层、箍筋直径及间距、加劲箍的间距等均应符合设计要求。

⑦浇筑混凝土。水下浇筑混凝土多用导管法，如图 2-24 所示。浇筑时应有专人测量导管埋深及管内外混凝土面的高差，填写水下混凝土浇筑记录。水下浇筑混凝土应连续不断，并且严禁将导管提出混凝土面。为保证在凿除含有泥浆的桩段后，桩顶标高和混凝土质量均符合设计要求，混凝土浇筑至桩顶时应适当超过桩顶设计标高。

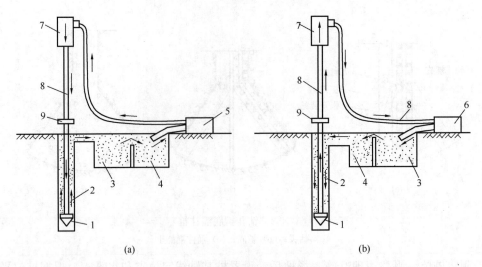

(a)   (b)

图 2-23　泥浆循环成孔工艺

(a) 正循环；(b) 反循环

1—钻头；2—泥浆循环方向；3—沉淀池；4—泥浆池；5—泥浆泵；6—砂石泵；

7—水阀；8—钻杆；9—钻机回旋装置

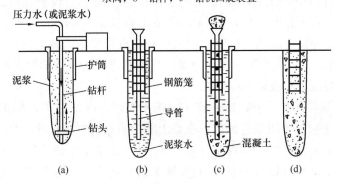

图 2-24　泥浆护臂灌注桩

(a) 钻孔；(b) 下导管及钢筋笼；(c) 灌注混凝土；(d) 成型

（2）沉管灌注桩

沉管灌注桩又称套管成孔灌注桩，是利用锤击打桩法或振动沉桩法将带有活瓣式桩尖或钢筋混凝土桩靴的钢套管沉入土中，如图 2-25 所示，然后边拔管边灌注混凝土而成。若配有钢筋时，则在规定标高处应吊放钢筋骨架。沉管灌注桩施工过程示意图如图 2-26 所示。

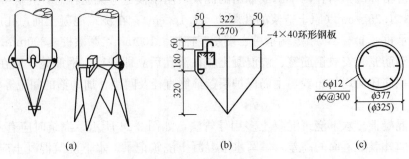

图 2-25　桩尖与钢筋笼

(a) 活瓣桩尖；(b) 预制桩尖；(c) 钢筋笼

根据成孔方法不同，可将沉管灌注桩分为锤击沉管灌注桩和振动沉管灌注桩。

1）锤击沉管灌注桩

锤击沉管灌注桩是指利用锤击沉桩设备将管桩打入土中成孔。桩尖常用预制混凝土桩尖。此法适用于一般黏性土、淤泥土、砂土和人工填土地基。

锤击灌注桩施工时，先用桩架吊起钢套管，对准预先设在桩位处的预制钢筋混凝土桩靴，然后缓缓放下套管，套入桩靴，套管与桩靴连接紧密后，施加

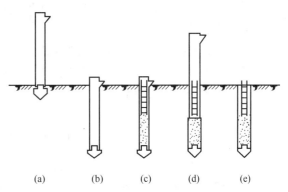

图2-26 套管成孔灌注桩施工工艺
(a) 就位；(b) 沉管；(c) 下钢筋笼，灌注混凝土；
(d) 边振边拔；(e) 成型

锤击力将桩管打入土中。施工时桩管上部扣上桩帽，并时刻检查、控制桩管的垂直度。

当桩管沉至设计标高后，若管内无泥浆或渗水，应立即灌注混凝土。浇筑时，套管内混凝土应尽量灌满，然后开始拔管，拔管要均匀。第一次拔管高度不应过高，控制在能容纳第二次所需的混凝土灌量为限。拔管时应保持连续密锤低击不停，并控制拔出速度，一般土层，拔出速度应≤1m/min；在软弱土层及软硬土层交界处，拔出速度应≤0.8m/min。当桩身配钢筋笼时，第一次浇混凝土应先灌至笼底标高，然后放置钢筋笼，再浇混凝土至桩顶标高。

施工完毕后，为了提高桩的质量或使桩颈增大，提高桩的承载力，发现混凝土的充盈<1.0，怀疑或发现缩颈、断桩等缺陷的桩时，可用局部复打或全长复打作为补救措施。复打是指在第一次灌注桩施工完毕后，立即在原桩位再埋预制桩靴或合好活瓣第二次锤击沉入套管，使未凝固的混凝土向四周挤压扩大桩径，然后再灌注第二次混凝土。复打施工只能在第一次灌注的混凝土初凝之前进行。

2）振动沉管灌注桩

振动沉管灌注桩是指利用振动桩锤、振动冲击锤将桩管沉入土中，然后灌注混凝土而成。此法是较常用的施工方法，适用于稍密或中密的砂土地基施工。

施工时，应先安装好桩机，将桩管下端活瓣式桩尖合起来，或埋好预制桩尖，对准桩位，慢慢放下桩管，压入土中，校正桩管垂直度，符合要求后开动激振器，同时在桩管上加压使桩管沉入土中。当桩管沉到设计标高且最后30s的电流值、电压值符合设计要求时，方可停止振动，安放钢筋笼，并用吊斗将混凝土灌入桩管内，然后再开动激振器和卷扬机，拔出钢管，边振边拔，从而使混凝土得到振实。

振动沉管灌注桩可采用单打法、反插法或复打法施工。

①单打法。是指将桩管沉入到设计要求的深度后，边灌混凝土边拔管，最后成桩。此法适用于含水量较小的土层，且宜采用预制桩尖。桩内灌满混凝土后，应先振动5～10s，再开始拔管，边振边拔，每拔0.5～1.0m，便停拔并振动5～10s，如此反复进行，直至桩管全部拔出。拔管速度在一般土层内应为1.2～1.5m/min，用活瓣式桩尖时可慢些，用预制桩尖时可适当加快，在软弱土层中拔管速度应为0.6～0.8m/min。

②反插法。是指在拔管过程中边振边拔，每次拔管0.5～1.0m，便向下反插0.3～0.5m，如此反复并保持振动，直至桩管全部拔出。在桩尖处1.5m范围内，为扩大桩的局

部断面应多次反插。穿过淤泥夹层时，应放慢拔管速度，并减少拔管高度和反插深度。反插法不适用于流动性淤泥。

③复打法。是指在单打法施工完毕拔出桩管后，立即在原桩位放置第二个桩尖，第二次下沉桩管，将原桩位未凝结的混凝土向四周土中挤压，扩大桩径，然后第二次灌混凝土和拔管。全长复打可提高桩的承载力。

上岗工作要点

1. 理解浅基础施工的分类及施工流程。
2. 了解地基局部处理的方法及地基处理与加固的方法。
3. 掌握预制桩施工工艺和灌注桩施工工艺的施工顺序。

思 考 题

1. 试述地基处理的目的，软弱土地基处理的主要方法以及如何进行。
2. 试述地基的局部处理有哪些情况。
3. 试述换填垫层法及其使用范围。
4. 什么是"橡皮土"？可采取哪些方法处理？
5. 振冲法加固地基的优点有哪些？振冲法分为哪几种类型？试述其施工要点。
6. 什么是钢筋混凝土浅基础？有哪些基础形式？
7. 施工中遇到防空洞该如何处理？
8. 试述箱形基础的特点及施工要求。
9. 桩基如何分类？有哪些形式？
10. 打桩前要做哪些准备工作？如何选用打桩设备？试述打桩过程及质量控制。
11. 灌注桩与预制桩相比有何优缺点？
12. 什么是复打？在哪些情况下采用？

第3章 砌体工程

重点提示

1. 理解垂直运输设备的概念。
2. 掌握脚手架的使用要求。
3. 掌握砖砌筑施工的施工方法。
4. 了解中小型砌块施工的施工方法。

3.1 垂直运输设备

垂直运输设备是指在建筑施工中担负垂直运送材料和施工人员上下的机械设备和设施。目前砌筑工程中常用的垂直运输设备有塔式起重机、井架、龙门架、施工电梯等。

3.1.1 井架

井架是施工中最常用，也最简便的垂直运输设备。它由角钢构成的井架、摇头拔杆、天轮、卷扬机、吊盘及钢丝绳、缆风绳等组成，稳定性好，运输量大，如图 3-1 所示。井架内设有吊篮，一般多为单孔井架，但也构成两孔或多孔井架。其上部还可设小型拔杆，供调运长度较大的构件，起重量通常是 0.5～1.5t，回转半径可达 10m。井架起重能力通常是 1～3t，提升高度通常在 60m 以内，需设缆风绳保持井架的稳定，如图 3-2 所示。

3.1.2 龙门架

龙门架是由两根三角形或矩形截面的立柱及天轮梁（横梁）构成的门式架。在龙门架上设滑轮、导轨、吊盘、安全装置以及起重索、缆风绳等，可以进行材料、机具及小型预制构件的垂直运输，如图 3-3 所示。龙门架构造简单、制作容易、用材少且装拆方便，但刚度和稳定性较差，起重量为 0.6～1.2t，起升高度为 15～30m，适用于中小型工程。

龙门架的立柱是采用型钢或钢管焊接而成的格构柱，其截面形式分为三角形和正方形两种。每个格构柱长 3m，上下两端设有连接板，板上留有螺栓孔，节与节之间用螺栓连接。吊盘可采用角钢、铺板做成，其平面尺寸应考虑能运送的最大尺寸构件，构造形式依具体情况而定。

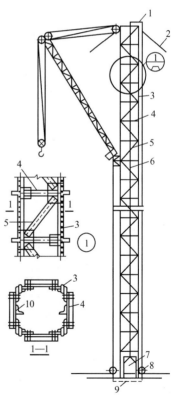

图 3-1 型钢井架
1—天轮；2—缆风绳；3—立柱；
4—平撑；5—斜撑；6—钢丝绳；
7—吊盘；8—地轮；9—垫木；
10—导轨

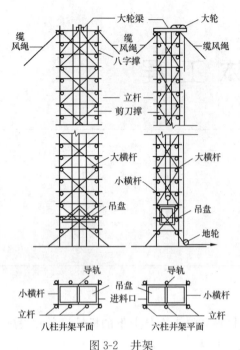

图 3-2　井架

一般单独设置龙门架。有外脚手架时，可在脚手架的外侧或转角部位设置，并拉设缆风绳解决其稳定性问题；也可在外脚手架的中间设置，为确保龙门架和脚手架的稳定性，可用拉杆将龙门架的立柱与脚手架拉结起来，但在垂直于脚手架的方向仍需设置缆风绳并设置附墙拉结。与龙门架相接的脚手架应加设必要的剪刀撑予以加强。

龙门架的安装可采用预先拼装、整体起吊的方法，也可采用分节安装的方法。分节安装是指先安装第一节立柱，固定好地脚螺栓后再用杆件绑在已立好的第一节立柱上，杆件顶部系上滑轮以吊起第二节立柱，就位后用螺栓固定，每安装一节立柱后，应系好缆风绳或加临时支撑固定，然后依次吊装，待全部就位后安上横梁。

3.1.3　施工电梯

多数施工电梯为人货两用，少数为货用。施工电梯适用于高层建筑和高大建筑物，其吊笼装在机架外侧，沿齿条式轨道升降，附着在外墙或建筑物其他结构上，可载重货物 1.0～1.2t 或载 12～15 人。其高度随着建筑物主体结构施工而接高，最高可达 200m，如图 3-4 所示。

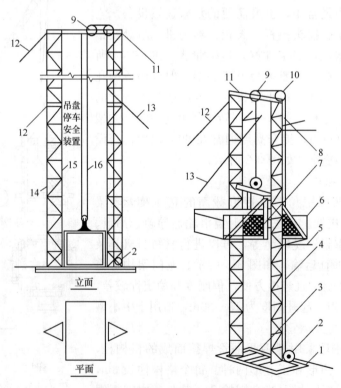

图 3-3　龙门架的基本构造形式

1、16—提升钢丝绳；2—地轮；3—底盘；4—立柱节；5—连墙杆；6—吊笼；7—承重架；8—安全装置；
9—天轮；10—导向轮；11—横梁；12—缆风绳；13—钢丝绳；14—立柱；15—导轨

50

目前常用的施工电梯按其驱动方式可分为齿轮齿条驱动方式和绳轮驱动方式两种。两者均由吊箱（用于载人、载货）和塔架（用于悬挂吊箱和作为吊箱升降的导轨）组成。塔架由标准节用螺栓连接而成，利用吊箱顶部的专用吊杆提升塔架标准节，塔架可以自升接高，塔架通过附墙装置与建筑物相连。施工电梯应设有各种安全保险装置以确保使用的安全，还应由专职司机操作，按时保养，定期维修。

（1）齿轮齿条驱动式施工电梯。是利用安装在吊箱框架上的齿轮与安装在立杆上的齿条相啮合，当电动机经过变速机构带动齿轮转动时，吊箱即沿塔架升降。这种形式的施工电梯可分为单吊箱和双吊箱，也可分为带平衡重和不带平衡重，其载重量为 1000kg 或可载12 人。

（2）绳轮驱动式施工电梯。是利用卷扬机、滑轮组，通过钢丝绳悬吊吊箱升降的，适用于 20 层以下的建筑。它具有制造、安装简便，用钢量少，费用低等优点，其载重量为 1000kg 或可载 8～10 人。

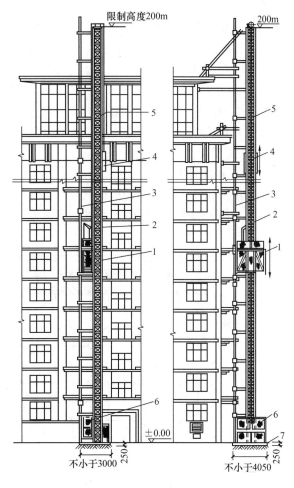

图 3-4　建筑施工电梯
1—吊笼；2—小吊杆；3—假设安装杆；4—平衡箱；
5—导轨架；6—底笼；7—混凝土基础

施工电梯平面位置的确定应结合流水施工段的划分，充分考虑人员及货物的流向，使施工电梯到作业点之间的平均距离最短，同时还应考虑现场供电、排水条件及与建筑结构相连是否方便、有无良好的夜间照明等多种因素。

建筑施工电梯安装前应先做好混凝土基础，用其预埋锚固螺栓或者预留固定螺栓孔以固定底笼。混凝土基础的安装过程为：将部件运至安装地点→装底笼和二层标准节→装梯笼→接高标准节并随设附墙支撑→安平衡箱。

3.2　脚手架

脚手架是建筑施工中重要的临时设施，是为安全防护、堆放材料、工人操作及解决楼层间少量垂直和水平运输而搭设的临时性支架。按其搭配位置不同可分为外脚手架和里脚手架。

砌筑施工时，工人的劳动生产率受砌体的砌筑高度影响，所以，当砌筑到一定高度后，不搭设脚手架就无法进行正常的施工操作。考虑到砌墙工作效率和施工组织等因素，每层脚手架的搭设高度确定为 1.2m 左右，称为"一步架高"，也叫砌体的可砌高度。

脚手架必须满足的要求包括以下几点：

（1）因地制宜，就地取材，尽量节约用料。

（2）构造简单，装拆方便，并能多次周转使用。

（3）要有足够的工作面，能满足工人操作、材料堆放以及运输的需要。脚手架的宽度一般为 1.5～2m。

（4）要有足够的坚固性和稳定性，施工期间在允许荷载和各种气候条件下，不产生变形、倾斜或摇晃现象，确保施工人员人身安全。

3.2.1 外脚手架

1. 钢管扣件式脚手架

（1）钢管扣件式脚手架的构成

钢管扣件式脚手架由钢管、扣件、脚手板、连墙件和底座等组成，如图 3-5 所示。

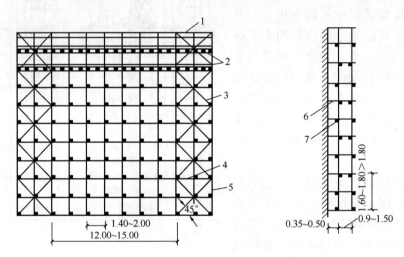

图 3-5 钢扣件式管脚手架

1—栏杆；2—作业层；3—剪刀撑；4—大横杆；5—立杆；6—附墙拉杆；7—小横杆

①钢管。脚手架钢管宜采用外径 48mm、壁厚 3.5mm（或外径 51mm、壁厚 3.1mm）的焊接钢管。用于横向水平杆的钢管最大长度应≤2m，其他杆的最大长度应≤6.5m。为便于人工搬运，每根钢管最大质量应≤25kg。

②扣件。扣件的基本形式包括：直角扣件（用于垂直交叉杆件间连接）、旋转扣件（用于平行或斜交杆件间连接）以及对接扣件（用于杆件对接连接）三种，如图 3-6 所示。

③脚手板。脚手板可用钢、木、竹等材料制作，每块质量应≤30kg。冲压钢脚手板是常用的一种脚手板，一般由长 2～4m、宽 250mm、厚 2mm 的钢板压制而成，其表面应有防滑措施。木脚手板可采用长 3～4m、宽 200～250mm、厚≥50mm 的杉木板或松木板制作，为防止端部损坏，其两端均应加设镀锌钢丝箍两道。竹脚手板则可用毛竹或楠竹制成竹串片板及竹笆板。

④连墙件。连墙件将立杆与主体结构连接在一起，施工时可采用钢管、扣件或预埋件组成刚性连墙件，也可采用钢筋作拉接筋的柔性连墙件。

⑤底座。底座形式分为内插式和外套式两种，内插式的外径 D_1 比立杆内径小 2mm，外套式的内径 D_2 比立杆外径大 2mm，如图 3-7 所示。

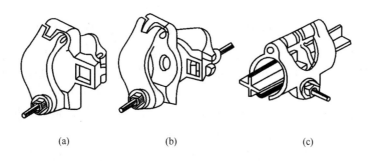

图 3-6 扣件形式

（a）直角扣件；（b）旋转扣件；（c）对接扣件

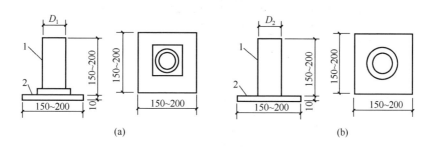

图 3-7 扣件钢管架底座

（a）内插式底座；（b）外套式底座

1—承插钢管；2—钢板底座

（2）钢管扣件式脚手架的搭设

脚手架搭设范围的地基表面应平整，排水畅通。如表层土质松软，应加 150mm 的厚碎石或碎砖夯实。对高层建筑脚手架基础应进行验算。垫板、底座均应准确地放在定位线上。竖立第一节立柱时，每 6 跨应暂设置一根抛撑，在固定件架设好之后方可根据情况拆除。架设至有固定件的构造层时，应立即设置固定件。固定件至操作层的距离应≤2 步。若超过，应在操作层下采取临时稳定措施，直到固定件架设完后方可拆除。双排脚手架的横向水平杆靠墙的一端至墙装饰面的距离应≥100mm，杆端伸出扣件的长度应≥100mm。安装扣件时，螺栓拧紧，70N·m≥扭力矩≥40N·m。除操作层的脚手板外，宜每隔 12m 高满铺一层脚手板。

2. 碗扣式脚手架

（1）碗扣式脚手架的构成

碗扣式钢管脚手架（又称多功能碗扣型脚手架）的核心部件是碗扣接头，由上下碗扣、横杆接头和上碗扣的限位销等组成，如图 3-8 所示。碗扣式脚手架的特点包括：结构简单，拆装方便，操作容易，杆件全部轴向连接，力学性能好，接头构造合理，零部件损耗率低，

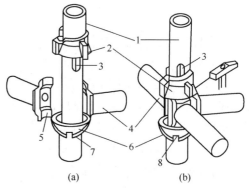

图 3-8 碗扣接头构造

（a）连接前；（b）连接后

1—立柱；2—上碗扣；3—限位销；

4—横杆；5—横杆接头；6—下碗扣；

7—焊缝；8—流水槽

工作安全可靠。

碗扣式脚手架的上、下碗扣和限位销按 600mm 间距设置在钢管立柱上，其中下碗扣和限位销直接焊在立柱上。将上碗扣的缺口对准限位销后，即可将上碗扣向上拉起（沿立柱向上滑动），把横杆接头插入下碗扣圆槽内，随后将上碗扣沿限位销滑下，并顺时针旋转以扣紧横杆接头（用锤敲击几下即可达到扣紧要求）。碗扣式接头可同时连接 4 根横杆，横杆可相互垂直或偏转一定角度。因此，碗扣式钢管脚手架的部件可用以搭设多种形式脚手架，特别适用于搭设扇形表面及高层建筑施工和装饰作业两用外脚手架，还可作为模板的支撑。

碗扣式钢管脚手架的设计杆配件按用途可分为主构件、辅助构件、专用构件三类。主构件用以构成脚手架主体的杆部件，如图 3-9 所示，包括以下五种：

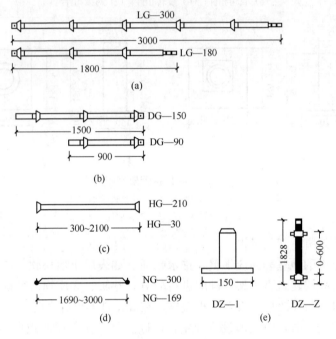

图 3-9　碗扣式钢管脚手架的主构件

（a）立杆；（b）顶杆；（c）横杆；（d）斜杆；（e）底座

①立杆。是主要受力杆件，有 3.0m 和 1.8m 长两种规格。立杆由一定长度的 $\phi48mm\times3.5mm$，Q235 钢管上每隔 0.60m 套一碗扣接头，并在其顶端焊接立杆连接管制成。

②顶杆。又称顶部立杆，有长 2.10m、1.50m、0.90m 三种规格。其顶端设有立杆连接管，便于在顶端插入托撑或可调托撑。顶杆主要用于支撑架、支撑柱、物料提升架等的顶部。顶杆与立杆配合可以构成任意高度的支撑架。

③横杆。组成框架的横向连接杆件有长 2.4m、1.8m、1.5m、1.2m、0.9m、0.6m、0.3m 七种规格。横杆由一定长度的 $\phi48mm\times3.5mm$，Q235 钢管两端焊接横杆接头制成。

④斜杆。是为增强脚手架稳定强度而设计的系列构件，有长 1.697m、2.160m、2.343m、2.546m、3.0m 五种规格。在 $\phi48mm\times2.2mm$，Q235 钢管两端铆接斜杆接头制成，斜杆接头可转动，同横杆接头一样可装在下碗扣内，形成节点斜杆。斜杆适用于 1.2m×1.2m、1.2m×1.8m、1.5m×1.8m、1.8m×1.8m、1.8m×2.4m 五种框架平面。

⑤底座。是安装在立杆根部，防止其下沉，并将上部荷载分散传递给地基基础的构件，

可分为垫座、可调座两种形式。

（2）碗扣式脚手架的搭设

碗扣式脚手架用于搭建双排外脚手架时，一般立杆横向间距取 1.2m，横杆步距取 1.8m，立杆纵向间距根据建筑物结构、脚手架搭设高度及作业荷载等具体要求确定，可选用 0.9m、1.2m、1.5m、1.8m、2.4m 等多种尺寸，并选用相应的横杆。双排脚手架的一般构造如图 3-10 所示。

1）斜杆设置

斜杆可增强脚手架的稳定性，斜杆与横杆同立杆的连接相同。对于不同尺寸的框架，应配备相应长度的斜杆。斜杆可装成节点斜杆或非节点斜杆。

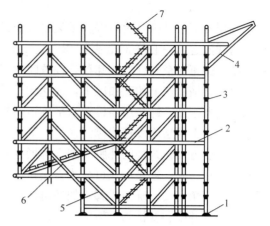

图 3-10　双排脚手架的一般构造
1—垫座；2—横杆；3—立杆；4—安全网支架；
5—斜杆；6—碗脚手板；7—梯子

斜杆应尽量布置在框架节点上，对于高度＞30m 的脚手架，可根据荷载情况，设置斜杆的面积为整架立面面积的 1/5～1/2；对于高度＞30m 的高层脚手架，设置斜杆的框架面积不小于整架面积的 1/2。在拐角边缘及端部必须设置斜杆，中间可均匀间隔布置。横向框架内设置斜杆（廊道斜杆），对于提高脚手架的稳定性尤为重要。对于高度＜30m 的脚手架，中间可不设廊道斜杆；对于高度＞30m 的脚手架，中间应每隔 5～6 跨设置一道沿全高连续搭设的廊道斜杆；对于一字形及开口形脚手架，应在两端横向框架内沿全高连续设置节点斜杆；对于高层和重载脚手架，除按上述构造要求设置廊道斜杆外，当横向平面框架所承受的总荷载≥25kN 时，该框架应增设廊道斜杆。

当设置高层卸荷拉结杆时，为防止卸荷时水平框架变形，须在拉结点以上第一层加设廊道水平斜杆。斜杆既可用碗扣脚手架系列斜杆，也可用钢管和扣件代替。

2）连墙撑

连墙撑是脚手架与建筑物之间的连接件，对提高脚手架的横向稳定性、承受偏心荷载和水平荷载等具有重要作用。连墙杆设置应尽量采用梅花形布置方式，一般情况下，对于高度＜30m 的脚手架，可四跨三步设置一个（约 40m²）；对于高层及重载脚手架，50m 以下的脚手架至少应三跨三步设置一个（约 25m²）；50m 以上的脚手架至少应三跨二步设置一个（约 20m²）。另外，当设置宽挑架、提升滑轮、安全网支架、高层卸荷拉结杆等构件时，应增设连墙撑，对于物料提升架也是相应地增设连墙撑数目。

连墙撑应尽量连接在横杆层碗扣接头内，同脚手架、墙体保持垂直，并随建筑物及架子的升高及时设置，其他搭设要求与扣件式钢管脚手架相同。

3）剪刀撑

竖向剪刀撑的设置应与碗扣式斜杆的设置相配合，一般高度＜30m 的脚手架，可每隔 4～6 跨设置一组沿全高连续搭设的剪刀撑，每道剪刀撑跨越 5～7 根立杆，设剪刀撑的跨内不再设碗扣式斜杆；对于高度＞30m 的高层脚手架，应沿脚手架外侧的全高方向连续设置，两组剪刀撑之间用碗扣式斜杆。纵向水平剪刀撑对于增强水平框架的整体性、均匀传递连墙撑的作用具有重要意义。对于高度＞30m 的高层脚手架，应每隔 3～5 步架设置一层连续的、闭合的纵向水平剪刀撑。

4）高层卸荷拉结杆

高层卸荷拉结杆是为减轻脚手架荷载而设计的一种构件，其设置应根据脚手架的高度和作业荷载而定，一般每30m高卸荷一次，但总高度＜50m的脚手架可不用卸荷。卸荷层应将拉结杆同每一根立杆连接卸荷，设置时，将拉结杆一端用预埋件固定在墙体上，另一端固定在脚手架横杆层下的碗扣底下，为达到悬吊卸荷的目的，中间用索具螺旋调节拉杆。为增强水平框架刚度，卸荷层要设置水平廊道斜杆。另外，为平衡水平力，应用横托撑同建筑物顶紧。上、下两层增设连墙撑。

对一般方形建筑物的外脚手架，为增强脚手架的整体稳定性，在拐角处，两直角交叉的排架要连在一起。连接形式可分为直接拼接法和直角撑搭接法两种，其中直角撑搭接可实现任意部位直角交叉。碗扣式脚手架还可搭设为支撑架、单排脚手架、满堂脚手架、移动式脚手架、提升井架和悬挑脚手架等。

3. 门式脚手架

（1）门式脚手架的构成

门式脚手架是目前国际上应用最普遍的脚手架之一。它既可作为外脚手架，又可作为内脚手架或满堂脚手架。门式脚手架的基本单元包括：门式框架、剪刀撑、水平梁架、螺旋基脚。将基本单元相互连接并增加梯子、栏杆及脚手板等即形成脚手架，如图3-11所示。

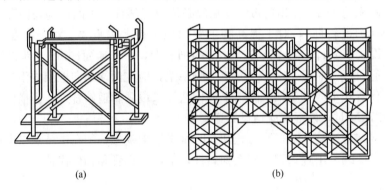

(a)   (b)

图 3-11　门式脚手架
(a) 基本单元；(b) 门式外脚手架

（2）门式脚手架的搭设

门式脚手架的搭设程序按先后顺序依次为：铺放垫木（板）→拉线→放底座→自一端起立门架并随即装剪刀撑→装水平梁架（或脚手板）→装梯子→（需要时，装设通长的纵向水平杆）→装设连墙杆→照上述步骤，逐层向上安装→装加强整体刚度的长剪刀撑→装设顶部栏杆。

搭设门式脚手架时，基底必须严格夯实找平，并铺可调底座，以免发生塌陷和不均匀沉降。要严格控制首层门式脚手架，垂直度偏差应≤2mm，水平度偏差应≤5mm。门架的顶部和底部用纵向水平杆和扫地杆固定，门架之间必须设置剪刀撑和水平梁架（或脚手板），其间连接应可靠，以确保脚手架的整体刚度。

因进行作业需要临时拆除脚手架内侧剪刀撑时，应在该层里侧上部加设纵向水平杆之后再拆除剪刀撑。作业完毕后，立即将剪刀撑重新装上，并将纵向水平杆移到上或下一作业层上。整片脚手架必须适当放置水平加固杆，前三层需每层设置，三层以上则每隔三层设置一道。在架子外侧面设置长剪刀撑（φ48脚手钢管，长 6～8m），其高度和宽度为 3～4 个步距

56

和柱距，与地面夹角为 45°～60°，相邻长剪刀撑之间相隔 3～5 个柱距，沿全高设置。使用连墙管或连墙器将脚手架和建筑结构紧密连接，连墙点的最大间距，在垂直方向为 6m，在水平方向为 8m。高层脚手架应增加连墙点布设密度。脚手架在转角处必须做好连接和与墙拉结，并用钢管和回转扣件把处于相交方向的门架连接起来。

使用脚手架应注意的安全事项有：

①脚手板应铺满、铺稳，不得有探头板。

②支好的安全网应能承受 1.6kN 的冲击力，安全网应随楼层施工进度逐渐上移。

③多层及高层建筑用的外脚手架应沿外侧拉设安全网，以免工人跌落或材料、工具落下伤人。

4. 其他脚手架

除上述介绍的三种脚手架外，还有悬吊式脚手架、悬挑式脚手架和爬升式脚手架等。

（1）悬吊式脚手架

悬吊式脚手架在主体结构施工阶段为外挂脚手架，随主体结构逐层向上施工，用塔吊吊升，悬挂在结构上；在装饰施工阶段改为从屋顶吊挂，逐层下降，如图 3-12 所示。悬吊式脚手架的吊升单元宽度宜控制在 5～6m，每一吊升单元的自重应<1t。悬吊式脚手架适用于高层框架和剪力墙结构施工。

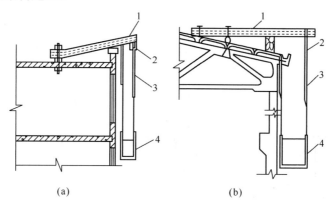

图 3-12　悬吊式脚手架

（a）在平屋顶的安装；（b）在坡屋顶的安装

1—挑梁；2—吊环；3—吊索；4—吊篮

（2）悬挑式脚手架

悬挑式脚手架是搭设在建筑结构边缘向外伸出的悬挑结构上，将脚手架的荷载全部或部分传递给建筑结构。悬挑式脚手架的关键是悬挑支承结构应能将脚手架的荷载传递给建筑结构，且具备足够的强度、刚度和稳定性。架体可用扣件式钢管脚手架、碗扣式钢管脚手架和门式脚手架等搭设。一般为双排脚手架，架体高度可根据施工要求、结构承载力和塔吊的提升能力确定，最高可搭设至 12 步架，约 20m 高，可同时进行 2～3 层作业，如图 3-13 所示。

（3）爬升式脚手架

爬升式脚手架是指采用各种形式的架体结构及附着支承结构，依靠设置于架体上或工程结构上的专用升降设备实现升降的施工脚手架，如图 3-14 所示。爬升式脚手架的分类如下：

①按附着支承形式可分为悬挑式、吊拉式、导轨式、导座式等。

②按升降动力类型可分为电动、手拉葫芦、液压等。

③按升降方式可分为单片式、分段式、整体式等。

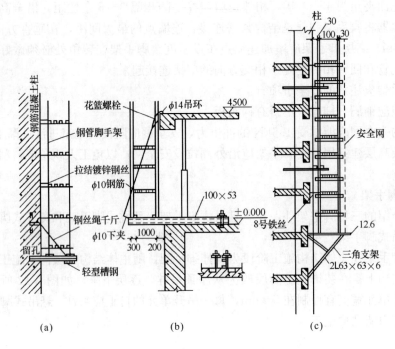

图 3-13 两种不同悬挑支撑结构的悬挑式脚手架

(a)、(b) 斜拉式悬挑外脚手架；(c) 下撑式悬挑外脚手架

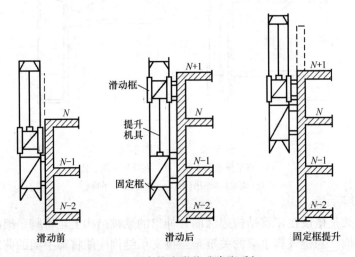

图 3-14 套管式附着升降脚手架

④按控制方式可分为人工控制、自动控制等。

⑤按爬升方式可分为套管式、挑梁式、互爬式、导轨式等。

爬升式脚手架适用于高层、超高层建筑物或高耸构筑物，同时，还可以携带施工外模板。但使用时必须进行专门设计。

3.2.2 里脚手架

里脚手架主要在建筑内隔墙的砌筑和内粉刷时使用。常用的里脚手架有：

(1) 角钢（钢筋、钢管）折叠式里脚手架。如图 3-15 (a) 所示，砌墙时架设间距宜为 1.0~2.0m；粉刷时架设间距宜为 2.2~2.5m。

（2）支柱式里脚手架。如图 3-15（b）所示，由若干支柱和横杆组成，上铺脚手板，砌墙时搭设间距宜为 2.0m，粉刷时搭设间距不超过 2.5m。

（3）木、竹、钢制马凳式里脚手架。如图 3-15（c）所示，间距不大于 1.5m，上铺脚手板。

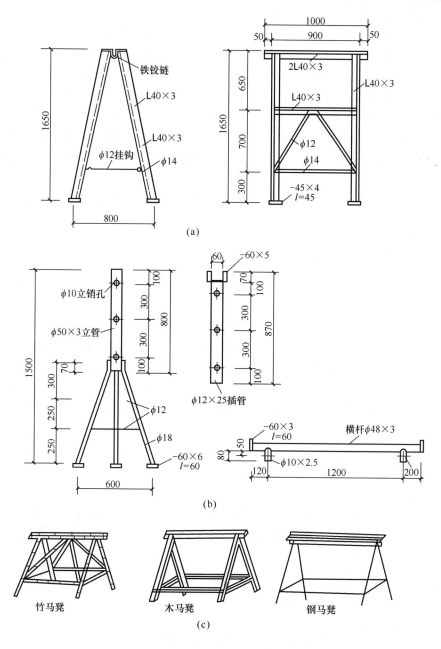

图 3-15　里脚手架

（a）角钢折叠式里脚手架；（b）支柱式里脚手架；（c）马凳式里脚手架

3.2.3　脚手架安全设施

在房屋建筑施工过程中因脚手架出现事故的概率相当高，所以在脚手架的设计、架设、使用和拆卸中均需十分重视安全防护问题。为了确保脚手架的安全，脚手架应具备足够的强度、刚度和稳定性。

当外墙砌筑高度≥4m或立体交叉作业时，除在作业面正确铺设脚手板和安装防护栏杆及挡脚板外，还必须在脚手架外侧设置安全网，以防材料下落伤人和高空操作人员坠落。架设安全网时，其伸出墙面宽度应≥2m，外口要高于内口500mm，两网搭接处应扎接牢固，每隔一定距离应用拉绳将斜杆与地面锚桩拉牢。

当用里脚手架施工外墙或多层、高层建筑用外脚手架时，均需设置安全网。安全网应随楼层施工进度逐步上升，多层、高层建筑除设一道逐步上升的安全网外，尚应在第二层和每间隔3~4层的部位加设一道安全网。施工过程中要经常对安全网进行检查和维修，每块支好的安全网应能承受≥1.6kN的冲击荷载。

钢脚手架不得搭设在距离35kV以上的高压线路4.5m以内的地区和距离1~10kV高压线路2m以内的地区。钢脚手脚在架设和使用期间，要严防与带电体接触，需要穿过或靠近380V以内的电力线路，距离在2m以内时，应断电或拆除电源，如不能拆除，应采取可靠的绝缘措施。

过高的脚手架必须有防雷设施，搭设在旷野、山坡上的钢脚手架，如在雷击区域或雷雨季节时，也应设避雷装置。

3.3 砖砌筑施工

3.3.1 施工准备工作

1. 砖

砖的品种、强度等级必须符合设计要求，并应规格一致。用于清水墙、柱表面的砖，应边角整齐、色泽均匀。无出厂证明的砖要送试验室鉴定。为了避免在砌筑时因干砖吸收砂浆中大量的水分，使砂浆流动性降低，造成砌筑困难，并影响砂浆的粘结力和强度，在砌砖前1~2d（视天气情况而定）应将砖堆浇水润湿。但也要注意不能将砖浇得过湿而使砖不能吸收砂浆中的多余水分，影响砂浆的密实性、强度和粘结力，而且还会产生坠灰和砖块滑动现象，使墙面不洁净、灰缝不平整、墙面不平直。

砖应尽量不在脚手架上浇水。如砌筑时砖块干燥，操作困难时，可用喷壶适当补充浇水。

2. 砂浆的制备

（1）水泥使用应符合下列规定：

1）水泥进场时应对其品种、等级、包装或散装仓号、出厂日期进行检查，并应对其强度、安定性进行复验，其质量必须符合现行国家标准《通用硅酸盐水泥》（GB 175—2007/XG1—2009）的有关规定。

2）当在使用中对水泥质量有怀疑或水泥出厂超过三个月（快硬硅酸盐水泥超过一个月）时，应复查试验，并按其复验结果使用。

3）不同品种的水泥，不得混合使用。

（2）砂浆用砂宜采用过筛中砂，并应满足下列要求：

1）不应混有草根、树叶、树枝、塑料、煤块、炉渣等杂物。

2）砂中含泥量、泥块含量、石粉含量、云母、轻物质、有机物、硫化物、硫酸盐及氯盐含量（配筋砌体砌筑用砂）等应符合现行行业标准《普通混凝土用砂、石质量及检验方法标准》（JGJ 52—2006）的有关规定。

3）人工砂、山砂及特细砂，应经试配能满足砌筑砂浆技术条件要求。

（4）拌制水泥混合砂浆的粉煤灰、建筑生石灰、建筑生石灰粉及石灰膏应符合下列规定：

1）粉煤灰、建筑生石灰、建筑生石灰粉的品质指标应符合现行行业标准《用于水泥和混凝土中的粉煤灰》（GB/T 1596—2005）、《建筑生石灰》（JC/T 479—2013）、《建筑生石灰粉》（JC/T 480—1992）的有关规定。

2）建筑生石灰、建筑生石灰粉熟化为石灰膏，其熟化时间分别不得少于7d和2d；沉淀池中储存的石灰膏，应防止干燥、冻结和污染，严禁使用脱水硬化的石灰膏；建筑生石灰粉、消石灰粉不得代替石灰膏配制水泥石灰砂浆。

3）石灰膏的用量，应按稠度（120±5）mm计量，现场施工中石灰膏不同稠度的换算系数，可按表3-1确定。

表3-1　石灰膏不同稠度的换算系数

稠度（mm）	120	110	100	90	80	70	60	50	40	30
换算系数	1.00	0.99	0.97	0.95	0.93	0.92	0.90	0.88	0.87	0.86

（5）拌制砂浆用水的水质，应符合现行行业标准《混凝土用水标准》（JGJ 63—2006）的有关规定。

（6）砌筑砂浆应进行配合比设计。当砌筑砂浆的组成材料有变更时，其配合比应重新确定。砌筑砂浆的稠度宜按表3-2的规定采用。

表3-2　砌筑砂浆的稠度

砌体种类	砂浆稠度（mm）
烧结普通砖砌体 蒸压粉煤灰砖砌体	70～90
混凝土实心砖、混凝土多孔砖砌体 普通混凝土小型空心砌块砌体 蒸压灰砂砖砌体	50～70
烧结多孔砖、空心砖砌体 轻骨料小型空心砌块砌体 蒸压加气混凝土砌块砌体	60～80
石砌体	30～50

注：1. 采用薄灰砌筑法砌筑蒸压加气混凝土砌块砌体时，加气混凝土粘结砂浆的加水量按照其产品说明书控制。

2. 当砌筑其他块体时，其砌筑砂浆的稠度可根据块体吸水特性及气候条件确定。

（7）施工中不应采用强度等级小于M5水泥砂浆替代同强度等级水泥混合砂浆，如需替代，应将水泥砂浆提高一个强度等级。

（8）在砂浆中掺入的砌筑砂浆增塑剂、早强剂、缓凝剂、防冻剂、防水剂等砂浆外加剂，其品种和用量应经有资质的检测单位检验和试配确定。所用外加剂的技术性能应符合国家现行有关标准《砌筑砂浆增塑剂》（JG/T 164—2004）、《混凝土外加剂》（GB 8076—2008）、《砂浆、混凝土防水剂》（JC 474—2008）的质量要求。

（9）配制砌筑砂浆时，各组分材料应采用质量计量，水泥及各种外加剂配料的允许偏差为±2%；砂、粉煤灰、石灰膏等配料的允许偏差为±5%。

3.3.2　砖砌体的组砌形式

1. 砖墙的组砌形式

图 3-16　砖墙组砌形式

(a) 一顺一丁；(b) 三顺一丁；(c) 梅花丁

（1）一顺一丁。一顺一丁砌法，是一皮顺砖与一皮丁砖相互间隔砌成，上下皮间竖缝都相互错开 1/4 砖长，如图 3-16（a）所示。此法效率较高，但当砖的规格不一致时，竖缝就难以整齐。

（2）三顺一丁。三顺一丁砌法是三皮顺砖与一皮丁砖间隔砌成。上下皮顺砖间竖缝错开 1/2 砖长，上下皮顺砖与丁砖间竖缝错开 1/4 砖长，如图 3-16（b）所示。此法由于顺砖较多，砌筑效率较高，便于高级工带低级工和充分将好砖用于外皮，该组砌法适用于砌一砖和一砖以上的墙体。

（3）梅花丁。梅花丁又称沙包式、十字式。梅花丁砌法是在同一皮砖上采用两块顺砖夹一块丁砖，上下皮砖竖缝相互错开 1/4 砖长，如图 3-16（c）所示。此法内外竖缝每皮都能错开，整体性较好，灰缝整齐，比较美观，但砌筑效率较低，宜用于砌筑清水墙，或当砖规格不一致时，采用这种砌法较好。

（4）全顺。全顺砌法是各皮砖全部用顺砖砌筑，每皮砖搭接 1/2 砖长。此法仅用于半砖隔断墙，如图 3-17（a）所示。

（5）全丁。全丁砌法是各皮砖全部用丁砖砌筑，每皮砖上下搭接 1/4 砖长。此法一般多用于砌筑圆形烟囱、窨井等，如图 3-17（b）所示。

2. 砖基础组砌

砖基础包括条形基础和独立基础，基础下部扩大部分称大放脚。大放脚有等高式和不等高式两种，如图 3-18 所示。等高式大放脚是两皮一收，两边各收进 1/4 砖长；不等高式大放脚是两皮一收与一皮一收相间隔，两边各收进 1/4 砖长。大放脚的底宽应当根据计算而定，各层大放脚的宽度应为半砖宽的整数倍。大放脚一般采用一顺一丁砌法。竖缝要错开，要注意十字及丁字接头处砖块的搭接，在这些交接处，纵横墙要隔皮砌通。大放脚的最下一皮及每层的最上面一皮应当以丁砌为主。

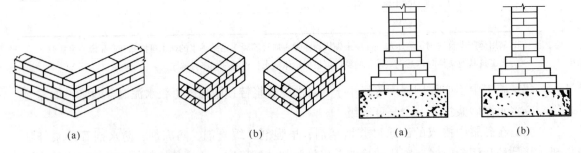

图 3-17　全顺和全丁砌法

(a) 全顺；(b) 全丁

图 3-18　基础大放脚形式

(a) 等高式；(b) 不等高式

3. 砖柱组砌

砖柱组砌，应使柱面上下皮的竖缝相互错开 1/2 砖长或 1/4 砖长，在柱心无通天缝，少砍砖，并尽量利用二分头砖（即 1/4 砖），如图 3-19 所示。

4. 空心砖和多孔砖墙组砌

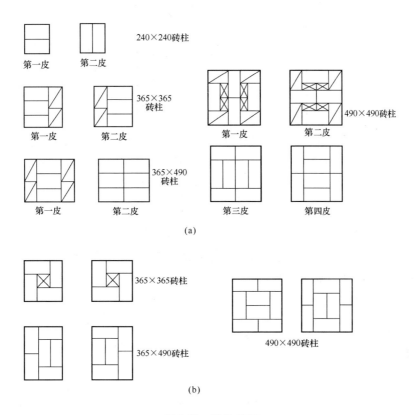

图 3-19 砖柱组砌

(a) 矩形柱正确砌法；(b) 矩形柱的错误砌法（包心组砌）

规格为 190mm×190mm×90mm 的承重空心砖（即烧结多孔砖）一般是整砖顺砌，上下皮竖缝相互错开 1/2 砖长（100mm）。如有半砖规格的，也可采用每皮中整砖与半砖相隔的梅花丁砌筑形式，如图 3-20 所示。

规格为 240mm×115mm×90mm 的承重空心砖一般采用一顺一丁或梅花丁砌筑形式，如图 3-21 所示。

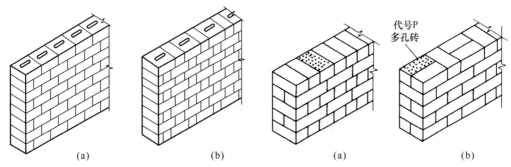

图 3-20 190mm×190mm×90mm 空心砖砌筑形式 图 3-21 240mm×115mm×90mm 空心砖组砌形式

(a) 整砖顺砌；(b) 梅花丁砌筑 (a) 一顺一丁；(b) 梅花丁

非承重空心砖一般是侧砌的，上下皮竖缝相互错开 1/2 砖长。

空心砖墙的转角及丁字交接处，应加砌半砖，使灰缝错开。转角处半砖砌在外角上，丁字交接处半砖砌在横墙端头，如图 3-22 所示。

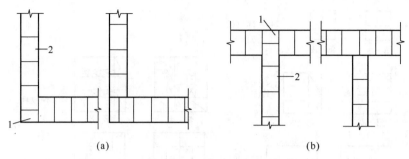

图 3-22　空心砖墙转角及丁字交接

（a）转角；（b）丁字接

1—半砖；2—整砖

3.3.3　砖砌体的砌筑方法

砖砌体的砌筑方法有"三一"砌砖法、挤浆法、"二三八一"砖砌法和满口灰法四种，其中，"三一"砌砖法和挤浆法最常用。

1. "三一"砌砖法

"三一"砌砖法是一块砖、一铲灰、一揉压并随手将挤出的砂浆刮去的砌筑方法。这种砌砖方法的优点是：随砌随铺，随即挤揉，灰缝容易饱满，粘结力好，同时在挤砌时随手刮去挤出墙面的砂浆，使墙面保持整洁。所以，砌筑实心砖砌体宜采用"三一"砌砖法。

2. 挤浆法

挤浆法是用灰勺、大铲或铺灰器在墙顶上铺一段砂浆，然后双手拿砖或单手拿砖，用砖挤入砂浆中一定厚度之后把砖放平，达到下齐边、上齐线、横平竖直的要求。这种砌砖方法的优点是：可以连续挤砌几块砖，减少烦琐的动作；平推平挤可使灰缝饱满；效率高；保证砌筑质量。

3. "二三八一"砖砌法

"二三八一"砖砌法是由2种步法、3种身法、8种铺灰手法和1种挤浆动作所组成的一套符合人体正常活动规律的先进砌砖工艺。

①步法分为丁字步和并列步。

②身法分为丁字步与并列步的侧身弯腰、丁字步的正弯腰和并列步的正弯腰。

③铺灰手法分为砌条砖用的甩、扣、泼、溜和砌丁砖时的扣、溜、泼、带。

④挤浆动作是指砌砖时利用手指揉动，使落在灰槽上的砖产生轻微颤动，砂浆受震动后液化，砂浆中的水泥浆颗粒充分进入到砖的表面，产生良好的吸附黏接作用。

4. 满口灰法

满口灰法（又称瓦刀披灰法）是指用瓦刀将砂浆刮满在砖面或砖棱上，随即砌上。满口灰法是一种常见的砌筑方法，特别是在砌空斗墙时常采用此种方法。用这种方法砌筑，质量好但效率低，因此满口灰法仅适用于砌筑砖墙的特殊部位，如暖墙、烟囱等。

3.3.4　砖砌体的施工工艺

砖砌体的施工过程一般为：抄平→放线→摆砖样→立皮数杆→选砖→盘角、挂准线→砌筑→清理等工序。如果是清水墙，则还要进行勾缝。

1. 抄平

砌筑前，先在基础防潮面或楼面上按标准的水准点定出各层标高，并用M7.5水泥砂浆或C10细石混凝土找平。找平时，需使上下两层外墙之间不致出现明显的接缝。

2. 放线

建筑物底层墙身可根据龙门板上给定的轴线及图纸上标注的墙体尺寸，在基础顶面上用墨线弹出墙的轴线和墙的宽度线，并分出门窗洞口位置线。为保证各楼层墙身轴线的重合，并与基础定位轴线一致，可利用预先引测在外墙上的墙身中心轴线，借助于经纬仪或锤球把墙身中心轴线引测到楼层上去。轴线的引测是放线的关键，必须按图纸要求尺寸用钢皮尺进行校核。最后，按楼层墙身中心线，弹出各墙边线，画出门窗洞口位置。

砌筑基础前，应校核放线尺寸，允许偏差应符合表 3-3 的规定。

表 3-3　放线尺寸的允许偏差

长度 L、宽度 B（m）	允许偏差（mm）	长度 L、宽度 B（m）	允许偏差（mm）
L（或 B）≤30	±5	30<L（或 B）≤90	±15
30<L（或 B）≤60	±10	L（或 B）>90	±20

3. 摆砖样

摆砖样在清水墙砌筑中尤为重要，它是按选定的组砌方法，在基础墙顶面上，按墙身长度和组砌方式先用砖块试摆砖（生摆，即不铺灰）。摆砖的目的是尽量使门窗垛的尺寸符合砖的模数，偏差较小时，可通过竖缝调整，以减少斩砖数量，并保证砖及砖缝排列整齐、均匀，以提高砌砖效率。

4. 立皮数杆

皮数杆是一种方木标志杆。立皮数杆可控制每皮砖砌筑的竖向尺寸，并使铺灰、砌砖的厚度均匀，保证砖皮水平，如图 3-23 所示。皮数杆上画有每皮砖和灰缝的厚度以及门窗洞、过梁、楼板等的标高。它立于墙的转角外，是砌筑时控制砌体竖向尺寸的标志。

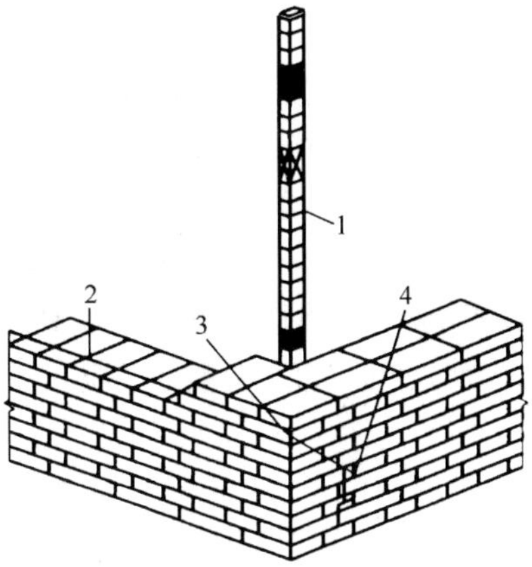

5. 选砖

敲击时声音响亮，被烧过火变色、变形的砖可用在基础及不影响外观的内墙上。而砌清水墙则应选择棱角整齐，无弯曲、裂纹，颜色均匀，规格基本一致的砖。

6. 盘角、挂准线

砌筑时，通常是先按皮数杆砌墙角（盘角），每次盘角不应超过五层，新盘的大角，及时进行吊、靠，如有偏差要及时调整。然后根据皮数杆和已砌的墙角挂准线，作为砌筑中间墙体的依据，每砌一皮或两皮，准线向上移动一次，以保证墙面平整。一般三七厚以下的墙单面挂线，外墙挂外边，内墙挂任何一边；砌一砖半厚以上的砖墙必须双面挂线。墙角是确定墙身的重要依据，其砌筑的好坏，对整个建筑物的砌筑质量有很大影响。

图 3-23　皮数杆
1—皮数杆；2—准线；3—竹片；4—圆铁钉

7. 砌筑

常用的砌筑方法包括满刀灰砌筑法，夹灰器、大铲铺灰及单手挤浆法，铺灰器、灰瓢铺灰及双手挤浆法。砌砖宜采用"三一砌筑法"。当采用铺浆法砌筑时，铺浆长度应≤750mm；施工期间气温>30℃时，铺浆长度应≤500mm。实心砖砌体大都采用一顺一丁或三顺一丁或梅花丁的组砌方法。

8. 勾缝

勾缝是砌清水墙的最后一道工序，具有保护墙面并增加墙面美观的作用。勾缝方法有两种，一种是原浆勾缝，即利用砌墙的砂浆随砌随勾，适用于内墙面；另一种是加浆勾缝，即待墙体砌筑完毕后，利用 1：1 的水泥砂浆或加色砂浆进行勾缝。勾缝的形式包括平缝、斜缝、凹缝等。勾缝完毕，应清扫墙面。

3.3.5　砖砌体的技术要求

砖砌体组砌方法应正确，上、下错缝，内外搭砌，砖柱不得采用包心砌法。砖砌体砌筑时砖和砂浆的强度等级必须符合设计要求。

砌筑时水平灰缝的厚度一般为 8～12mm，竖向灰缝宽一般为 10mm。竖向灰缝的饱满程度，影响砌体抗透风和抗渗水的性能，因此竖向灰缝不得出现透明缝、瞎缝和假缝。为了保证砌筑质量，墙体在砌筑过程中应随时检查垂直度、一般要求做到三皮一吊线、五皮一靠尺。为减少灰缝变形引起砌体沉降，一般每日砌筑高度应≤1.8m，雨天施工时，每日砌筑高度应≤1.2m。当施工过程中可能遇到大风时，应遵守规范所允许自由高度的限制。

砖砌体相邻工作段的高度差，不得超过一个楼层的高度，也不应＞4m。工作段的分段位置宜设在伸缩缝、沉降缝、防震缝或门窗洞口处。砌体临时间断处的高度差不得超过一步架高。

砌砖工程当采用铺浆法砌筑时，铺浆长度应≤750mm；施工期间气温＞30℃时，铺浆长度应≤500mm。

接槎是指先砌砌体和后砌砌体之间的接合方式。砖砌体的转角处和交接处应同时砌筑，严禁无可靠措施的内外墙分别砌筑。对不能同时砌筑而又必须留置的临时间断处，应砌成斜槎，斜槎水平投影长度不应小于高度的 2/3，如图 3-24 所示。若临时间断处不能留斜槎时，除转角处外，可留直槎，但直槎必须做成凸槎。并应加设拉结钢筋，拉结钢筋的数量为每 120mm 墙厚放置 1φ6 拉结钢筋，间距沿墙高应≤500mm，埋入长度从留槎处算起每边均应≥500mm，对抗震设防烈度 6 度、7 度地区应≥1000mm；末端应有 90°弯钩，如图 3-25 所示。

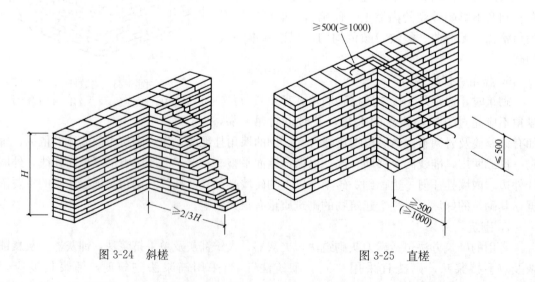

图 3-24　斜槎　　　　　　　　　　图 3-25　直槎

隔墙与墙或柱如不同时砌筑而又不留成斜槎时，可于墙或柱中引出凸槎，并于墙的立缝处预埋拉结筋，其构造要求同上，但每道应≥2 根钢筋。

施工时需在砖墙中留置的临时孔洞，其侧边离交接处的墙面应≥500mm；洞口净宽度应≤1m，且顶部应设置过梁。抗震设防烈度为9度的建筑物，临时孔洞的留置应会同设计单位研究确定。

不得留设脚手眼的墙体或部位包括：

①空斗墙、半砖墙和砖柱。

②砖过梁上与过梁呈60°角的三角形范围及过梁净跨度1/2的高度范围内。

③宽度＜1m的窗间墙。

④梁或梁垫下及其左右各500mm的范围内。

⑤砖砌体门窗洞口两侧200mm和转角450mm的范围内，石砌体门窗洞口两侧300mm和转角600mm的范围内。

⑥设计不允许设置脚手眼的部位不大于80mm×140mm，可不受③④⑤规定的限制。

设置钢筋混凝土构造柱的砌体，应按先砌墙后浇筑的施工程序进行。混凝土构造柱的截面一般为240mm×240mm，钢筋采用HPB235级钢筋，竖向受力钢筋一般用4根，直径为12mm。箍筋采用直径为6mm，其间距为200mm，楼层上下500mm范围内应适当地加密箍筋，其间距为100mm。构造柱的竖向受力钢筋应在基础梁和楼层圈梁中锚固，并应符合受拉钢筋的锚固长度要求。砖墙与构造柱应沿墙高每隔500mm设置2根直径6mm的水平拉结筋，拉结筋每边伸入墙内应≥1m。当墙上门窗洞边到构造柱边的长度＜1m时，水平拉结筋伸到洞口边为止。图3-26是一砖墙转角及T字交接处水平拉结筋的布置。

砖墙与构造柱相接处，应砌成马牙槎，每个马牙槎高度方向的尺寸应≤300mm（或五皮砖砖高）；每个马牙槎应退进60mm。每个楼层面开始应先退槎后进槎，如图3-27所示。

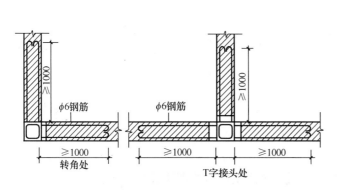

图3-26　砖墙转角及T字交接处水平拉结筋的布置

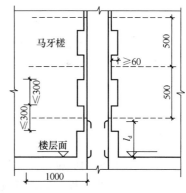

图3-27　砖墙马牙槎的布置

3.4　中小型砌块施工

3.4.1　施工准备工作

1. 机具准备

可用桅杆式起重机、汽车式起重机、履带式起重机或塔式起重机对砌块进行装卸。砌块的水平运输可用专用砌块小车、普通平板车等。另外，还应准备安装砌块的专用夹具和有关工具。

2. 现场平面布置

（1）现场应储存足够数量的砌块，以保证施工顺利进行，砌块堆放地点应使场内运输路线最短。

（2）砌块堆置场地应平整夯实，有一定泄水坡度，必要时可挖排水沟。

（3）砌块不宜直接堆放在地面上，为防止砌块底部被污染，应堆在草袋、煤渣垫层或其他垫层上。

（4）砌块的规格、数量必须配套，不同类型分堆放置。堆放要稳定，通常采用上下皮交错堆放，堆放高度应≤3m，堆放一至二皮后宜堆成踏步形。

3．编制砌块排列图

因中、小型砌块体积较大、较重，不如砖块可以随意搬动，所以为指导吊装砌筑施工和砌块准备，在吊装前应先绘制砌块排列图。

（1）砌块排列图绘制方法

①在立面图上用1：30或1：50的比例绘制出纵横墙，然后将过梁、大梁、平板、楼梯、孔洞等在图上标明。

②在纵横墙上画出水平灰缝线，尽量以主规格砌块为主、其他各种型号砌块为辅进行排列。

需要镶砖时，尽量对称分散布置。砌块排列图按每片纵、横墙分别绘制，如图 3-28所示。

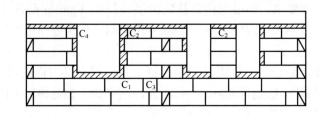

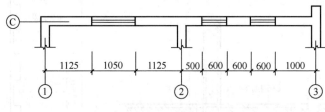

图 3-28　砌块排列

（2）砌块排列的原则

①尽量减少非主规格砌块的规格和数量，多用主规格的砌块或整块砌块。

②砌筑应遵循错缝搭接的原则，上下皮砌块错缝搭接长度一般为砌块长度的 1/2，或不得小于砌块皮高的 1/3，且应≥150mm。当搭接长度不足时，应在水平灰缝内设置 $2\phi4$ 的钢筋网片予以加强，钢筋网片两端离该垂直缝的距离应≥300mm。

③当楼层高度不是砌块的整数倍时，用页岩砖砌死。

④水平灰缝一般为 10～20mm，有配筋的水平灰缝为 20～25mm。竖缝宽度为 15～20mm，当竖缝宽度＞40mm 时，应用与砌块同强度的细石混凝土填实；当竖缝宽度＞100mm 时，应用页岩砖砌死。

⑤外墙转角处及纵横墙交接处，应用砌块相互搭接，如不能相互搭接，则应每两皮设置一道拉结钢筋网片。

⑥对于空心砌块，上下皮砌块的壁、肋、孔均应垂直对齐，以提高砌体的承载能力。

4. 选择砌块的吊装方案

砌块墙的施工特点是砌块数量多、吊次多，但砌块的重量不是很大。通常采用的吊装方案有：

①用塔式起重机进行砌块、砂浆的运输以及楼板等构件的吊装，用台灵架吊装砌块。台灵架在楼层上的转移由塔吊来完成。

②用井架进行材料的垂直运输，杠杆车进行楼板吊装，所有预制构件及材料的水平运输则用砌块车和手推车，台灵架负责砌块的吊装，如图 3-29 所示。

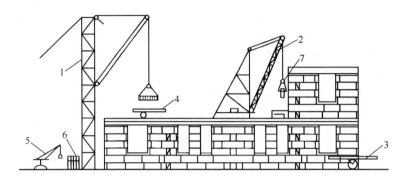

图 3-29　砌块吊装示意图

1—井架；2—台灵架；3—杠杆车；4—砌块车；5—少先吊；6—砌块；7—砌块夹

3.4.2　中小型砌块施工工艺

砌块砌体的施工过程通常包括铺灰→砌块安装就位→校正→灌缝和镶砖等工序。

（1）铺灰

用稠度为 50～70mm 的水泥砂浆铺 3～5m 长的水平缝，铺灰应均匀平整。夏季及寒冷季节应适当缩短铺灰长度。

（2）砌块安装就位

用摩擦式夹具按砌块排列图将所需砌块吊装就位。砌块就位应对准位置慢慢落下，使夹具中心尽可能与墙中心线在同一垂直面上，砌块光面在同一侧，垂直落在砂浆层上，待砌块安放稳妥后，松开夹具。

（3）校正

用拉准线的方法检查水平度，用线锤和托线板检查垂直度，用撬棍、楔块调整偏差。

（4）灌缝

用砂浆灌竖缝，两侧用夹板夹住砌块，超过 30mm 宽的竖缝用≥C20 的细石混凝土灌缝，收水后进行勒缝。为防止破坏砂浆的粘结力，灌竖缝后的砌块不得碰撞或撬动。

（5）镶砖

当砌块间出现较大竖缝或过梁找平时应镶砖。用 MU10 级以上的红砖，最后一皮用丁砖镶砌。镶砖工作必须在砌砖校正后立刻进行，镶砖时应注意使砖的竖缝灌密实。

上岗工作要点

1. 掌握脚手架的分类及搭设方法。
2. 掌握砖砌体的砌筑方法、技术要求及施工工艺流程。

思 考 题

1. 试述砖墙组砌的形式有哪些。
2. 试述脚手架的作用、要求、类型及适用范围。
3. 脚手架为何要设置横向斜撑和剪刀撑？应如何设置？
4. 皮数杆的作用是什么？应如何设置？
5. 试述砌块排列的原则。
6. 试述单排和双排扣件式钢管脚手架在构造上的区别。
7. 试述安全网的搭设应遵循的原则。
8. 简述砖墙砌筑的施工工艺和施工要点。
9. 砌筑工程中的安全防护措施有哪些？
10. 如何保证井字架和龙门架的稳定安全？
11. 试述砖墙在转角处和交接处留设临时间断处的构造要求。

第4章 钢筋混凝土工程

重 点 提 示

1. 掌握模板的组成、基本要求以及构造安装与拆除模板的基本方法。
2. 理解钢筋工程的内容及施工时的各项要求。
3. 掌握混凝土工程施工工艺的施工流程。

4.1 模板工程

4.1.1 模板的组成与基本要求

1. 模板的组成

模板系统主要由模板、支架和紧固件三部分组成。

2. 模板的基本要求

在现浇钢筋混凝土结构施工中,对模板系统的基本要求如下:

(1) 要保证结构和构件各部分的形状、尺寸和相互位置的正确性。

(2) 具有足够的强度、刚度及稳定性。

(3) 构造简单,装拆方便,并能多次周转使用。

(4) 接缝严密,不漏浆。

4.1.2 模板的构造与安装

1. 木模板

木模板的基本元件为拼板,由板条与拼条钉成(图 4-1),板条厚度一般为 25～50mm,宽度应≤200mm。拼条的间距取决于新浇混凝土对板面的侧压力和板条的厚度,一般为 400～500mm。木模板和支撑一般是由加工厂或现场木工棚制成基本元件(拼板),然后再在现场拼装。

(1) 基础模板

基础模板一般利用地基或基坑(槽)进行支撑,其具有高度较小而体积较大的特点。安装阶梯形基础模板时应确保上下模板不发生相对位移。若土质良好,基础模板也可进行原槽浇筑。基础支模方法和构造如图 4-2、图 4-3 所示。

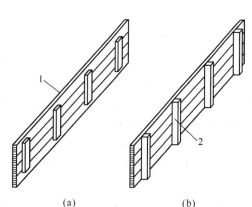

图 4-1 拼板的构造

(a) 一般拼板;(b) 梁侧板的拼板

1—板条;2—拼条

(2) 柱模板

柱子的断面尺寸不大但比较高,因此柱模板的构造和安装主要考虑保证垂直度及抵抗新浇混凝土的侧压力，与此同时，也要便于浇筑混凝土、清理垃圾与钢筋绑扎等。

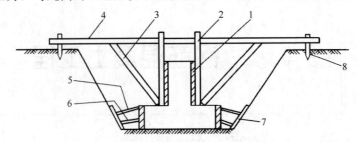

图 4-2 组合条形基础模板常用构件

1—上阶侧板；2—上阶吊木；3—上阶斜撑；4—轿杠；5—下阶斜撑；
6—水平撑；7—垫木；8—木桩

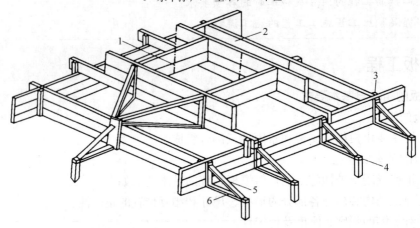

图 4-3 阶形基础模板

1—中线；2—侧板；3—木档；4—木桩；5—斜撑；6—平撑

柱模板由内、外拼板和柱箍组成，如图 4-4 所示。

柱模板底部开有清理孔。高度>3m 时，沿高度每隔 2m 左右开有混凝土浇筑孔，以防混凝土产生分层离析。安装时应校正其相邻两个侧面的垂直度，检查无误后，用斜撑支牢固定。

（3）梁模板

梁模板由底模和两侧模等组成，如图 4-5 所示。混凝土对梁底模板有垂直压力，对梁侧模板有水平侧压力，因此，为承受垂直荷载，在梁底模板每隔一定间距（800～1200mm）有顶撑支撑。顶撑底应加垫一对木楔块以调整标高。为使顶撑传下来的集中荷载均匀地传给地面，在顶撑底加铺垫板。多层建筑施工中，应使上、下层的顶撑在同一竖向直线上。侧模板用长板条加拼条制成，以承受混凝土侧压力，底部用夹木固定，上部用斜撑和水平拉条固定。

如梁跨度≥4m，模板应起拱，应使梁底模起拱，如设计无规定时，木模的起拱高度宜为全跨长度的 2‰～3‰，钢模的起拱高度宜为 1‰～2‰。

（4）楼板模板

楼板的面积大而厚度不大，侧压力小。楼板模板及其支撑系统主要承受钢筋混凝土的自重和施工荷载，保证模板不变形下垂，如图 4-6 所示。楼板模板是由底模和横楞组成，横楞下方由支柱承担上部荷载。一般先支梁模板后支楼板的横楞，再依次支设下面的横杠和支柱，楼底模板应铺设在横楞上。

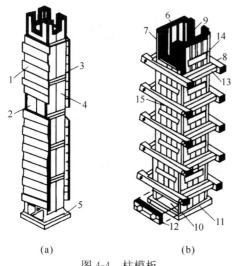

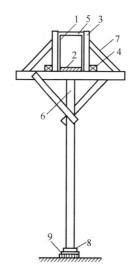

图 4-4　柱模板

（a）矩形柱模板；（b）方形柱模板

1—横向侧板；2—洞口；3—木档；4—竖向侧板；5—方盘；

6—内拼板；7—外拼板；8—柱箍；9—梁缺口；10—清理孔；

11—木框；12—盖板；13—拉紧螺栓；14—拼条；15—三角木条

图 4-5　单梁模板

1—侧模板；2—底模板；3—侧模拼条；4—夹木；

5—水平拉条；6—顶撑（支架）；7—斜撑；

8—木楔；9—木垫板

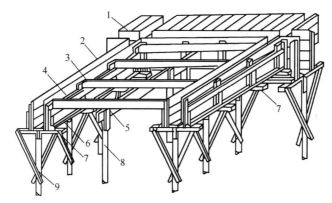

图 4-6　有梁楼板模板

1—楼板模板；2—梁侧模板；3—楞木；4—托木；5—杠木；

6—夹木；7—短撑木；8—立柱；9—顶撑

（5）楼梯模板

楼梯模板是由平台梁、平台板、梯段板的模板组成，如图 4-7 所示。梯段板的模板由底模板、踏步侧板、横挡板、边板和反三角板等组成，在斜楞上面铺钉楼梯底模。

2.组合钢模板

组合钢模板通过各种连接件和支承件可组合成多种尺寸和几何形状，以适应各种类型建筑物捣制钢筋混凝土梁、柱、板、墙、基础等施工的需要的模板。

（1）组合钢模板的组成

组合钢模板是由钢模板、连接件和支撑件三部分组成。钢模板主要包括平面模板（P）、阴角模板（E）、阳角模板（Y）、连接角模（J）等，如图 4-8 所示。钢模板的规格如表 4-1 所示。

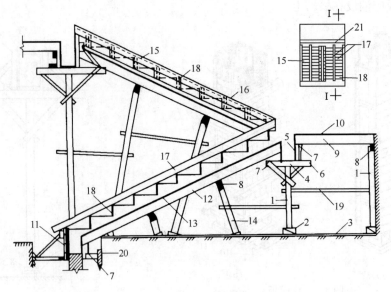

图 4-7　楼梯模板

1—支柱；2—木楔；3—垫板；4—平台梁底板；5—梁侧板；6—夹板；7—托木；8—杠木；
9—木楞；10—平台底板；11—梯基侧板；12—斜木楞；13—楼梯底板；14—斜向顶撑；
15—边板；16—横挡板；17—反三角板；18—踏步侧板；19—拉杆；20—木桩；21—平台梁模

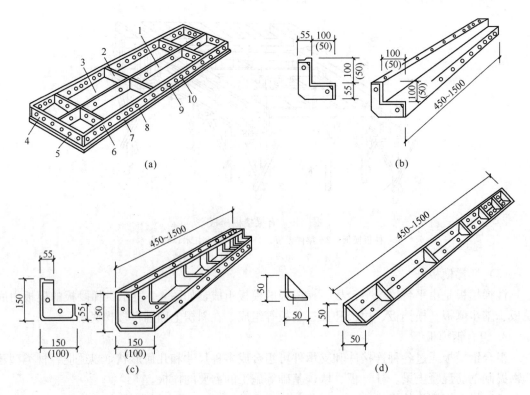

(a)　　　　　　　　　　　　　　　(b)

(c)　　　　　　　　　　　　　　　(d)

图 4-8　钢模板类型

（a）平面模板；（b）阳角模板；（c）阴角模板；（d）连接角模

1—中纵肋；2—中横肋；3—面板；4—横肋；5—插销孔；6—纵肋；7—凸棱；8—凸鼓；9—U 形卡孔；10—钉子孔

表 4-1　钢模板规格 　　　　　　　　　　　　　　　　（mm）

名　称	宽　度	长　度	肋　高
平面模板	600，550，500，450，400，350，300，250，200，150，100	1800，1500，1200，900，750	55
阴角模板	150×150，100×150	600，450	
阳角模板	100×100，50×50		
连接角膜	50×50		

组合钢模板的连接件有 U 形卡、L 形插销、钩头螺栓、对拉螺栓、扣件和紧固螺栓等，如图 4-9 所示。连接件应符合配套使用、装拆方便及操作安全等要求。

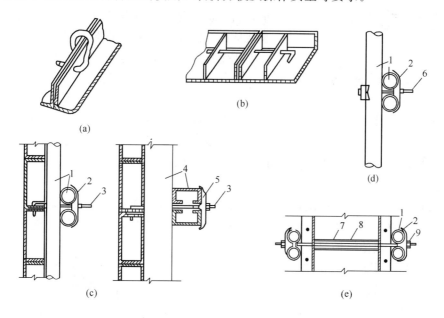

图 4-9　钢模板连接件

(a) U 形卡连接；(b) L 形插销连接；(c) 钩头螺栓连接；(d) 紧固螺栓连接；(e) 对拉螺栓连接

1—圆钢管楞；2—3 形扣件；3—钩头螺栓；4—内卷边槽钢楞；5—蝶形扣件；6—紧固螺栓；

7—对拉螺栓；8—塑料套管；9—螺母

组合钢模板的支撑件有柱箍、钢楞、钢管脚手支架、斜撑、钢桁架等。

（2）钢模板配板

采用组合钢模板时，同一构件的模板展开可用不同规格的钢模做多种方式的组合排列，因而形成不同的配板方案。配板原则如下：木材拼镶补量最少；支撑件布置简单，受力合理；合理使用转角模板；尽量采用横排或竖排，而不用横竖兼排的方式。

3. 钢框复面胶合模板

钢框复面胶合模板（板块组合式模板）是以钢材或铝材为框架，胶合板为面板构成的组合式模板。钢框架一般为矩形，框架的边框起大梁的作用；内框（横肋或竖肋）起小梁的作用。面板镶嵌在框架上形成的一个板块式模板单元，可以在工厂铆焊定型，到施工现场只需将各单元按设计要求进行组合成型。

钢框复面胶合模板按模板单元面积和重量的大小，可分为轻型板块组合式模板和重型板块组合式模板两种，如图 4-10 所示。

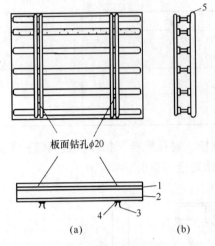

图 4-10　板块组合式模板单元

(a) 重型；(b) 轻型

1—横肋；2—小梁；3—大梁；4—梁卡；
5—吊钩孔

4. 大模板

大模板是一种大尺寸的工具式定型模板，一块墙面一般用 1～2 块大模板，如图 4-11 所示。大模板施工的关键在于模板，因其质量大，需起重机配合进行施工。大模板的组成部件包括面板、加劲肋、竖楞、支撑桁架、稳定机构及附件。

面板要求平整、刚度好，平整度按中级抹灰质量要求确定，面板多用钢板和多层板制成。

用钢板做面板的优点：刚度大、强度高、表面平滑，所浇筑的混凝土墙面外观好，不需再抹灰，可以直接抹面，模板可反复使用 200 次以上。

用钢板做面板的缺点：耗钢量大、自重大、易生锈、不保温，损坏后不易修复。

钢面板厚度根据加劲肋的布置确定，一般为 4～6mm。用厚 12～18mm 的多层板制作的面板，经树脂处理后可反复使用 50 次，因其质量小，容易制作、安装、更换，规格灵活，常适用于非标准尺寸的大模板工程。

5. 爬升模板

爬升模板是在混凝土墙体浇筑完毕后，利用提升装置将模板自行提升到上一个楼层，浇筑上一层墙体的垂直移动式模板。爬升模板采用整片式大平模，模板不需要支撑系统，直接由面板及肋组成，墙体模板可自行爬升而不依赖吊塔；提升设备采用导链、液压千斤顶或电动螺杆提升机。

爬升模板适用于电梯井壁、高层建筑墙体、管道间混凝土施工。它爬升模板将大模板工艺和滑升模板工艺相结合，既保持了大模板施工墙面平整的优点，又保持了滑模利用自身设备使模板向上提升的优点。

6. 液压滑升模板

滑升模板是随着混凝土的浇筑而沿结构（构件）表面向上垂直移动的模板。滑升模板是施工现浇混凝土工程的有效方法之一，它机械化程度较高，施工速度快，建筑物的整体性好。不仅广泛应用于高耸构筑物的施工，在现浇框架、剪力墙、筒体等结构的施工中也有一定的应用规模。

滑模施工是现浇混凝土工程的一种连续成形施工工艺，其工艺方法是：按照施工对象的平面图形，在建筑物或构筑物的

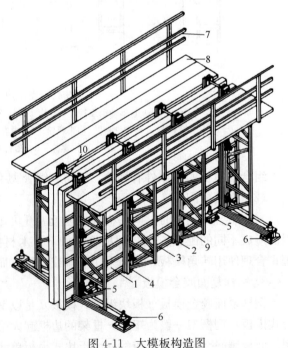

图 4-11　大模板构造图

1—面板；2—水平加劲肋；3—支撑桁架；4—竖楞；
5—调整水平度的螺旋千斤顶；6—调整垂直度的
螺旋千斤顶；7—栏杆；8—脚手板；9—穿墙螺栓；
10—固定卡具

底部周边预先安装高 1.2m 左右的模板和操作平台，随着向模板内不断地分层浇筑混凝土和绑扎钢筋，利用液压提升设备使滑模不断地向上滑升，使结构连续成形，直至到需要浇筑的高度为止。

滑升模板的组成包括模板系统、操作平台系统、液压提升系统以及施工精度控制与观测系统四部分，如图 4-12 所示。

4.1.3 模板的拆除

模板应当尽早拆除，以便加快模板周转速度，减少模板的总用量，降低工程造价，从而提高使用效率。

1. 模板的拆除日期

（1）承重模板的拆除日期。承重模板在混凝土强度达到表 4-2 规定的强度后方可拆除，拆模时间如表 4-3 所示。

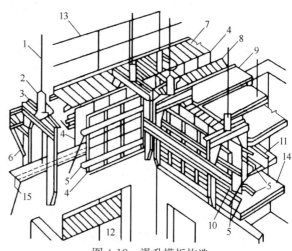

图 4-12　滑升模板构造

1—支撑杆；2—液压千斤顶；3—提升架；4—模板；5—围圈；6—外挑脚手架；7—外挑操作平台；8—固定操作平台；9—活动操作平台；10—内围圈；11—外围圈；12—吊脚手架；13—栏杆；14—楼板；15—混凝土墙体

表 4-2　底模拆除时的混凝土强度要求

构件类型	构件跨度（m）	按设计的混凝土强度标准值的百分率（%）
板	≤2	≥50
	>2，≤8	≥75
	>8	≥100
梁、拱、壳	≤8	≥75
	>8	≥100
悬臂构件	—	≥100

表 4-3　拆除底模板的时间参考表　　　　　　　　　　　　（d）

水泥的强度等级及品种	混凝土达到设计强度标准值的百分率（%）	硬化时昼夜平均温度					
		5℃	10℃	15℃	20℃	25℃	30℃
42.5 级普通水泥	50	10	7	6	5	4	3
	75	20	14	11	8	7	6
	100	50	40	30	28	20	18
32.5 级矿渣或火山灰质水泥	50	18	12	10	8	7	6
	75	32	25	17	14	12	10
	100	60	50	40	28	24	20
42.5 级矿渣或火山灰质水泥	50	16	11	9	8	7	6
	75	30	20	15	13	12	10
	100	60	50	40	28	21	20

（2）非承重的侧模板拆除日期。非承重模板应在混凝土强度能保证其表面及棱角不因拆除模板而受损坏时，方可拆除。一般当混凝土强度达到 2.5MPa 后，即可拆除。

对后张法预应力混凝土结构构件，侧模宜在预应力张拉前拆除；底模支架的拆除应按施工技术方案执行，当无具体要求时，应在结构构件建立预应力后拆除。

2.模板的拆除规定

（1）承重模板应在与混凝土结构同条件养护的试块达到规定的强度时，方可拆除。

（2）非承重模板应在混凝土强度能保证其表面及棱角不因拆除模板而受损坏时，方可拆除。

（3）在拆除模板过程中，若发现混凝土有影响结构安全的质量问题，应暂停拆除，经过处理后，方可继续拆除。

（4）已拆除模板及其支架的结构，应在混凝土强度达到设计强度后才允许承受全部计算荷载。若计算荷载小于承受施工荷载，必须经过核算，加设临时支撑。

3.拆除模板的注意事项

（1）模板拆除的顺序和方法应严格按照配板设计的规定进行，遵循先支后拆、先上后下、先非承重部位后承重部位的原则。

（2）拆除时不得损伤模板和混凝土，拆模时严禁用大锤和撬棍硬砸、硬撬。

（3）组合大模板应大块整体拆除。

（4）支撑件和连接件应逐件拆卸，模板应逐块拆卸传递。

（5）处于高空已拆除连接件和支撑的模板必须彻底拆除，以免其坠落伤人。

（6）拆下的模板和配件均应分类堆放整齐，附件应放在工具箱内。

已拆除模板及支架的混凝土结构，应在其完全达到设计的强度等级后，方可承受全部的使用荷载；若施工荷载所产生的效应比使用荷载的效应更不利，必须经过相应验算，视情况考虑是否需要加设临时支撑。

4.2 钢筋工程

4.2.1 钢筋的分类与验收存放

1.钢筋的分类

（1）钢筋按直径大小分类

钢筋按直径大小分为：钢丝（3～5mm）、细钢筋（6～10mm）、中粗钢筋（12～20mm）和粗钢筋（>20mm）。

（2）钢筋按生产工艺分类

钢筋按生产工艺分为：热轧钢筋、余热处理钢筋、冷轧带肋钢筋、冷轧扭钢筋、冷拔螺旋钢筋、碳素钢丝、刻痕钢丝和钢绞线。

①热轧钢筋是经热轧成型并自然冷却的成品钢筋。按轧制的外形分为光圆钢筋和变形钢筋（月牙纹、螺旋纹、人字纹）；按力学性能分为 HPB235、HRB335、HRB400、RRB400、HRB500。

②余热处理钢筋是经热轧后立即穿水，进行表面控制冷却，然后利用芯部余热自身完成回火处理所得的成品钢筋。

③冷轧带肋钢筋是热轧圆盘条经冷轧或冷拔减径后，在其表面冷轧成两面或三面有肋的钢筋，牌号分为 CRB550、CRB650、CRB800、CRB970、CRB1170 五个。

④冷轧带肋钢筋的外形如图 4-13 所示，这种新型钢筋的优点为：调直除锈、提高强度、节省钢材、提高质量，并具有良好的冷弯性能和粘结锚固性能。

⑤冷轧扭钢筋是用低碳钢钢筋经冷轧扭工艺制成，其表面呈连续螺旋形，这种钢筋具有

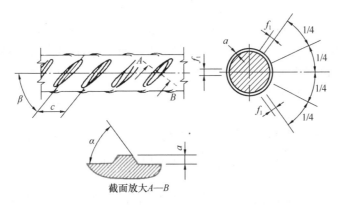

图 4-13 冷轧带肋钢筋表面及截面形状

较高的强度和足够的塑性，与混凝土粘结性能优异，代替 HPB235 级钢筋可节约钢材 30%。

⑥冷拔螺旋钢筋是热轧圆盘条经冷拔后在其表面形成连续螺旋槽的钢筋，如图 4-14 所示。

2. 钢筋的验收存放

钢筋是否符合质量标准，将直接影响结构的使用安全。在施工中必须加强对钢筋的验收和质量检验工作。

（1）钢筋质量检验

①钢筋进场时应按现行国家标准《钢筋混凝

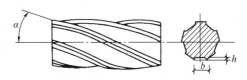

图 4-14 冷拔螺旋钢筋

土用钢 第 2 部分：热轧带肋钢筋》（GB 1499.2—2007/XG1—2009）等的规定抽取试件做力学性能检验，其强度实测值必须符合有关标准的规定。检查数量按进场的批次和产品的抽样检验方案确定，检验项目包括产品合格证、出厂检验报告和进场复验报告等。每捆（盘）钢筋均应有标牌，运至工地后应分堆存放。对热轧钢筋的级别有疑问时，除做力学性能试验外，还需进行钢筋的化学成分分析。

②钢筋应平直、无损伤，表面不得有裂纹、油污、片状或颗粒状老锈。进场时和使用前应对检查数量做全数检查。

③在钢筋加工中如发生脆断、焊接性能不良和力学性能异常等现象时，应对该批钢筋的化学成分进行检验或做其他专项检验。

（2）钢筋的存放及保管

为了防止钢筋生锈、腐蚀和混用，钢筋验收合格后，还要做好保管工作，以便确保其质量。钢筋的存放及保管应注意以下几点：

①钢筋必须严格分类、分级、分牌号堆放，不合格的钢筋另做标记分开堆放。

②钢筋不要和酸、盐、油等物品放在一起，为防止被腐蚀，钢筋的堆放要远离有害气体。

③堆放场地要干燥，并用方木或混凝土板等作为垫件，一般保持离地 20cm 以上，非急用钢筋宜放在有棚盖的仓库内。

4.2.2 钢筋的加工

钢筋的加工过程一般有调直、除锈、剪切、弯曲等。如设计需要，钢筋在使用前还可能进行冷拉、冷拔等冷加工。

1. 调直

调直机具包括钢筋调直机、数控钢筋调直切断机和卷扬机拉直设备。

用冷拉进行钢筋调直时，若冷拉只是为了调直，而不是为了提高钢筋强度，冷拉率可采用 0.7%～1%，或拉到钢筋表面的氧化铁皮开始剥落为止。除利用冷拉调直外，粗钢筋还可以采用锤击的方法；直径为 4～14mm 的钢筋可采用调直机进行调直。

2. 除锈

经冷拉或机械调直的钢筋，一般不必进行除锈。但对产生鳞片状锈蚀的钢筋，使用前应进行除锈。钢筋的表面应洁净，油渍及用锤敲击时能剥落的浮皮、铁锈等应在使用前清除干净。

除锈的方法有：电动除锈机除锈；手工用钢丝刷、砂盘等除锈；喷砂及酸洗除锈。

3. 剪切

钢筋下料时须按下料长度进行剪切。钢筋剪切可采用钢筋剪切机或手动液压剪切器，前者可切断直径为 12～40mm 的钢筋，后者一般只用于切断直径＜12mm 的钢筋，氧乙炔焰或电弧可割切直径＞40mm 的钢筋。

4. 弯曲

钢筋切断后，要根据图纸要求弯曲成一定的形状。根据弯曲设备的特点及工地习惯进行画线，以便弯曲成所规定的（外包）尺寸。弯曲形状比较复杂的钢筋，可先放出实样，再进行弯曲。钢筋弯曲宜采用弯曲机，可弯直径为 6～40mm 的钢筋。直径＜25mm 的钢筋，当无弯曲机时，也可采用板钩弯曲。

5. 钢筋的冷加工

（1）钢筋的冷拉

钢筋的冷拉（冷拉强化）是指在常温下拉伸钢筋，使钢筋的应力超过屈服点，钢筋产生塑性变形，强度提高。

1）冷拉的作用

①对于普通钢筋混凝土结构的钢筋，冷拉是调直、除锈的重要手段。钢筋在拉伸过程中其表面锈皮会脱落，当采用冷拉方法调直钢筋时，冷拉率：HPB235 级钢筋应≤4%，HRB335、HRB400 级钢筋应≤1%。

②提高强度是冷拉的另一个作用。冷拉主要用于预应力筋，此时钢筋的冷拉率为 4%～10%，强度可提高 30% 左右。

时效处理是指将经过冷拉的钢筋在常温下存放 15～20d 或加热到 100～200℃ 并保持一定时间，前者称为自然时效，后者称为人工时效。冷拉以后再经时效处理的钢筋，其屈服点及抗拉极限强度均进一步提高，塑性继续降低。为达到节省钢筋的目的，工地或预制构件厂常利用该原理对钢筋或低碳钢盘条进行冷拉加工。

2）机具设备

冷拉设备的主要组成为拉力装置、承力结构、钢筋夹具及测量装置等。拉力装置包括卷扬机、张拉小车及滑轮组等。承力结构可采用钢筋混凝土压杆或地锚。冷拉长度测量可用标尺，测力计可用电子秤或附有油表的液压千斤顶或弹簧测力计，如图 4-15 所示。为安全起见，冷拉时钢筋的拉伸与放松应当缓慢进行，并应防止斜拉，正对钢筋两端不允许站人或跨越钢筋。

3）冷拉参数及控制方法

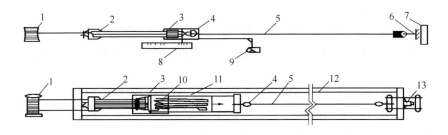

图 4-15 冷拉设备

1—卷扬机；2—滑轮组；3—冷拉小车；4—夹具；5—被冷拉的钢筋；6—地锚；7—防护壁；

8—标尺；9—回程荷重架；10—回程滑轮组；11—传力架；12—冷拉槽；13—液压千斤顶

影响钢筋冷拉质量的两个主要参数是钢筋的冷拉应力和冷拉率。钢筋的冷拉率是指钢筋冷拉时包括其弹性和塑性变形的总伸长值与钢筋原长之比值（％）。在一定限度范围内，冷拉应力或冷拉率越大，则屈服强度提高越多，而塑性也就越低。为使钢筋有一定的强度储备，钢筋冷拉后其屈服强度与抗拉强度的比值不宜太大。

钢筋冷拉可采用控制应力或控制冷拉率的方法。采用控制应力的方法冷拉钢筋时，其冷拉控制应力及最大冷拉率应符合规定。采用控制冷拉率的方法冷拉钢筋时，其冷拉率应由试验确定，冷拉率确定后，便可根据钢筋的长度求出钢筋的冷拉长度。

冷拉时，为使钢筋变形充分发展，冷拉速度不宜过快，一般以 0.5～1m/min 为宜，当拉到规定的控制应力后，须稍停 1～2min，待钢筋变形充分发展后，再放松钢筋，冷拉结束。钢筋在负温下进行冷拉时，其温度应 ≥−20℃，如采用控制应力方法时，冷拉控制应力应较常温提高 30MPa；采用控制冷拉率方法时，冷拉率与常温相同。

冷拉后，钢筋表面不得出现裂纹或局部颈缩现象，并应按施工规范要求进行拉力试验和冷弯试验。冷弯试验后，钢筋不得出现裂纹、起层等现象。

（2）钢筋的冷拔

1）冷拔的作用

冷拔是指为改变物理力学性能，使直径为 6～8mm 的 HPB235 钢筋强力通过比自身直径更小的特制的钨合金拔丝模孔，使钢筋产生塑性变形。钢筋冷拔后，横向压缩而纵向拉伸，抗拉强度可提高 50％～90％，塑性降低，且硬度提高。这种经多次冷拔加工的钢丝称为冷拔低碳钢丝。与冷拉相比，冷拔既有拉伸应力，又有压缩应力，而冷拉是纯拉伸线应力。冷拔后，冷拔低碳钢丝没有明显的屈服现象，其可分为甲、乙两级，甲级钢丝适用于作预应力筋，乙级钢丝适用于作焊接网、焊接骨架、箍筋和构造钢筋。

2）机具设备

冷拔的主要机具设备包括立式或卧式拔丝机、钨合金钢拔丝模、剥壳（除皮）装置及轧头机等。

拔丝模模孔的直径应根据所拔钢丝每道压缩后的直径选用。为保证钢丝规格，拔最后一道模孔的直径应比成品钢丝直径小 0.1mm。钢筋表面有一层氧化铁锈，易磨损模孔，增大消耗量和造成断丝，因此拔丝前要用剥壳装置仔细除锈。轧头机用于将钢筋端头压细，以便通过拔丝模孔。

3）工艺操作

钢筋冷拔的操作工序可划分为：除锈剥皮→钢筋轧头→拔丝→外观检查→力学试验→成

品验收。

①将盘圆钢筋通过拔丝机上的槽轮组除锈。

②把除锈后的钢筋端头放入轧头机的压辊中压细，随之转动钢筋，使轧头均匀，保持平整。

③将经过轧头的钢筋穿入拔丝模孔后，用卡紧夹具进行拔丝作业。

冷拔次数应适宜，既不可过多，也不可过少。冷拔次数越多，塑性越低，而冷拔次数过少、每道压缩量过大，也易发生断丝和设备安全事故。

4.2.3 钢筋的配料与代换

1. 钢筋的配料

钢筋的配料是指根据构件配筋图，先绘出各种形状和规格的单根钢筋简图并加以编号，然后分别计算出构件各钢筋的直线下料长度、根数及质量，编制钢筋配料单，作为备料、加工和结算的依据。

（1）钢筋下料长度的计算

各种钢筋下料长度计算如下：

直钢筋下料长度＝构件长度－保护层厚度＋弯钩增加长度

弯起钢筋下料长度＝直线段长度＋斜线段长度－弯曲量度差值＋弯钩增加长度

箍筋下料长度＝箍筋周长＋箍筋调整值

上述钢筋需要搭接的话，还应增加钢筋搭接长度。

1）钢筋弯折处的量度差值

钢筋弯折处的量度差值与钢筋弯心直径及弯曲角度有关。

为了计算方便，钢筋弯折处的量度差值可近似为：当弯折 $45°$ 时，量度差值＝$0.5d$；当弯折 $60°$ 时，量度差值＝$1d$；当弯折 $90°$ 时，量度差值＝$2d$。

2）钢筋末端弯钩增长值

钢筋弯钩包括三种形式：半圆弯钩、直角弯钩和斜弯钩。其中半圆弯钩是最常用的一种弯钩。HPB235 级钢筋末端应做 $180°$ 弯钩，其圆弧弯曲直径 D 不应小于钢筋直径的 2.5 倍，平直部分长度不宜小于钢筋直径 d 的 3 倍，每个弯钩端部增加长度近似的取为 $6.25d$。

3）箍筋弯钩增长值

箍筋末端的弯钩形式应符合设计要求，当设计无具体要求时，用 HPB235 级钢筋或冷拔低碳钢丝制作的箍筋，其弯钩的弯曲直径应大于受力钢筋直径，且不小于箍筋直径的 2.5 倍。一般结构的弯钩平直部分的长度，不宜小于箍筋直径的 5 倍；对有抗震要求的结构，不应小于箍筋直径的 10 倍。

弯钩的一般形式可按图 4-16（b）、（c）加工，对有抗震要求和受扭的结构，可按图4-16（a）加工。

一般结构可用箍筋调整值的方法计算箍筋的下料长度。计算时，调整值＝弯钩增长值－弯曲调整值，如表 4-4 所示，箍筋下料长度＝箍筋外包尺寸（内皮尺寸）＋箍筋调整值。

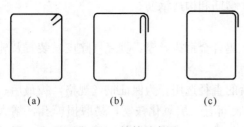

图 4-16　箍筋示意图

（a）135°/135°；（b）90°/180°；（c）90°/90°

表 4-4　箍筋调整值　　　　　　　　　　（mm）

箍筋量度方法	箍筋直径			
	4~5	6	8	10~12
量外包尺寸	40	50	60	70
量内包尺寸	80	100	120	150~170

另外，在计算箍筋下料长度时，对于有抗震要求的结构，其弯钩端部平直段要求不小于 $10d$，可采用下述简便计算方法。

对于抗震与非抗震箍筋差值计算，可结合箍筋调整值的计算方法作如下调整：

对于常用箍筋 $\phi6$，$\phi8$，$\phi10$：

①当 $d=6$mm 时，差值 $\Delta\delta=21.136\times6-50=76.816$（mm）

而：$7d\times2=7\times6\times2=84$（mm）

②当 $d=8$mm 时，差值 $\Delta\delta=21.136\times8-60=109.088$（mm）

而：$7d\times2=7\times8\times2=112$（mm）

③当 $d=10$mm 时，差值 $\Delta\delta=21.136\times10-70=141.36$（mm）

而：$7d\times2=7\times10\times2=140$（mm）

对于有抗震要求的结构，其箍筋的下料长度，也可用下式计算：

下料长度＝外包尺寸＋箍筋调整值（查表 4-4）＋$7d\times2$

（2）计算中的注意事项

①在设计图纸中，钢筋配置的细节问题未注明时，一般按构造要求处理。

②配料计算时，要考虑钢筋的形状和尺寸在满足设计要求的前提下有利于加工和安装。

③配料时，还需考虑施工中所需要的附加钢筋。

【例 4-1】　某砖混结构楼盖简支梁 L 用 C50 混凝土现浇，其配筋如图 4-17 所示，计算 L 中①、②号钢筋的下料长度。

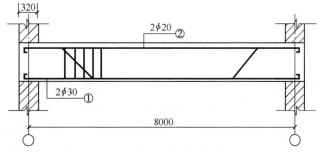

图 4-17　例 4-1 用图

【解】　（1）①号钢筋

端部保护层厚度取 25mm

钢筋外包尺寸：　　　　　$8000+320-2\times25=8270$（mm）

下料长度：　　$8270+2\times6.25d=8270+2\times6.25\times30=8645$（mm）

（2）②号钢筋

外包尺寸同①号钢筋，为 8270mm

下料长度：　　　　　$8270+2\times6.25\times20=8520$（mm）

2. 钢筋的代换

现场施工时，有时会遇到工地无法提供设计图要求的钢筋品种和规格的情况，此时，经设计审核批准，可根据库存条件进行钢筋代换。

（1）代换原则

①等强度代换。不同种类的钢筋代换，按抗拉强度值相等的原则进行代换。

②等面积代换。相同种类和级别的钢筋代换，应按面积相等的原则进行代换。

（2）代换方法

1）等强度代换方法

如设计图中所用的钢筋设计强度为 f_{y1}，钢筋总面积为 A_{s1}，代换后的钢筋设计强度为 f_{y2}，钢筋总面积为 A_{s2}，则应使

$$A_{s1} f_{y1} \leqslant A_{s2} f_{y2} \tag{4-1}$$

因为
$$n_1 \pi \ (d_1^2/4) \ f_{y1} \leqslant n_2 \pi \ (d_2^2/4) \ f_{y2}$$

所以
$$n_2 \geqslant (n_1 d_1^2 f_{y1}) \ / \ (d_2^2 f_{y2}) \tag{4-2}$$

式中 n_1——原设计钢筋根数；

n_2——代换后钢筋根数；

d_1——原设计钢筋直径；

d_2——代换后钢筋直径。

2）等面积代换方法

$$A_{s1} \leqslant A_{s2} \tag{4-3}$$

$$n_2 \geqslant n_1 d_1^2/d_2^2 \tag{4-4}$$

【例 4-2】 某建筑的墙体设计配筋为 $\phi12@200$，但施工现场无此钢筋，现拟用 $\phi14$ 的钢筋进行代换，试算代换后每米几根。

【解】 因为钢筋的级别相同，故可按等面积的原则进行代换。

代换前该建筑的墙体每米设计配筋的根数为

$$n_1 = 1000/200 = 5 \ （根）$$

则

$$n_2 \geqslant n_1 d_1^2/d_2^2 = 5 \times 12^2/14^2 = 3.67$$

故应取 $n_2 = 4$ 根，即代换后每米 4 根 $\phi14$ 的钢筋。

（3）代换注意事项

钢筋代换时，必须充分了解设计意图和代换钢筋的性能，严格遵守现行混凝土结构设计规范的各项规定，并应征得设计单位同意，具体规定如下：

①对某些重要构件（如吊车梁、薄腹梁、桁架下弦等），不宜用光圆钢筋（HPB235 级）代替带肋钢筋（HRB335 和 HRB400 级），以免使用时裂缝宽度开展过大。

②钢筋代换后，除应满足配筋构造规定（钢筋的间距、最小直径、最少根数、锚固长度、对称性等）之外，还应满足设计中提出的特殊要求（冲击韧性、抗腐蚀性等）。

③梁中的纵向受力钢筋与弯起钢筋应分别代换，以保证正截面与斜截面强度。

④偏心受压构件（框架柱、有吊车厂房柱、桁架上弦等）或偏心受拉构件作钢筋代换时，应按受拉或受压钢筋分别代换，不取整个截面配筋量计算。

⑤同一截面内，可同时配有不同种类和直径的代换钢筋，但每根钢筋的拉力差不应过大（如同品种钢筋的直径差值一般应≤5mm），以免构件受力不匀。

⑥当构件配筋受裂缝宽度或挠度控制时，如以小直径钢筋代换大直径钢筋、强度等级低的钢筋代替强度等级高的钢筋，钢筋代换后应进行抗裂裂缝宽度或挠度验算。

⑦钢筋代换后，其用量不应大于原设计用量的5％，也不应低于2％。

⑧预制构件吊环，必须采用未经冷拉的 HPB235 级热轧钢筋制作，严禁以其他钢筋代换。

⑨有抗震要求的框架，原设计中的钢筋不应被强度等级较高的钢筋所代替。如必须代换时，其代换的钢筋检验所得的实际强度，尚应符合抗震钢筋的要求。

4.2.4 钢筋的连接

钢筋的连接方法有机械连接、焊接连接和绑扎连接三种。

1. 钢筋的机械连接

钢筋机械连接的形式包括常用挤压连接和锥螺纹套管连接，这两种形式主要适用于大直径钢筋的现场连接。

（1）钢筋挤压连接

钢筋挤压连接（钢筋套筒冷压连接）是指将需连接的变形钢筋插入特制钢套筒内，利用液压驱动的挤压机进行径向或轴向挤压，使钢套筒因产生塑性变形而紧紧咬住变形钢筋，实现连接，如图4-18所示。与焊接相比，它具有节省电能，不受钢筋可焊性能和施工气候的影响，以及无明火、施工简便和接头可靠度高等特点。钢筋挤压连接适用于竖向、横向及其他方向的较大直径变形钢筋的连接。

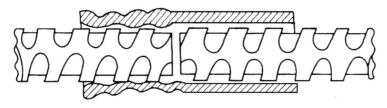

图 4-18　钢筋挤压连接

钢筋挤压连接的压接顺序为从中间逐道向两端压接，压接力能保证套筒与钢筋紧密咬合，压接力和压道数取决于钢筋直径、套筒型号和挤压机型号。

（2）钢筋套管螺纹连接

钢筋套管螺纹连接包括锥套管螺纹连接和直套管螺纹连接两种。连接时，在对螺纹检查无油污和损伤后，先用手旋入钢筋，然后用扭矩扳手紧固至规定的扭矩即完成连接，如图4-19所示。它具有施工速度快、不受气候影响、质量稳定、对中性好的特点。

2. 钢筋的焊接连接

焊接方法是土木工程施工中常用的钢筋连接方法。钢筋的焊接方法有闪光对焊、电弧焊、电渣压力焊、电阻点焊、气压焊等。钢筋的焊接质量与钢材的可焊性、焊接工艺有关。

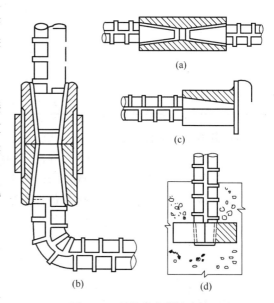

图 4-19　钢筋锥套螺纹连接
（a）两根直钢筋连接；（b）一根直钢筋与一根弯钢筋连接；
（c）在金属结构上接装钢筋；（d）在混凝土构件中插接钢筋

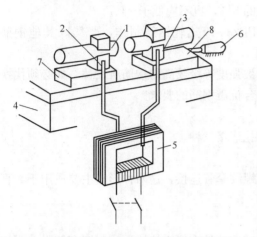

图 4-20　钢筋闪光对焊原理

1—焊接的钢筋；2—固定电极；3—可动电极；

4—基座；5—变压器；6—平动顶压机构；

7—固定支座；8—滑动机构

（1）闪光对焊

钢筋闪光对焊的原理是利用对焊机使两段钢筋接触，通过低压强电流，待钢筋被加热到一定温度变软后，进行轴向加压顶锻，形成对焊接头，如图 4-20 所示。闪光对焊适用于钢筋接长以及预应力钢筋与螺丝端杆的焊接。热轧钢筋的接长宜优先用闪光对焊，不可能时才用电弧焊。

闪光对焊按工艺可划分为：连续闪光焊、预热闪光焊、闪光-预热闪光焊三种。当钢筋直径较小，钢筋牌号较低，在表 4-5 规定的范围内，可采用连续闪光焊；当钢筋直径超过表 4-5 的规定，钢筋断面较平整，宜采用预热闪光焊；当钢筋直径超过表 4-5 的规定，且钢筋端面不平整，应采用闪光-预热闪光焊。

对焊接头的质量检验包括外观检查和机械性能检验。外观检查取样数量每批抽查 10％的接头，并不少于 10 个；机械性能检验应按钢筋品种和直径分批进行，每 300 个接头为一批，每批切取 6 个试件（3 个做拉力试验，3 个做冷弯试验）。试验结果应符合热轧钢筋的机械性能指标或符合冷拉钢筋的机械性能指标。做破坏性试验时，亦不应在焊缝处或热影响区内断裂。

表 4-5　连续闪光焊钢筋直径上限

焊机容量（kVA）	钢筋牌号	钢筋直径（mm）
160 （150）	HPB300 HRB335 HRBF335 HRB400 HRBF400	22 22 20
100	HPB300 HRB335 HRBF335 HRB400 HRBF400	20 20 18
80 （75）	HPB300 HRB335 HRBF335 HRB400 HRBF400	16 14 12

（2）电弧焊

电弧焊是指利用弧焊机使焊条与焊件之间产生高温电弧，使焊条和电弧燃烧范围内的焊件熔化，待其凝固后便形成焊缝或接头。电弧焊适用于钢筋接头、钢筋骨架焊接、装配式结构接头的焊接、钢筋与钢板的焊接及各种钢结构焊接。

钢筋电弧焊的接头形式包括：帮条焊、搭接焊、坡口焊、窄间隙焊和熔槽帮条焊 5 种，如图 4-21 所示。

①帮条焊时，宜采用双面焊；当不能进行双面焊时，可采用单面焊，帮条长度应符合表 4-6 的规定。当帮条牌号与主筋相同时，帮条直径可与主筋相同或小一个规格；当帮条牌号与主筋相同时，帮条牌号可与主筋相同或低一个牌号等级。

②搭接焊时，宜采用双面焊；当不能进行双面焊时，可采用单面焊，搭接长度可与表 4-6 帮条长度相同。

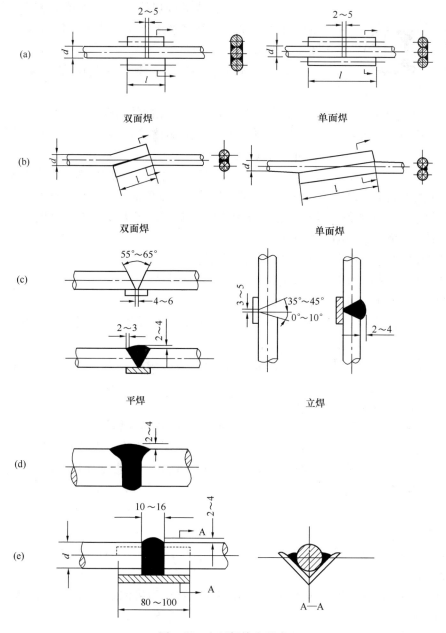

图 4-21　电弧焊接头形式

（a）帮条焊；（b）搭接焊；（c）坡口焊；（d）窄间隙焊；（e）熔槽帮条焊

d—钢筋直径；l—搭接长度

表 4-6　钢筋帮条长度

钢筋牌号	焊缝形式	帮条长度（l）
HPB300	单面焊	≥8d
	双面焊	≥4d
HRB335 HRBF335 HRB400 HRBF400 HRB500 HRBF500 RRB400W	单面焊	≥10d
	双面焊	≥5d

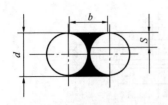

图 4-22　焊缝尺寸示意
d—钢筋直径；b—焊缝宽度；
S—焊缝有效厚度

③帮条焊接头或搭接焊接头的焊缝有效厚度 S 不应小于主筋直径的 30%；焊缝宽度 b 不应小于主筋直径的 80%，如图 4-22 所示。

④帮条焊或搭接焊时，钢筋的装配和焊接应符合下列规定：

a. 帮条焊时，两主筋端面的间隙应为 2～5mm。

b. 搭接焊时，焊接端钢筋宜预弯，并应使两钢筋的轴线在同一直线上。

c. 帮条焊时，帮条与主筋之间应用四点定位焊固定；搭接焊时，应用两点固定；定位焊缝与帮条端部或搭接端部的距离宜大于或等于 20mm。

d. 焊接时，应在帮条焊或搭接焊形成焊缝中引弧；在端头收弧前应填满弧坑，并应使主焊缝与定位焊缝的始端和终端熔合。

⑤坡口焊的准备工作和焊接工艺应符合下列规定：

a. 破口面应平顺，切口边缘不得有裂纹、钝边和缺棱。

b. 坡口角度应在规定范围内选用。

c. 钢垫板厚度宜为 4～6mm，长度宜为 40～60mm。平焊时，垫板宽度应为钢筋直径加 10mm；立焊时，垫板宽度宜等于钢筋直径。

d. 焊缝的宽度大于 V 形坡口的边缘 2～3mm，焊缝余高应为 2～4mm，并平缓过渡至钢筋表面。

e. 钢筋与钢垫板之间，应加焊二层、三层侧面焊缝。

f. 当发现接头中有弧坑、气孔及咬边等缺陷时，应立即补焊。

⑥窄间隙焊应用于直径 16mm 及以上钢筋的现场水平连接。焊接时，钢筋端部置于铜模中，并应留出一定间隙，连续焊接，熔化钢筋端面，使熔敷金属填充间隙并形成接头；其焊接工艺应符合下列规定：

a. 钢筋端面应平整。

b. 宜选用低氢型焊接材料。

c. 从焊缝根部引弧后应连续进行焊接，左右来回运弧，在钢筋端面处电弧应少许停留，并使熔合。

d. 当焊至端面间隙的 4/5 高度后，焊缝逐渐扩宽；当熔池过大时，应改连续焊为断续焊，避免过热。

e. 焊缝余高应为 2～4mm，且应平缓过渡至钢筋表面。

⑦熔槽帮条焊应用于直径 20mm 及以上钢筋的现场安装焊接。焊接时应加角钢作垫板模。接头形式、角钢尺寸和焊接工艺应符合下列规定：

a. 角钢边长宜为 40～70mm。

b. 钢筋端头应加工平整。

c. 从接缝处垫板引弧后应连续施焊，并应使钢筋端部熔合，防止未焊透、气孔或夹渣。

d. 焊接过程中应及时停焊清渣；焊平后，再进行焊缝余高的焊接，其高度应为 2～4mm。

e. 钢筋与角钢垫板之间，应加焊侧面焊缝 1～3 层，焊缝应饱满，表面应平整。

（3）电渣压力焊

电渣压力焊是指利用电流通过电渣池时产生的电阻热将钢筋端部熔化，然后施加压力使钢筋焊合，常用于现浇混凝土结构构件内竖向或斜向（倾斜度不大于10°）钢筋的接长。

电渣压力焊焊接夹具和焊接示意如图4-23所示。电渣压力焊的接头不得有裂纹和明显的烧伤；轴线偏移应≤0.1d，且应≤2mm；接头弯折应≤4°。每300个接头为一批，截取3个试件做拉伸试验，如有一个不合格，取双倍试件复验，若还不合格，则该批接头不合格。

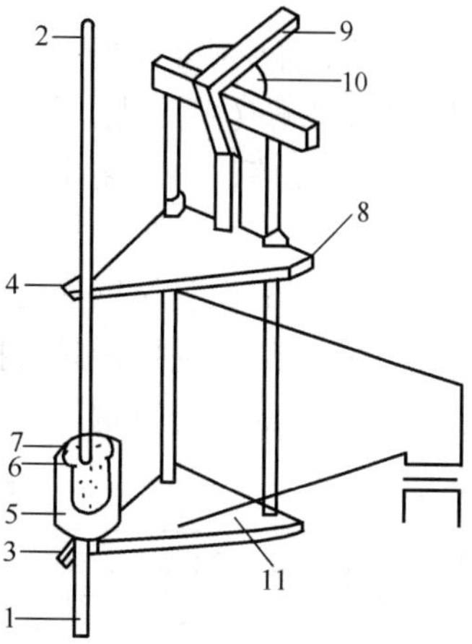

（4）电阻点焊

电阻点焊的工作原理为：将钢筋的交叉点放在点焊机的两个电极间，电极通过钢筋闭合电路通电时，点接触处电阻较大，在接触的瞬间，电流产生的全部电流都集中在一点上，因而使金属受热熔化，同时在电极加压下使焊点金属得到焊合。

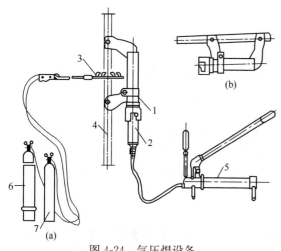

图 4-23　钢筋电渣焊示意图

1、2—钢筋；3—固定夹具；4—活动
夹具；5—焊剂盒；6—导电剂；
7—焊药；8—滑动架；9—操作手柄；
10—支架；11—固定架

电阻点焊主要用于钢筋的交叉连接（焊接钢筋网片、钢筋骨架等），因其具有可提高工效、节约劳动力、成品刚性好、便于运输并可节约钢材等优点，常用来代替绑扎。

常用的电焊机包括单点点焊机和钢筋焊接网成型机两种。单点电焊机适用于较粗钢筋的焊接，钢筋焊接网成型机适用于焊接钢筋网片。此外，现场还可采用手提式点焊机。

焊点应进行外观检查和强度试验。热轧钢筋的焊点应进行抗剪强度的试验；冷加工钢筋除进行抗剪试验外，还应进行拉伸试验。取样数量为外观检查应按同一类型制品分批抽检（每200件为一批）。一般制品每批抽查5%；梁、柱、桁架等重要制品每批抽查10%，均不得少于3件。强度检验时，试件应从每批成品中切取。

（5）气压焊

钢筋气压焊是指用氧-乙炔火焰使焊接接头加热至塑性状态，加压形成接头。这种方法的优点是设备简单、工效高、成本低，适用于HPB235、HRB335、HRB400级热轧钢筋，以及直径相差≤7mm的不同直径钢筋和各种位置钢筋的现场焊接。

钢筋气压焊设备的组成包括：氧气瓶、乙炔瓶、烤枪、钢筋卡具、油缸及油泵，如图4-24所示。

3. 钢筋的绑扎连接

钢筋绑扎时，应用20～22号钢丝将中心及两端扎牢。《混凝土结构工程施工质量验收规范》（GB 50204—2002）规定，位于同一连接区段内的受拉钢筋搭接接头面积百分率应符合设计要求；当设计无具体要求时，应符合以下要求：

①对梁、板类及墙类构件应≤25%。

图 4-24　气压焊设备

（a）竖向焊接；（b）横向焊接

1—压接器；2—顶压油缸；3—加热器；4—钢筋
5—加压器（手动）；6—氧气；7—乙炔

②对柱类构件应≤50%。

③当工程中确有必要增大时，对于梁类构件也应≤50%；对板类、墙类及柱类构件，可根据实际情况放宽。纵向受压钢筋搭接接头面积百分率应≤50%。

纵向受拉钢筋绑扎搭接的搭接长度按下式计算，且在任何情况下应≥300mm：

$$l_1 = \xi l_a \qquad (4-5)$$

式中　l_1——纵向受拉钢筋的搭接长度；

　　　ξ——纵向受拉钢筋搭接长度修正系数，按表4-7采用；

　　　l_a——纵向受拉钢筋的基本锚固长度。

表 4-7　纵向受拉钢筋搭接长度修正系数 ξ

纵向钢筋搭接接头面积百分率（%）	≤25	50	100
ξ	1.2	1.4	1.6

钢筋搭接位置应设置在受力较小处，且同一根钢筋上应尽量少设置连接。同一构件中相邻纵向受力钢筋搭接位置应相互错开。两搭接接头的中心距应＞$1.3l_1$，否则，便会认为两搭接接头属于同一搭接范围，如图4-25所示。

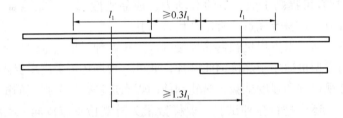

图 4-25　钢筋绑扎搭接接头

对于纵向受压钢筋，其搭接长度应≥$0.7l_1$，且在任何情况下均应≥200mm。

由于搭接接头仅靠粘结力传递钢筋内力，可靠性较差，因此在下述情况下不得采用绑扎搭接接头：

①轴心受拉及小偏心受拉杆件。

③需要进行疲劳验算构件中的受拉钢筋。

②受拉钢筋直径＞28mm 及受压钢筋直径＞32mm。

在梁、柱类构件的纵向受力钢筋搭接长度范围内，应按设计要求配置箍筋。当设计无具体要求时，应符合下列规定：

①箍筋直径不应小于搭接钢筋较大直径的 0.25 倍。

②当钢筋受拉时，箍筋间距不应大于搭接钢筋较小直径的 5 倍，且应≤100mm。

③当钢筋受压时，箍筋间距不应大于搭接钢筋较小直径的 10 倍，且应≤200mm。

④当受压钢筋直径 d＞25mm 时，应在搭接接头两个端面外 100mm 范围内各设置两个箍筋，其间距宜为 50mm。

4.2.5　钢筋的绑扎与安装

在钢筋加工后，绑扎、安装前，要先熟悉图样，核对钢筋配料单和钢筋加工牌，研究与有关工种的配合，确定绑扎顺序和方法。

当受力钢筋采用机械连接接头或焊接接头时，设置在同一构件内的接头应相互错开。同一构件中相邻纵向受力钢筋的绑扎搭接接头应相互错开。钢筋搭接处，应用铁丝将中心和两端扎牢。在受拉区域内，HPB235级钢筋绑扎接头的末端应做弯钩。绑扎搭接接头中钢筋的横向净距不应小于钢筋直径，且应≥25mm。钢筋绑扎搭接接头连接区段的长度为搭接长度的1.3倍。凡搭接接头中点位于该连接区段长度内的搭接接头均属于同一连接区段，同一连接区段内，纵向钢筋搭接接头面积百分比等于该区段内有搭接接头的纵向受力钢筋截面面积与全部纵向受力钢筋面积的比值。同一连接区段内，纵向受拉钢筋搭接接头面积百分比应符合规范要求。

钢筋绑扎搭接长度按下列规定确定：

（1）纵向受拉钢筋绑扎搭接接头面积百分比应≤25%，其最小搭接长度应符合表4-8的规定。

表4-8　纵向受拉钢筋的最小搭接长度

钢筋类型		混凝土强度等级			
		C15	C20~C25	C30~C35	≥C40
光圆钢筋	HPB235级	45d	35d	30d	25d
带肋钢筋	HRB335级	55d	45d	35d	30d
	HRB400级 RRB400级		55d	40d	35d

注：d为钢筋直径。

（2）当50%≥纵向受拉钢筋搭接接头面积百分比>25%时，其最小搭接长度应按表4-7中的数值乘以系数1.2取用；当接头面积百分比>50%时，最小搭接长度应按表4-7中的数值乘以系数1.35取用。

（3）纵向受拉钢筋的最小搭接长度根据前述（1）、（2）两条确定后，在下列情况下还应进行修正：

①当带肋钢筋的直径>25mm时，其最小搭接长度应按相应数值乘以系数1.1取用。

②环氧树脂涂层的带肋钢筋，其最小搭接长度应按相应数值乘以系数1.25取用。

③当在混凝土凝固过程中受力，钢筋易受扰动时，其最小搭接长度应按相应数值乘以系数1.1取用。

④末端采用机械锚固措施的带肋钢筋，其最小搭接长度可按相应数值乘以系数0.7取用。

⑤当带肋钢筋的混凝土保护层厚度大于搭接钢筋直径的3倍且配有箍筋时，其最小搭接长度可按相应数值乘以系数0.8取用。

⑥有抗震要求的结构构件，其受力钢筋的最小搭接长度对一、二级抗震等级应按相应数值乘以系数1.15采用，对三级抗震等级应按相应数值乘以系数1.05采用。

（4）纵向受压钢筋搭接时，其最小搭接长度应根据（1）～（3）条的规定确定相应数值后，乘以系数0.7取用。

（5）在任何情况下，受拉钢筋的搭接长度应≥300mm，受压钢筋的搭接长度应≥200mm。

钢筋保护层应按设计或规范的要求正确确定。工地常用预制水泥垫块垫在钢筋与模板之间，以控制保护层厚度。垫块应布置成梅花形，其互相间距≤1m，上下双层钢筋之间的尺寸，可通过绑扎短钢筋或设置撑脚来控制。

4.3 混凝土工程

4.3.1 施工准备工作

1. 模板检查

模板检查主要检查模板的位置、标高、截面尺寸、垂直度是否正确，接缝是否严密，支撑是否牢固，预埋件位置和数量是否符合图样要求。除此之外，还要将模板内的木屑、垃圾等杂物清除。混凝土浇筑前，需浇水湿润木模板，在浇筑混凝土过程中要安排专人配合进行模板的修整工作。

2. 钢筋检查

钢筋检查主要检查钢筋的规格、数量、位置、接头是否正确，是否沾有油污等，并填写隐蔽工程验收单，要安排专人配合进行浇筑混凝土时的钢筋修整工作。

3. 材料、机具、道路的检查

对材料的检查主要包括对其品种、规格、数量与质量的检查；对机具主要检查其数量以及运转是否正常；对地面与楼面运输道路主要检查其是否平坦，运输工具能否直接到达各个浇筑部位。

4. 后勤设施检查

后勤设施检查包括：与水、电供应部门的联系，防止水、电供应中断；了解天气状况，准备好防雨、防冻等措施；对机械故障做好修理的准备；准备好照明设备以便夜间施工。

5. 其他检查工作

其他检查工作包括做好安全设施检查、安全与技术交底、劳动力的分工以及其他组织工作。

4.3.2 施工工艺

混凝土工程施工工艺流程：配料→搅拌→运输→浇筑→振捣和养护。在整个混凝土工程施工过程中，各工序之间紧密联系、相互影响，必须保证每一道工序的施工质量，以确保混凝土结构的强度、刚度、密实性和整体性。

混凝土工程施工工艺流程示意如图 4-26 所示。

1. 混凝土的配料

施工配料是保证混凝土质量的重要环节之一，必须严格控制。混凝土制备采用的原材料应符合质量要求，按规定的配合比配料，混合料应拌合均匀，以保证结构设计所规定的混凝土强度等级，满足设计提出的特殊要求和施工简易性要求，并应符合节约水泥、减轻劳动强度等原则。

（1）混凝土施工配合比计算

施工中实际使用的砂子、石子集料一般都含有一些水分，而且含水量会随气候条件发生变化。但混凝土实验室配合比是根据完全干燥的砂子、石子集料制定的，所以施工时应及时测定砂子、石子集料的含水量，并将混凝土实验室配合比换算成集料

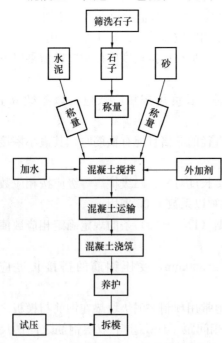

图 4-26 混凝土工程工艺流程示意图

在实际含水量情况下的施工配合比。

设实验室配合比为：水泥∶砂∶石子＝1∶x∶y，并测得砂的含水量为W_x，石子的含水量为W_y，则施工配合比应为：1∶x（1＋W_x）∶y（1＋W_y）。

在实验室配合比下，1m³混凝土水泥的用量为C，单位为kg，计算时要确保混凝土水灰比（W/C）不变（W为用水量），则换算后材料用量为：

水泥：$C'=C$

砂：$C_砂=C_x$（1＋W_x）

石子：$C_石=C_y$（1＋W_y）

水：$W'=W-C_xW_x-C_yW_y$

【例4-3】 已知C20混凝土的实验室配合比为1∶2.4∶4.68，水灰比为0.62，每立方米混凝土的水泥用量为285.2kg，经测定砂、石子含水率分别为3％及1％，试求施工施工配合比及每立方米混凝土各种材料用量。

【解】 施工配合比为1∶2.4（1＋3％）∶4.68（1＋1％）＝1∶2.47∶4.73

每立方米混凝土材料用量为

水泥：285.2kg

砂：285.2×2.47＝704.44（kg）

石子：285.2×4.73＝1349（kg）

水：285.2×0.62－285.2×2.4×3％－285.2×4.68×1％＝142.94（kg）

（2）混凝土的施工配料

求出每立方米混凝土材料用量后，还必须根据工地现有搅拌机出料容量确定每次需用几袋水泥，然后按水泥用量来计算砂、石子的每次拌用量。

【例4-4】 例4-3中，如采用JZ250型搅拌机，出料容量为0.25m³，试求每盘的装料数量。

【解】 每盘的装料数量为：

水泥：285.2×0.25＝71.3kg（取用一袋水泥，即50kg）

砂：704.44×（50/285.2）＝123.5（kg）

石子：1349×（50/285.2）＝236.5（kg）

水：142.94×（50/285.2）＝25.06（kg）

为严格控制混凝土的配合比，搅拌混凝土时应根据计算出的各组成材料的质量，准确投料。其质量偏差不得超过以下规定：

①水泥、外掺混合材料为±2％。

②粗、细集料为±3％。

③水、外加剂溶液±2％。

各种衡量器应定期校验，经常保持准确。集料含水量应经常测定，雨天施工时，还应增加测定次数。

（3）混凝土的配制强度

混凝土的配制强度应按下列规定计算：

①当设计强度等级低于C60时，配制强度应按下式确定：

$$f_{cu,0} \geqslant f_{cu,k} + 1.645\sigma \tag{4-6}$$

式中 $f_{cu,0}$——混凝土的配制强度（MPa）；

$f_{cu,k}$——混凝土立方体抗压强度标准值（MPa）；

σ——混凝土强度标准差（MPa），应按《混凝土结构工程施工规范》（GB 50666—2011）第7.3.3条确定。

②当设计强度等级不低于C60时，配制强度应按下式确定：

$$f_{cu,0} \geqslant 1.15 f_{cu,k} \qquad (4-7)$$

（4）混凝土强度标准差

混凝土强度标准差应按下列规定计算确定：

①当具有近期的同品种混凝土的强度资料时，其混凝土强度标准差σ应按下列公式计算：

$$\sigma = \sqrt{\frac{\sum_{i=1}^{n} f_{cu,i}^2 - nm_{f_{cu}}^2}{n-1}} \qquad (4-8)$$

式中　$f_{cu,i}$——第i组的试件强度（MPa）；

$m_{f_{cu}}$——n组试件的强度平均值（MPa）；

n——试件组数，n值不应小于30。

②按上述①计算混凝土强度标准差时：强度等级不高于C30的混凝土，计算得到的σ大于等于3.0MPa时，应按计算结果取值；计算得到的σ小于3.0MPa时，σ应取3.0MPa。强度等级高度C30且低于C60的混凝土，计算得到的σ大于等于4.0MPa时，应按计算结果取值；计算得到的σ小于4.0MPa时，σ应取4.0MPa。

③当没有近期的同品种混凝土强度资料时，其混凝土强度标准差σ可按表4-9取用。

表4-9　混凝土强度标准差σ值（MPa）

混凝土强度等级	≤C20	C25～C45	C50～C55
σ	4.0	5.0	6.0

2. 混凝土的搅拌

混凝土的搅拌是指将水，水泥和粗细集料进行均匀拌合及混合，通过搅拌使材料达到强化、塑化的作用。

（1）搅拌方法

混凝土的搅拌方法主要包括人工搅拌和机械搅拌两种。目前工程中一般采用机械搅拌，而人工搅拌由于拌合质量差、水泥耗量多，只有在工程量很少时才采用。

（2）混凝土搅拌机

混凝土搅拌机按搅拌原理可分为自落式搅拌机和强制式搅拌机两类。

①自落式搅拌机多用于搅拌塑性混凝土和低流动性混凝土，适用于施工现场。

②强制式搅拌机多用于搅拌干硬性混凝土和轻集料混凝土，适用于预制厂或混凝土集中搅拌站。

我国混凝土搅拌机的标定规格为：其出料容量（m³）×1000，国内混凝土搅拌机的系列为：50，150，250，350，500，700，1000，1500和3000。

（3）搅拌制度

除了正确地选择搅拌机的类型外，还必须正确地确定搅拌制度，以便拌制出均匀、优质的混凝土。搅拌制度的内容主要包括进料容量、搅拌时间与投料顺序等。

1）进料容量

搅拌机容量的表示方式包括出料容量、进料容量和几何容量三种。出料容量（公称容量）是指搅拌机每次从搅拌筒内可卸出的最大混凝土体积；几何容量是指搅拌筒内的几何容积；而进料容量是指搅拌前搅拌筒可容纳的各种原材料的累计体积。

2）搅拌时间

搅拌时间是影响混凝土质量及搅拌机生产率的一个主要因素，搅拌时间的确定应为从全部材料投入搅拌筒起，到开始卸料为止所经历的时间。混凝土应搅拌均匀，宜采用强制式搅拌机搅拌。混凝土搅拌的最短时间可按表 4-10 采用，当能保证搅拌均匀时可适当缩短搅拌时间。搅拌强度等级 C60 及以上的混凝土时，搅拌时间应适当延长。

表 4-10 混凝土搅拌的最短时间（s）

混凝土坍落度（mm）	搅拌机机型	搅拌机出料量（L）		
		<250	250～500	>500
≤40	强制式	60	90	120
>40，且<100	强制式	60	60	90
≥100	强制式	60		

3）投料顺序

投料常用的方法包括一次投料法和二次投料法等。

①一次投料法

是指在料斗中先后装入石子、水泥和砂子，然后一次投入搅拌机。

这种投料顺序的目的是把水泥夹在石子和砂子之间，上料时不致使水泥飞扬，而且也不致使水泥粘在料斗底和鼓筒上。上料时，由于水泥和砂先进入筒内形成水泥浆，缩短了包裹石子的过程，因此可提高搅拌机生产率。

②二次投料法

包括预拌水泥砂浆法和预拌水泥净浆法两种。

预拌水泥砂浆法是指先将水泥、砂子和水加入搅拌筒内进行充分搅拌，待搅拌均匀后，再加入石子搅拌成均匀的混凝土；预拌水泥净浆法是指先将水泥和水充分搅拌成均匀的水泥净浆后，再加入砂和石子搅拌成混凝土。

国内外的试验表明，二次投料法搅拌的混凝土与一次投料法相比较，混凝土强度可提高约 15%，在强度等级相同的情况下，可节约 15%～20%的水泥。

3. 混凝土的运输

（1）混凝土运输的要求

对混凝土拌合物运输的要求如下：

①混凝土在运输过程中，应保持其均匀性，避免其产生分层离析现象。

②混凝土运至浇筑地点，应符合浇筑时所规定的坍落度。

③混凝土从搅拌地点运至浇筑地点应花费最少的中转次数和最短的时间，保证混凝土从搅拌机卸出后到浇筑完毕的延续时间不超过表 4-11 的规定。

④运输工作应保证混凝土的浇筑工作连续进行。

⑤运送混凝土的容器应严密，其内壁应平整光洁，不吸水，不漏浆，黏附的混凝土残渣应及时清除。

表 4-11　混凝土从搅拌机中卸出到浇筑完毕的延续时间

混凝土强度等级	气 温		混凝土强度等级	气 温	
	不高于 25℃	高于 25℃		不高于 25℃	高于 25℃
不高于 C30	120	90	高于 C30	90	60

注：1. 对掺用外加剂或采用快硬水泥拌制的混凝土，其延续时间应按试验确定。

　　2. 对轻集料混凝土，其延续时间不宜超过 45min。

（2）混凝土运输方式的选择

混凝土运输方式可分为地面运输、垂直运输和楼面运输三种情况。

1）地面运输

地面运输如运距较近时，可采用双轮手推车；如运距较远时，可采用自卸汽车或混凝土搅拌运输车；工地范围内的运输多用载重为 1t 的小型机动翻斗车。

2）垂直运输

混凝土的垂直运输可采用塔式起重机、井架（目前常用），也可采用混凝土泵。

塔式起重机运输的优点是：地面运输、垂直运输和楼面运输都可以采用。混凝土在地面由水平运输工具或搅拌机直接卸入吊斗，吊起后运至浇筑部位进行浇筑。

垂直运输混凝土，除用塔式起重机之外，还可使用井架。在地面先用双轮手推车将混凝土放至井架的升降平台上，然后用井架将双轮手推车提升到楼层上，再沿铺在楼面上的跳板将手推车推到浇筑地点。另外，井架还可以兼运其他材料，利用率较高。在浇筑混凝土时，楼面上已立好模板、扎好钢筋，为了避免压坏钢筋，可用马凳将铺设手推车行走用的跳板垫起。手推车的运输道路应形成回路，避免交叉和运输堵塞。

③楼面运输主要使用手推车、皮带运输机，也可以使用塔式起重机、混凝土泵等。楼面运输应采取措施来保证模板和钢筋的位置，以防混凝土离析等。

④混凝土泵以泵为动力，沿管道输送混凝土，可以同时完成水平和垂直运输，将混凝土直接运送至浇筑地点，因此混凝土泵是一种有效的混凝土运输工具。多层和高层框架建筑、基础、水下工程和隧道等都可以采用混凝土泵输送混凝土。

将混凝土泵装在混凝土泵车上，并在车上装有可以伸缩或弯折的布料杆，管道装在杆内，末端设置一段软管，可将混凝土直接送到浇筑地点。这种泵车具有布料范围广、机动性好、移动方便等优点，适用于多层框架结构施工。

混凝土泵在输送混凝土前，应先用水泥浆或砂浆将管道润滑，泵送时必须连续工作，若中断时间过长，混凝土便会出现分层离析的现象，此时，为避免管道堵塞，应将管道内混凝土清除，泵送完毕后要立即将管道冲洗干净。

4. 混凝土的浇筑

（1）混凝土浇筑前的准备工作

1）模板的检查

①检查模板的形状、尺寸、位置、标高是否符合设计要求。

②检查模板的接缝是否严密，不漏浆。

③检查模板的强度、刚度、稳定性。

④检查模板内的垃圾、泥土是否清除，木模板应浇水湿润，但不得有积水。

2）钢筋的检查

①钢筋的形状、尺寸、位置、直径、级别、数量、间距是否符合设计要求。

②钢筋的锚固长度、搭接长度、连接方法是否符合规范要求。

③保护层厚度是否符合要求。

④安装偏差是否在允许范围之内。

⑤做好施工组织工作和安全技术交底，并做好隐蔽工程记录。

（2）混凝土浇筑的质量要求

1）在混凝土浇筑过程中，应控制其均匀性和密实性：

①在混凝土拌合物运至浇筑地点后应立即浇筑入模。

②在浇筑过程中，如发现混凝土拌合物的均匀性和稠度发生较大的变化，应及时处理。

2）混凝土浇筑时应注意防止其产生分层离析：

①当混凝土由料斗、漏斗内卸出进行浇筑时，其自由倾落高度一般应≤2m。在竖向结构中，浇筑混凝土的高度应≤3m；对于配筋较密不便捣实的结构，应≤600mm，否则应采用窜筒、斜槽、溜槽等下料。

②窜筒用薄钢板制成，每节筒长700mm左右，用钩环连接，筒内设有缓冲挡板。

③溜槽一般用木板制作，表面包铁皮，使用时其水平倾角应≤30°。

3）浇筑竖向结构混凝土前，为避免产生蜂窝、麻面现象，应先在底部填以50～100mm厚与混凝土成分相同的水泥砂浆。

4）浇筑混凝土时，应经常观察模板、支架、钢筋、预埋件和预留孔洞的情况，当发现有变形、移位时，应立即停止浇筑，并及时采取措施加以处理，在已浇筑的混凝土凝结前修整完好。

5）在浇筑及静置过程中，应采取措施防止混凝土产生裂缝。混凝土因沉降及干缩产生的非结构性的表面裂缝，应在混凝土终凝前予以修整。在浇筑与柱和墙连成整体的梁和板时，为防止接缝处出现裂缝，应在浇筑完毕后停歇1～1.5h，使混凝土获得初步沉实后，再继续浇筑。

6）梁和板应同时浇筑混凝土。较大尺寸的梁（梁的高度＞1m）、拱和类似的结构，可单独浇筑。但施工缝的设置应符合有关规定。

7）浇筑混凝土应连续进行。由于技术或施工组织上的原因必须间歇时，其间歇时间应尽可能缩短，并应在前层（下层）混凝土凝结前，将本层混凝土浇筑完毕。

8）在混凝土浇筑过程中，应及时、认真填写施工记录。

（3）施工缝的设置

施工缝是指先浇的混凝土与后浇的混凝土之间的薄弱接触面。由于技术上的原因或设备、人力的限制，使混凝土的浇筑不能连续进行，中间的间歇时间需超过混凝土的初凝时间时，则应留置施工缝。施工缝的留设位置应为结构受力（剪力）较小且便于施工的部位。

1）施工缝留设位置

根据施工缝留设的原则，一般柱应留水平缝，梁、板和墙应留垂直缝。施工缝留设的具体位置如下：

①柱子的施工缝应留设在基础顶面、梁或吊车梁牛腿的下面、吊车梁的上面和无梁楼盖柱帽的下面，如图4-27所示。

②单向板应留设在平行于板短边的任何位置。

③与板连为一体的大截面梁，施工缝应留设在板底面以下20～30mm处。

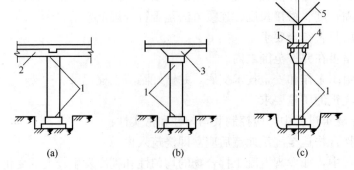

图 4-27 柱子施工缝的位置
(a) 肋形楼板柱；(b) 无梁楼板柱；(c) 吊车梁柱
1—施工缝；2—梁；3—柱帽；4—吊车梁；5—屋架

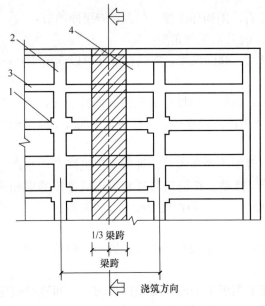

1/3 梁跨

梁跨

浇筑方向

图 4-28 有梁板的施工缝位置
1—柱；2—主梁；3—次梁；4—板

④有主次梁的楼盖，应顺次梁方向浇筑，施工缝应留设在次梁跨度中间 1/3 范围内，如图 4-28 所示。

⑤墙的施工缝应留设在门洞过梁跨中的 1/3 范围内，也可留设在纵横墙的交接处。

⑥楼梯的施工缝应留设在楼梯长度中间 1/3 范围内。

⑦大体积混凝土结构、拱、薄壳、蓄水池以及双向受力楼板等复杂结构工程的施工缝应按设计要求留置。

2）施工缝的处理

①在施工缝处浇筑混凝土前，应除去施工缝表面的浮浆、松动的石子和软弱的混凝土层；凿毛、洒水湿润、冲刷干净；然后浇一层 10～15mm 厚的水泥浆（水泥：水＝1：0.4)或与混凝土成分相同的水泥砂浆，以保证接缝的质量。

②在施工缝处继续浇筑混凝土时，为抵抗继续浇筑混凝土时扰动，已浇筑的混凝土抗压强度应≥1.2MPa。

③混凝土浇筑过程中，施工缝处应细致捣实，使其紧密结合。

（4）大体积混凝土的浇筑

大体积混凝土结构在工业建筑中多为设备基础，在高层建筑中多为厚大的桩基承台或基础底板等，整体性要求高，往往不允许留施工缝，要求一次连续浇筑完毕。

1）大体积混凝土结构浇筑方案

大体积混凝土应连续浇筑，以保证其结构的整体性，要求每一处的混凝土初凝前就被后浇筑的混凝土覆盖并捣实成整体，根据结构特点不同，可将浇筑方案分为全面分层、分段分层、斜面分层等，如图 4-29 所示。

①全面分层。这种浇筑方案用于结构平面面积不大的情况，可将整个结构分为若干层进

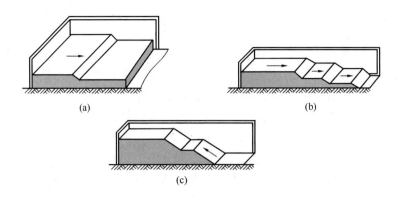

图 4-29　大体积混凝土浇筑方案图

（a）全面分层；（b）分段分层；（c）斜面分层

行浇筑，待第一层全部浇筑完毕后，再浇筑第二层，如此逐层连续浇筑，直至结束，如图 4-29（a）所示。次层混凝土应在前层混凝土初凝前浇筑完毕，以保证结构的整体性。

②分段分层。这种浇筑方案用于结构平面面积较大的情况，将结构分为若干段，每段又分为若干层，先浇筑第一段各层，然后浇筑第二段各层，如此逐段、逐层连续浇筑，直至结束，如图 4-29（b）所示。次段混凝土应在前段混凝土初凝前浇筑并与前段混凝土捣实成整体，以保证结构的整体性。

③斜面分层。这种浇筑方案用于结构的长度超过厚度 3 倍的情况，可采用斜面分层的浇筑方案，如图 4-29（c）所示。这时，振捣工作应从浇筑层斜面下端开始，逐渐上移，且振动器应与斜面垂直。

2）早期温度裂缝的预防

早期温度裂缝产生的原因如下：

①厚大钢筋混凝土结构由于体积大，水泥水化热聚积在内部不易散发，内部温度显著升高，外表散热快，形成内外温差较大，内部产生压应力，外表产生拉应力，如内外温差过大（25℃以上），则混凝土表面将产生裂缝。

②当混凝土内部逐渐散热冷却，产生收缩，由于受到基底或已硬化混凝土的约束，不能自由收缩，而产生拉应力。温差越大，约束程度越高，结构长度越大，则拉应力越大。当拉应力超过混凝土的抗拉强度时即产生裂缝，裂缝从基底向上发展，甚至贯穿整个基础。

要防止混凝土早期产生温度裂缝，就要降低混凝土的温度应力。控制混凝土的内外温差，使之不超过 25℃，以防止表面开裂；控制混凝土冷却工程中的总温差和降温速度，以防止基底开裂。早期温度裂缝的预防方法主要有：

①优先采用水化热低的水泥。

②减少水泥用量。

③掺入适量的粉煤灰或在浇筑时投入适量的毛石。

④放慢浇筑速度和减少浇筑厚度，采用人工降温措施（拌制时用低温水，养护时用循环水冷却）。

⑤浇筑后应及时覆盖，以控制内外温差，减缓降温速度，尤应注意寒潮的不利影响。

⑥必要时，取得设计单位同意后，可分块浇筑，块和块间留 1m 宽的后浇带，待各分块混凝土干缩后，再浇筑后浇带。同时还可根据有关手册计算分块长度，当结构厚度在 1m 以

内时，分块长度一般为 20～30m。

3）泌水处理

大体积混凝土还具有上、下浇筑层施工间隔时间较长，各分层之间易产生泌水层的特点，它将使混凝土强度降低，出现酥软、脱皮、起砂等不良后果。采用抽吸方法和自流方式排除泌水，会带走一部分水泥浆，影响混凝土的质量。在同一结构中使用两种不同坍落度的混凝土，或在混凝土拌合物中掺减水剂，都可减少泌水现象。

（5）现浇多层钢筋混凝土框架结构的浇筑

现浇多层钢筋混凝土框架结构的浇筑首先要划分施工层和施工段，施工层一般按结构层划分，而每一施工层又根据工序数量、技术要求、结构特点等来划分施工段。要做到在第一施工层安装完模板，准备转移到第二施工层的第一施工段上时，该施工段所浇筑的混凝土强度应达到允许工人在上面操作的强度（1.2MPa）。施工层与施工段确定后，可按求出的每班（或每小时）应完成的工程量来选择施工机具和设备并计算其数量。

混凝土浇筑前应做好必要的准备工作，其中包括：

①模板、钢筋和预埋管线的检查、清理以及隐蔽工程的验收。

②建筑用脚手架、走道的搭设和安全检查。

③根据试验室下达的混凝土配合比通知单准备和检查施工材料。

④做好施工用具的准备。

（6）水下混凝土的浇筑

水下浇筑混凝土（水下混凝土）是指在干地拌制而在水下浇筑和硬化的混凝土。水下混凝土适用于沉井封底、地下连续墙浇筑、钻孔灌注桩浇筑、水中浇筑基础结构以及一系列桥墩、水工和海工结构的施工等。

水下浇筑混凝土常采用的方法为导管法。水下浇筑混凝土是依靠自重（或压力）和流动性进行摊平和密实的，一般不进行振捣。因此要求混凝土拌合物应该具有较好的和易性、良好的流动性保持能力、一定的表观密度和较小的泌水率，具体要求如下：

①水下混凝土应选用颗粒细、收缩性小、泌水率小的水泥（硅酸盐水泥和普通水泥）。

②细集料应选用石英含量高、颗粒浑圆、具有平滑筛分曲线的中砂，砂率应为40%～47%。

③粗集料宜选用卵石，当需要增加水泥砂浆与集料的胶结力时，可以掺入 20%～25% 的碎石。

5. 混凝土的振捣

混凝土浇入模板后，内部骨料和砂浆之间摩阻力与粘结力的作用，使混凝土流动性很低，不能自动充满模板内各角落，其内部是疏松的，空气与气泡含量占混凝土体积约 5%～20%，达不到要求的密实度，必须要进行适当的振捣，促使混凝土混合物克服阻力并逸出气泡消除空隙，从而使混凝土满足设计要求的强度等级和足够的密实度。

（1）混凝土振捣应能使模板内各个部位混凝土密实、均匀，不应漏振、欠振、过振。

（2）混凝土振捣应采用插入式振动棒、平板振动器或附着振动器，必要时可采用人工辅助振捣。

（3）振动棒振捣混凝土应符合下列规定：

①应按分层浇筑厚度分别进行振捣，振动棒的前端应插入前一层混凝土中，插入深度不应小于 50mm。

②振动棒应垂直于混凝土表面并快插慢拔均匀振捣；当混凝土表面无明显塌陷、有水泥浆出现、不再冒气泡时，应结束该部位振捣。

③振动棒与模板的距离不应大于振动棒作用半径的50%。振捣插点间距不应大于振动棒的作用半径的1.4倍。

（4）平板振动器振捣混凝土应符合下列规定：

①平板振动器振捣应覆盖振捣平面边角。

②平板振动器移动间距应覆盖已振实部分混凝土边缘。

③振捣倾斜表面时，应由低处向高处进行振捣。

（5）附着振动器振捣混凝土应符合下列规定：

①附着振动器应与模板紧密连接，设置间距应通过试验确定。

②附着振动器应根据混凝土浇筑高度和浇筑速度，依次从下往上振捣。

③模板上同时使用多台附着振动器时，应使各振动器的频率一致，并应交错设置在相对面的模板上。

（6）混凝土分层振捣的最大厚度应符合表4-12的规定。

表 4-12 混凝土分层振捣的最大厚度

振捣方法	混凝土分层振捣最大厚度
振动棒	振动棒作用部分长度的1.25倍
平板振动器	200mm
附着振动器	根据设置方式，通过试验确定

（7）特殊部位的混凝土应采取下列加强振捣措施：

①宽度大于0.3m的预留洞底部区域，应在洞口两侧进行振捣，并应适当延长振捣时间；宽度大于0.8m的洞口底部，应采取特殊的技术措施。

②后浇带及施工缝边角处应加密振捣点，并应适当延长振捣时间。

③钢筋密集区域或型钢与钢筋结合区域，应选择小型振动棒辅助振捣、加密振捣点，并应适当延长振捣时间。

④基础大体积混凝土浇筑流淌形成的坡脚，不得漏振。

6. 混凝土的养护

混凝土在浇筑捣实后，由于水泥的水化作用会使其逐渐凝固硬化，而水化作用必须在适当的温度和湿度条件下才能完成。因此，必须对混凝土进行养护，以保证混凝土有适宜的硬化条件，使其强度不断增长。

混凝土浇筑后，若不及时进行养护，在气候炎热、空气干燥的环境下，混凝土中的水分就会蒸发过快并出现脱水现象，使已形成凝胶体的水泥颗粒不能充分水化，不能转化为稳定的结晶，缺乏足够的黏结力，从而会使混凝土表面出现片状或粉状剥落，影响混凝土的强度。此外，在混凝土尚未具备足够的强度时，水分过早蒸发，还会使其产生较大的变形，出现干缩裂缝，使混凝土的整体性和耐久性降低。因此，混凝土养护是一个必要的环节，必须按照要求精心进行。

（1）混凝土的养护时间应符合下列规定：

①采用硅酸盐水泥、普通硅酸盐水泥或矿渣硅酸盐水泥配制的混凝土，不应少于7d；采用其他品种水泥时，养护时间应根据水泥性能确定。

②采用缓凝型外加剂、大掺量矿物掺合料配制的混凝土，不应少于 14d。

③抗渗混凝土、强度等级 C60 及以上的混凝土，不应少于 14d。

④后浇带混凝土的养护时间不应少于 14d。

⑤地下室底层墙、柱和上部结构首层墙、柱，宜适当增加养护时间。

⑥大体积混凝土养护时间应根据施工方案确定。

（2）洒水养护应符合下列规定：

①洒水养护宜在混凝土裸露表面覆盖麻袋或草帘后进行，也可采用直接洒水、蓄水等养护方式；洒水养护应保证混凝土表面处于湿润状态。

②洒水养护用水应符合现行行业标准《混凝土用水标准》（JGJ 63—2006）的有关规定。

③当日最低温度低于 5℃时，不应采用洒水养护。

（3）覆盖养护应符合下列规定：

①覆盖养护宜在混凝土裸露表面覆盖塑料薄膜、塑料薄膜加麻袋、塑料薄膜加草帘进行。

②塑料薄膜应紧贴混凝土裸露表面，塑料薄膜内应保持有凝结水。

③覆盖物应严密，覆盖物的层数应按施工方案确定。

（4）喷涂养护剂养护应符合下列规定：

①应在混凝土裸露表面喷涂覆盖致密的养护剂进行养护。

②养护剂应均匀喷涂在结构构件表面，不得漏喷；养护剂应具有可靠的保湿效果，保湿效果可通过试验检验。

③养护剂使用方法应符合产品说明书的有关要求。

（5）基础大体积混凝土裸露表面应采用覆盖养护方式；当混凝土浇筑体表面以内 40～100mm 位置的温度与环境温度的差值小于 25℃时，可结束覆盖养护。覆盖养护结束但尚未达到养护时间要求时，可采用洒水养护方式直至养护结束。

（6）柱、墙混凝土养护方法应符合下列规定：

①地下室底层和上部结构首层柱、墙混凝土带模养护时间，不应少于 3d；带模养护结束后，可采用洒水养护方式继续养护，也可采用覆盖养护或喷涂养护剂养护方式继续养护。

②其他部位柱、墙混凝土可采用洒水养护，也可采用覆盖养护或喷涂养护剂养护。

（7）混凝土强度达到 1.2MPa 前，不得在其上踩踏、堆放物料、安装模板及支架。

（8）同条件养护试件的养护条件应与实体结构部位养护条件相同，并应妥善保管。

（9）施工现场应具备混凝土标准试件制作条件，并应设置标准试件养护室或养护箱。标准试件养护应符合国家现行有关标准的规定。

```
上岗工作要点

1. 掌握模板的安装方法。
2. 掌握钢筋的冷加工、配料与代换的方法。
3. 掌握混凝土的施工准备工作及施工工艺的施工流程。
```

思 考 题

1. 试述模板的作用有哪些，对模板及其支架的基本要求有哪些，模板的类型有哪些，各自的适用范围怎样。

2. 模版设计要遵循哪些原则？其主要内容及步骤有哪些？

3. 什么是钢筋冷拔？冷拔的作用和目的有哪些？

4. 试述钢筋冷拔与钢筋冷拉有什么区别。

5. 钢筋冷拉控制方法有几种？采用控制应力方法时，冷拉应力该如何取值？采用控制冷拉率方法时，控制冷拉率怎样确定？

6. 钢筋闪光对焊工艺有几种？如何选用？钢筋闪光对焊接头质量检查包括哪些内容？

7. 电弧焊接头有哪几种形式？如何选用？质量检查内容有哪些？

8. 试述钢筋加工工序和绑扎、安装的要求。绑扎接头有哪些规定？

9. 混凝土工程包括哪几个施工过程？

10. 混凝土搅拌参数是指什么？各有什么影响？什么是一次投料、二次投料？各有何特点？

11. 混凝土运输有哪些要求？有哪些运输工具机械？各适用于何种情况？

12. 混凝土泵有几种？采用泵送时，对混凝土有哪些要求？

13. 混凝土浇筑基本要求有哪些？怎样防止离析？混凝土浇筑前对模板钢筋应做哪些检查？

14. 什么是施工缝？留设位置怎样？继续浇筑混凝土时对施工缝有何要求？如何处理？

15. 什么是自然养护？自然养护有哪些方法？混凝土质量检查检验包括哪些内容？

第5章 预应力混凝土工程

重 点 提 示

1. 掌握先张法及后张法的施工工艺流程。
2. 理解后张法预应力筋制作的方法。
3. 了解其他预应力施工方法的步骤。

5.1 先张法

先张法是在浇筑混凝土前张拉预应力钢筋，并将预应力筋临时固定在台座或钢模上，然后浇筑混凝土，待混凝土达到一定强度（一般不低于混凝土设计强度标准值的75%），使预应力筋与混凝土间有足够的粘结力时，放松预应力筋，借助于混凝土与预应力筋之间的粘结力，对混凝土产生预应压力。

5.1.1 施工机械设备

1. 台座

(1) 要求：台座要有足够的强度、刚度和稳定性，满足生产工艺的要求。

(2) 形式：

①钢模台座。

②墩式台座（传力墩、台面、横梁）。长100～150m，适用于中、小型构件。墩式台座的几种形式如图5-1所示。

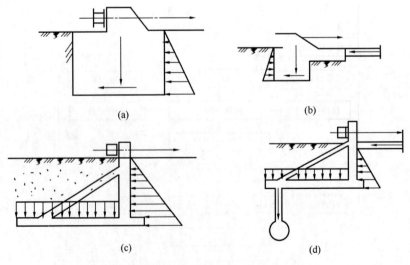

图 5-1 墩式台座的几种形式
(a) 重力式；(b) 与台面共同作用式；(c) 构架式；(d) 桩基构架式

③槽式台座（传力柱、上下横梁、砖墙）。长 45～76m，适用于双向预应力构件，易于蒸汽养护。

2. 夹具

夹具是预应力筋进行张拉和临时固定的工具，它有锚固夹具和张拉夹具两种。

（1）锚固夹具

①锥形夹具（锥销式、二片式、三片式），适用于锚固单根直径为 12～14mm 的预应力筋。

②镦头锚具（带槽螺栓、梳子板），适用于锚固冷拉筋（热镦）、冷拔丝（热、冷镦）、碳素钢丝（冷镦）。要求镦头强度不低于材料强度的 98％，钢丝束长度差值≤$L/5000$ 且≤5mm（L 为钢丝束的下料长度）。

（2）张拉夹具

张拉夹具是夹持住预应力筋后，与张拉机械连接起来进行预应力筋张拉的机具，常用的有偏心式夹具、楔形夹具等。

3. 张拉机械

（1）卷扬机和滑车组。

（2）穿心式千斤顶。YC—20 型千斤顶的最大拉力为 20t，行程为 200mm，适用于直径 12～20mm 的单根钢筋。

（3）电动螺杆

电动螺杆的拉力为 30～60t，行程为 800mm，适用于钢筋、钢丝。

5.1.2 施工工艺

先张法施工工艺流程如图 5-2 所示。

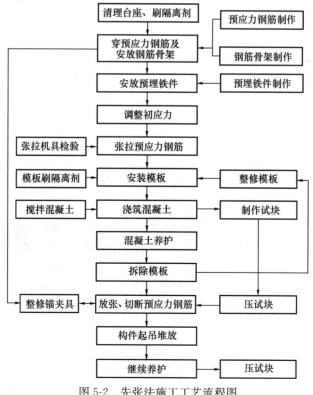

图 5-2 先张法施工工艺流程图

1. 预应力筋的张拉

张拉前应先做好台面的隔离层，为防止影响钢丝与混凝土的粘结，隔离剂不得玷污钢丝。

施工中，预应力筋需要超张拉时，可比设计要求的提高 5%，但其最大张拉控制应力，不得超过表 5-1 所示的规定。

表 5-1 最大张拉控制应力允许值

钢 筋 种 类	张 拉 方 法	
	先 张 法	后 张 法
碳素钢丝、刻痕钢丝、钢绞线	$0.80f_{ptk}$	$0.75f_{ptk}$
热处理钢筋、冷拔低碳钢丝	$0.75f_{ptk}$	$0.70f_{ptk}$
冷拉钢丝	$0.95f_{pyk}$	$0.90f_{pyk}$

注：1. f_{ptk} 为预应力钢筋极限抗拉强度标准值。

2. f_{pyk} 为预应力钢筋屈服强度标准值。

预应力筋的张拉程序可采用以下两种不同方式：

$$0 \rightarrow 1.05\sigma_{con} \xrightarrow{\text{持荷 2min}} \sigma_{con}$$

$$0 \rightarrow 1.03\sigma_{con}$$

第一种张拉程序，超张拉 5% 并持荷 2min，可减少约 50% 应力松弛引起的预应力损失。

第二种张拉程序，超张拉 3%，可弥补应力松弛所引起的应力损失。

预应力钢筋张拉后，需校核其伸长值，其理论伸长值与实际伸长值之间存在的误差不应超过 +10%，-5%。若超过，则应分析其原因，采取措施后再继续施工。理论伸长值按式（5-1）计算，即

$$\Delta L = \frac{F_p L}{A_p E_s} \tag{5-1}$$

式中 ΔL——预应力钢筋张拉后的理论伸长值；

F_p——预应力筋张拉力；

L——预应力钢筋长度；

A_p——预应力钢筋截面面积；

E_s——预应力钢筋的弹性模量。

预应力钢筋实际伸长值，应在初应力为张拉控制应力 10% 左右时开始测量，但必须加上初应力以下的推算伸长值。

采用钢丝作预应力筋时，可不做伸长值校核。但应在钢丝锚固后，用钢丝测力计检查其钢丝应力，其偏差按一个构件全部钢丝的预应力平均值计算，不得超过设计值的 ±5%。

预应力筋发生断裂或滑脱的数量严禁超过结构同一截面内预应力钢筋总根数的 5%，且严禁相邻的两根预应力筋断裂或滑脱。若在混凝土浇筑前发生预应力筋断裂或滑脱，则必须予以更换。预应力筋的位置不允许有过大偏差，其限制条件是：偏差≤5mm，且不大于构件截面最短边长的 4%。

2. 混凝土的浇筑、养护

构件的支模应在预应力钢筋张拉锚固和非预应力钢筋绑扎完毕后进行。所支模板应尽量避开台面的伸缩缝及裂缝，如实在无法避免伸缩缝、裂缝时，应采取其他相应措施。

支模完毕后即应浇筑混凝土，每条生产线应一次浇灌完，还应尽量减少因混凝土的收缩和徐变而引起的预应力损失。浇灌混凝土时应振捣密实，振动器不应碰撞钢丝，混凝土未达到一定的强度前也不应碰撞或踩动钢丝。

预应力混凝土的养护方法包括自然养护和湿热养护。如采用湿热养护，应先按设计的温差加热（一般应≤20℃），待混凝土达到一定强度（粗钢筋为 7.5MPa，钢丝、钢绞线为10MPa）后，再按一般升温制度养护。

3. 预应力钢筋的放张

预应力钢筋放张时，混凝土的放张强度应符合设计规定，若设计无规定，则不得低于混凝土设计强度标准值的 75%。

预应力筋的放张顺序应符合设计要求，若设计无要求，则应符合下列规定：

（1）对承受轴心预应力的构件，应同时放张其所有预应力筋。

（2）对承受偏心预应力的构件，应先同时放张预应力较小区域的预应力筋，再同时放张预应力较大区域的预应力筋。

（3）当不能按上述规定放张时，为防止在放张过程中构件发生翘曲、裂纹及预应力筋断裂等情况，应分阶段、对称、相互交错地放张。

对配筋不多的中、小型预应力混凝土构件，钢丝可用剪切、锯割等方法放张；对配筋多的预应力混凝土构件，钢丝应同时放张。若逐根放张，最后几根钢丝便会由于承受过大的拉力而突然断裂，且构件端部易发生开裂。钢丝、热处理钢筋不可使用电弧切割，若数量较少，可逐根加热熔断放张；当数量较多且张拉力较大时，应同时放张。

5.2　后张法

后张法是先制作构件，并在放置预应力筋的位置处预留孔道，待混凝土达到一定强度（一般不低于混凝土设计强度标准值的 75%），在预留孔道中穿入预应力钢筋并进行张拉，并用锚具将张拉后的预应力钢筋固定在构件的端部，最后进行孔道灌浆。此法借助构件两端的锚具将预应力钢筋的张拉力传给混凝土，使其产生预应压力。

5.2.1　施工机械设备

1. 单根粗钢筋

（1）锚具

①螺丝端杆锚具。如图 5-3 所示，螺杆材料为 45 钢，钢筋冷拉前焊接好；螺母、垫板材料为 Q235 钢。螺丝端杆锚具适用于直径为 18~36mm 的预应力筋。

②帮条锚具。如图 5-4 所示，帮条与预应力筋同等级、互成 120°的 3 根焊条，垫板用Q235 钢，适用于冷拉 HRB335 级和 HRB400 级的钢筋。

③镦头锚具。

（2）预应力筋的制作

单根粗钢筋预应力筋的制作包括配料、对焊、冷拉等工序。预应力筋的下料长度应计算确定，计算时要考虑结构的孔道长度、锚具厚度、千斤顶长度、焊接接头或镦头的预留量、冷拉伸长值、张拉伸长值、弹性回缩值等。现以两端用螺丝端杆锚具

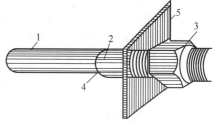

图 5-3　螺丝端杆锚具

1—钢筋；2—螺丝端杆；

3—螺母；4—焊接接头；5—垫板

预应力筋为例，如图 5-5 所示，其下料长度（单位为 mm）计算如下：

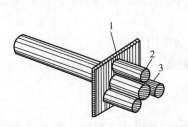

图 5-4　帮条锚具

1—衬板；2—帮条；3—主筋

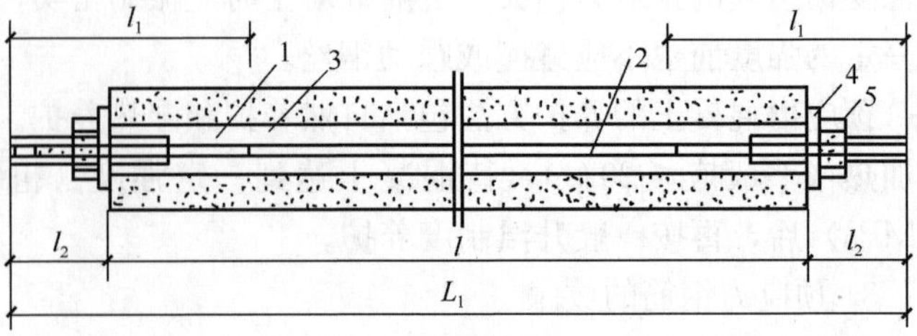

图 5-5　粗钢筋下料长度计算

1—螺丝端杆；2—预应力钢筋；3—对焊接头；4—垫板；5—螺母

$$L_1 = l + 2l_2 \tag{5-2}$$

式中　L_1——预应力筋的成品长度，即预应力筋和螺丝端杆对焊并经冷拉后的全长，单位为 mm；

　l——构件的孔道长度，单位为 mm；

　l_2——螺丝端杆伸出构件外的长度，单位为 mm。张拉端：$l_2 = 2H + h + 5$；锚固端：$l_2 = H + h + 10$。

　H——螺母高度；

　h——垫板厚度。

$$L_0 = L_1 - 2l_1 \tag{5-3}$$

式中　L_0——预应力筋（不包括螺丝端杆）冷拉后需达到的长度，单位为 mm；

　l_1——螺丝端杆长度，单位为 mm（一般为 320mm）。

$$L = \frac{L_0}{1 + \gamma - \delta} + n\Delta \tag{5-4}$$

式中　L——预应力筋（不包括螺丝端杆）冷拉前的下料长度；

　γ——预应力筋的冷拉率（由试验确定）；

　δ——预应力筋的冷拉弹性回缩率（一般为 0.4%～0.6%）；

　n——对焊接头数量；

　Δ——每个对焊接头的压缩量（一般为 20～30mm）。

【例 5-1】　某预应力混凝土屋架，采用机械张拉后张法施工。孔道长度 17.8m，设置直径 25mm 的冷拉 HRB335 级预应力钢筋，实测钢筋冷拉率为 4.0%，钢筋冷拉后的弹性回缩率为 0.4%。采用一端张拉，张拉端采用长 320mm 的 LM25 螺丝端杆锚具，外伸 120mm，固定端采用总长 70mm 的帮条锚具；现场钢筋每根长 6m，张拉程序为 0→1.03σ_{con}（σ_{con} 取 0.90f_{pyk}，$f_{pyk} = 450$N/mm²）。试计算钢筋的下料长度和预应力筋张拉时的最大张拉力。

【解】　钢筋的下料长度为

$$L = \frac{L_0}{1 + \gamma - \delta} + n\Delta = \frac{17800 - 320 + 120 + 70}{1 + 4\% - 0.4\%} + 3 \times 25 = 17131(\text{mm})$$

预应力筋张拉时的最大张拉力为

$$F_p = (1 + m)\sigma_{con}A_p = 1.03 \times 0.90 \times 450 \times \pi \times \frac{25^2}{4} = 204.77(\text{kN})$$

（3）张拉设备

张拉设备主要有穿心式千斤顶（YC—60 型、YC—20 型、YC—18 型）和拉杆式千斤顶（YL—60 型）。

2. 钢筋束和钢绞线束

（1）锚具

张拉端一般所使用的锚具包括：

①单孔夹片式锚具。包括二夹片式、三夹片式（直、斜开缝），如图 5-6 所示。

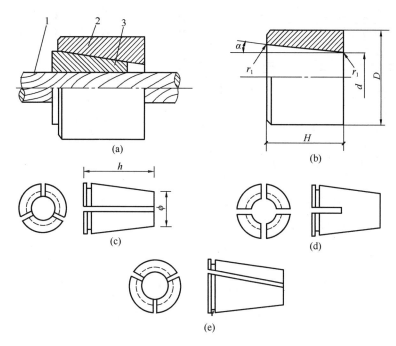

图 5-6　单孔夹片式锚具

(a) 组装图；(b) 锚环；(c) 三夹片式夹片；(d) 二夹片式夹片；(e) 斜开缝夹片

1—钢绞线；2—锚环；3—夹片

②多孔夹片式锚具。包括 XM 型、QM 型、OV 型、BS 型等。

③JM—12 型锚具。它的锚环、夹片用 45 钢制造，可锚 3～6 根直径为 12mm 的光圆、螺纹 HRB500 级筋或钢绞线。

④KT—Z 型锚具。可锚 3～6 根直径为 12mm 的 HRB400～HRB500 级筋。

钢筋非张拉端可用镦头锚具（固定板）；钢绞线非张拉端可用挤压锚具。

（2）预应力筋的制作

预应力筋的制作工序为冷拉、下料、编束。

下料长度 l 的确定，可分为以下两种情况：

一端张拉：
$$l = l_0 + a + b \tag{5-5}$$

式中　l_0——计算长度；

　　　a——张拉端留量；

　　　b——非张拉端外露长度。

两端张拉：
$$l = l_0 + 2a \tag{5-6}$$

3. 钢丝束

（1）锚具

张拉端主要使用的锚具有锥形螺杆锚具、钢质锥形锚具和镦头锚具；非张拉端主要使用的锚具为镦头锚具，如图 5-7 所示。

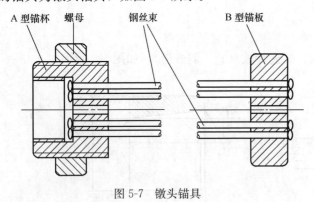

图 5-7　镦头锚具

（2）钢丝束制作

钢丝束制作工序为：下料→编束→安锚具。

①下料长度。用钢质锥形锚具时，下料长度同钢筋束。

②下料方法。采取应力下料，控制应力取 $300N/mm^2$。

③编束。编束应测量直径，同束误差≤0.1mm。

（3）张拉设备

张拉设备主要有锥锚式双作用千斤顶、拉杆式千斤顶和穿心式千斤顶。

5.2.2　施工工艺

后张法施工工艺主要包括孔道留设、预应力钢筋张拉、孔道灌浆三部分。图 5-8 所示为后张法施工工艺的流程图。

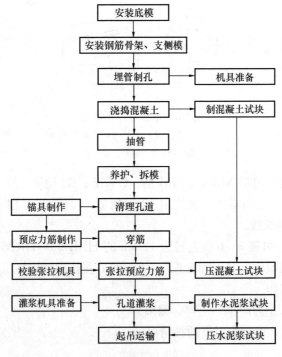

图 5-8　后张法工艺流程

1. 孔道留设

孔道留设是后张法构件制作的关键工序之一。穿入预应力筋的预留孔道形状包括直线形、曲线形和折线形三种。

孔道留设方法包括钢管抽芯法、胶管抽芯法和预埋管法三种，其中钢管抽芯法只用于直

110

线形孔道的留设。

孔道成型的基本要求是：所留孔道的尺寸与位置应正确；孔道要平顺；接头不漏浆；端部的预埋钢板应垂直于孔道中心线等。

（1）钢管抽芯法

采用钢管抽芯法时，要将钢管预先埋设在模板内的孔道位置处，在混凝土浇筑和养护过程中，每隔一定的时间慢慢转动钢管一次，以防止其与混凝土粘结，待混凝土初凝后、终凝前抽出钢管，即在构件中形成孔道。该法适用于留设直线形孔道，施工中应注意以下几点：

①钢管要平直，表面必须圆滑，安放位置准确。如用弯曲的钢管，转动时会沿孔道方向产生裂纹，甚至塌陷。钢管预埋前应除锈、刷油，以便抽管。应用钢筋井字架固定好钢管的位置，每隔 1.0～1.5m 设一个井字架，并与钢筋骨架扎牢。为便于旋转或抽出，每根钢管的长度最好≤15m。较长构件则用两根钢管，两根钢管的接头处可用 0.5mm 厚薄钢板做成的套管连接，套管内表面要与钢管外表面紧密贴合，以防漏浆堵塞孔道，如图 5-9 所示。

②在抽出钢管之前，应每隔 10～15min 转动一次埋入混凝土构件中的钢管，若发现表面混凝土产生裂纹，应用铁抹子抹平压实。还应恰当地掌握抽管时间，一般在终凝前、初凝后，当手指按压混凝土不粘浆又无明显印痕时即可抽管。常温下，抽管时间应在混凝土浇筑后 3～5h 进行。

③抽管应按先上后下的顺序进行，可用人工或卷扬机抽管。抽管时要速度均匀，边抽边转，并与孔道保持在一条直线上。

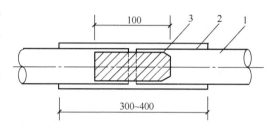

图 5-9　钢管连接方式
1—钢管；2—镀锌钢板套管；3—硬木塞

④抽管后要及时检查成形孔道的情况，为保证穿筋工作的顺利进行，还应同时清除孔道内的杂物。在留设孔道的同时还要在规定位置留设灌浆孔和排气孔，一般在构件中间和两端每隔 12m 留一个直径为 20～25mm 的灌浆孔或排气孔。可用木塞将灌浆孔抽芯成型，施工时木塞应抵紧钢管并固定，严防混凝土振捣时脱落。孔道抽芯完毕后拔出木塞，并检查孔洞的通畅情况。

（2）胶管抽芯法

采用胶管抽芯法留孔的胶管一般有 5 层或 7 层帆布夹层、壁厚 6～7mm 的普通橡胶管两种，这种胶管可用于留设直线、曲线或折线孔道。

使用时将胶管的一端密封，另一端充气。密封时，将胶管端的外表面削去 1～3 层胶皮帆布，再在胶管端头孔内插入表面带有粗丝扣的钢管，并用 20 号镀锌钢丝与胶管外表面密缠牢固，再用锡将钢丝头焊牢。在充气端需接上阀门，其方法与密封端相同。若用于短构件留孔，可将一根胶管对弯后穿入两个平行孔道，若用于长构件留孔，则可用铁皮套管将两根胶管接长使用。套管的长度应为 400～500mm，内径应比胶管外径大 2～3mm。固定胶管位置可用间距为 600mm 的钢筋井字架，并与钢筋骨架扎牢。

灌注混凝土之前，需将胶管内充入压力为 0.5～0.8N/mm² 的水（气），这时胶管直径会增大约 3mm。浇捣混凝土时，振动棒不可与胶管碰触，并应经常检查水压表的压力是否正常，如有变化必须补压。胶管抽管前，应先放水降压，待胶管断面缩小与混凝土自行脱离即可抽管。抽管顺序一般为先上后下，先曲后直。

如用胶管抽芯法留设折线形、曲线形孔道的胶管时，除应留设灌浆孔、排气孔之外，还应留设泌水孔。泌水孔应留设在折线（曲线）孔道的顶部，方法与灌浆孔相同。

（3）预埋管法

预埋管法是指在构件中埋入与孔道直径相同的金属波纹管，无须将其抽出，一般采用薄钢管、黑铁皮管或镀锌双波纹金属软管制作。预埋管法的特点为：节省抽管工序，易保证孔道留设的位置、形状，目前这种方法使用较为普遍。金属波纹管具有重量轻、刚度好、弯折方便，且与混凝土粘结好的优点，其每根管长 4～6m，也可根据需要现场制作，其长度不限，在 1kN 径向力作用下波纹管不会变形。波纹管使用前应做灌水试验，检查有无渗漏现象。

波纹管通常采用钢筋井字架进行固定，间距应≤0.8m。曲线留设孔道时应加密，并用铁丝将其绑扎牢固。波纹管的连接可采用大一号的同型波纹管，接头管长度应＞200mm，最后用密封胶带或塑料热塑管封口。

2. 预应力筋张拉

（1）一般要求

预应力筋张拉时，为确保在张拉过程中，混凝土不至于受压破坏，混凝土结构强度应符合设计要求（无设计要求时，不应低于设计强度标准值的 75%）。张拉设备安装时，直线预应力筋应使张拉力的作用线与孔道中心线重合，曲线预应力筋应使张拉力的作用线与孔道中心线末端的切线重合。预应力筋张拉、锚固完毕后，留在锚具外的预应力筋长度应≥30mm。锚具的保护应采用封端混凝土的方法，长期露在外面的锚具要采取防锈措施。

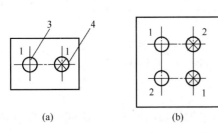

图 5-10　屋架下弦杆预应力筋张拉顺序

（a）两束预应力筋；（b）四束预应力筋

1、2—预应力筋分批张拉顺序；

3—张拉端；4—固定端

（2）张拉方法

配有多根预应力筋的构件应同时张拉，即使不能同时张拉，也应分批张拉。分批张拉的顺序要考虑的因素有：使混凝土不产生超应力、构件不扭转或侧弯、结构不变位等。应注意，一般在同一构件上应对称张拉。

屋架下弦杆预应力筋张拉顺序如图 5-10 所示。图 5-10（a）采用一端张拉法，预应力筋为两束，用两台千斤顶分别设置在构件两端，一次张拉完成。图 5-10（b）分两批张拉，预应力筋为四束，用两台千斤顶先分别张拉对角线上的两束，然后再张拉另外两束。

预应力混凝土吊车梁预应力筋的张拉顺序（采用两台千斤顶）如图 5-11 所示。一般先张拉上部两束直线预应力筋，下部四束曲线预应力筋则采用两端张拉方法分批张拉，为使构件对称受力以及减少先批张拉的所受的弹性压缩损失，每批两束先按一端张拉方法进行张拉，待两批四束均进行一端张拉后，再分批在另一端补张拉。

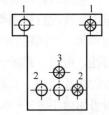

图 5-11　吊车梁预应力筋的张拉顺序

1、2、3—预应力筋分批张拉顺序

1）分批张拉

采用这种方法，应先计算分批张拉的弹性回缩造成的预应力损失值，分别加到先批预应力筋的张拉应力中去，或采用同一张拉值逐根复位补足的办法。预应力筋张拉程序的确定依据为：构件类型、张锚体系、松弛损失取值等因素。采用超张拉方法减少预应力筋的松弛损失时，预应力筋的张拉程序如下：

$$0 \rightarrow 1.05\sigma_{con} \xrightarrow{\text{持荷 2min}} \sigma_{con} \text{锚固}$$

采用这种张拉程序时，为建立准确的预应力值，千斤顶应回油至稍低于 σ_{con}，再进油至 σ_{con}。若预应力筋的张拉吨位不是很大，但根数较多，而设计中又要求采用超张拉方法以减小应力损失，则其张拉程序如下：

$$0 \rightarrow 1.03\sigma_{con} \text{锚固}$$

2）抽芯成形孔道

为减少预应力筋与预留孔壁摩擦而引起的应力损失，应在两端张拉曲线预应力和长度>24m 的直线预应力筋，而长度≤24m 的直线预应力筋可在一端张拉。在预埋波纹管时，应在两端张拉曲线预应力筋的长度>30m 的直线预应力筋，而长度≤30m 的直线预应力筋可在一端张拉。在同一截面中若存在多根一端张拉的预应力筋，应分别在结构的两端设置张拉端。当两端同时张拉一根或一束预应力筋时，应先在一端锚固，再在另一端补足张拉力后进行锚固，以减小预应力损失。

3）用后张法生产预应力混凝土屋架等大型构件

采用这种方法时，一般在施工现场平卧重叠制作，重叠层数为三或四层，其张拉应按先上后下的顺序逐层进行。可逐层增加张拉力，以便减少上、下两层之间因摩擦而引起的预应力损失，所增加的数值随构件形式、隔离层和张拉方式的不同而不同，但最大超张拉力不应比顶层张拉力大 5%（钢丝、钢绞线和热处理钢筋）或 9%（冷拉 HRB335、HRB400、HRB500 级钢筋），并且在加大张拉控制应力后不应超过最大超张拉力的规定。

3. 孔道灌浆

预应力筋张拉完毕后，应尽快进行孔道灌浆。用连接器连接的多跨度连续预应力筋的孔道灌浆，不宜在各跨全部张拉完毕后集中一次连续灌浆，应张拉完一跨随即灌注一跨。

按照《通用硅酸盐水泥》（GB175—2007/XG1—2009）中的规定，孔道灌浆应采用强度等级≥32.5 级的普通（矿渣）硅酸盐水泥配置的水泥浆。水泥浆和砂浆强度标准值均应≥20N/mm²，水泥浆的水灰约为 0.4 左右，搅拌后 3h 泌水率应控制在 2% 左右，最大也不可超过 3%。对空隙较大的孔道，可采用砂浆灌浆。

为了增加孔道灌浆的密实性，在水泥浆中可掺入对预应力筋无腐蚀作用的外加剂，如可掺入木质素磺酸钙（占水泥质量 0.25%）或铝粉（占水泥质量 0.05%）。

灌浆前，用压力水冲洗和湿润孔道，用电动或手动灰浆泵进行灌浆。灌浆工作应缓慢均匀地连续进行，不得中断，并应防止空气压入孔道而影响灌浆质量。灌浆压力宜为 0.5～0.6MPa，待灌浆完毕后封闭灌浆孔。为避免上层孔道漏浆而把下层孔道堵塞，灌浆顺序应先下后上。

5.3 其他预应力施工方法

5.3.1 电热张拉法

电热张拉法是利用钢筋热胀冷缩原理来张拉预应力筋的，其多适用于圆形结构。施工时对预应力钢筋通过低电压强电流，由于钢筋有一定的电阻，致使预应力筋遇热伸长，待其伸长至规定长度时切断电流，立即加以锚固并切断电源，钢筋因降温而冷却回缩使混凝土建立预压应力。

（1）电热法适用于后张法施工，可在预留孔道中张拉预应力筋，也可在预应力筋表面涂以热塑材料后，直接浇筑于混凝土中，然后通电加热。电热法只适用于冷拉 HRB335、HRB400、HRB500 级钢筋作预应力筋的一般构件，不适用于抗裂度要求较严的结构构件。此外，电热法张拉也不适用于金属管作预留孔道的构件。

（2）电热法的优点包括设备简单、可避免张拉摩擦损失等，但由于其是以钢筋伸长值来控制预应力值的，所以如果材质不好便会影响应力值的准确性。成批生产时，需要用千斤顶对钢筋进行抽样校核。

（3）电热法要求在安全低电压下，通过强电流，用较短的通电时间加热钢筋完成张拉。变压器应选用三相低压变压器，其一次工作电压为 220～380V，二次工作电压为 30～45V，电压降应保持在 2～3V/min，并应满足钢筋中的电流密度数值。

（4）电热法张拉的主要设备为电热变压器（或电焊机）、导线和导电夹具。

5.3.2　无粘结预应力施工

无粘结预应力筋的施工过程包括：无粘结预应力筋的铺设、张拉和端部锚头处理。无粘结预应力筋铺设前应逐根检查外包层的完好程度，对有轻微破损者，可包塑料带补好；对严重破损者应予以报废。

（1）无粘结预应力筋的锚设。双向预应力筋锚设时，应先锚设下面的预应力筋，再锚设上面的预应力筋。以免预应力筋相互穿插编结。无粘结预应力筋应严格按设计要求的曲线形状就位固定牢固。可用短钢筋或混凝土垫块等架起控制标高，再用钢丝绑扎在非预应力筋上。绑扎点间距≤1m，钢丝束的曲率控制可用铁马凳控制，马凳间距应≤2m。

（2）预应力筋的张拉。张拉时混凝土强度应符合设计要求，若设计无要求，应在强度达到设计强度的 75％时方可开始张拉。张拉程序一般采用 $0 \rightarrow 103\% \sigma_{con}$ 张拉并直接锚固，以减少无粘结预应力筋的松弛损失。张拉顺序应根据预应力筋的锚设顺序进行，先锚设的先张拉，后锚设的后张拉。当预应力筋的长度＜25m 时，应采用一端张拉；若长度＞25m 时，应采用两端张拉；当长度＞50m 时，应采取分段张拉。成束无粘结预应力筋正式张拉前，为降低张拉摩擦损失，一般先用千斤顶往复抽动 1～2 次。张拉过程中，严防钢丝被拉断，要控制同一截面的断裂

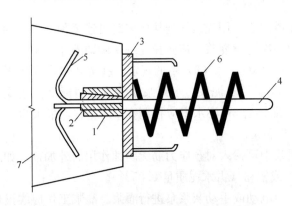

图 5-12　夹片式锚具端头处理

1—锚环；2—夹片；3—承压板；4—无粘结筋；
5—散开打弯钢丝；6—螺旋筋；7—后浇混凝土

根数不得大于 3％。

（3）无粘结预应力筋的端部锚头处理。在对凹槽填砂浆或混凝土前，应预先对无粘结预应力筋端部和锚头夹持部分进行防潮、防腐封闭处理。采用 XM 型夹片式锚具的钢绞线，张拉端头构造简单，无须另外加设施。端头钢绞线预留长度≥150mm，多余部分切断并将钢绞线散开打弯，埋设在混凝土中加强锚固，如图 5-12 所示。

思 考 题

1. 施加预应力的方法有几种？其预应力值是如何建立和传递的？
2. 试述何谓先张法和后张法？两者的主要区别有哪些？各有什么特点和适用范围？
3. 先张法常用的夹具有哪些？如何与配套的张拉设备共同使用？
4. 简述先张法的张拉顺序。
5. 后张法使用的锚具与先张法中使用的夹具有何不同？
6. 后张法使用的预应力筋主要可分为哪三类？与之配套的锚具有哪些？
7. 后张法施工中，孔道留设的方法有哪些？如何弥补其预应力损失？
8. 后张法预应力筋张拉完毕后，为何需要孔道灌浆？如何灌浆？有何要求？
9. 无粘结预应力混凝土的特点是什么？

第6章 结构吊装工程

重 点 提 示

1. 理解常用的起重机械的种类。
2. 掌握单层工业厂房结构安装的方法。
3. 了解多层工业厂房结构安装的方法。

6.1 起重机械

结构吊装工程中常用的起重机械有桅杆式起重机、自行式起重机、塔式起重机等。

6.1.1 桅杆式起重机

1. 独脚拔杆

独脚拔杆由拔杆、滑轮组、卷扬机、缆风绳和锚碇等组成，如图 6-1 所示。独脚拔杆在使用时，应保持≤10°的倾角，底部要设拖子以便移动。缆风绳数量一般为 6～12 根，与地面夹角一般取 30°～45°。木独脚拔杆，一般起重高度≤15m，起重量≤100kN；钢管独脚拔杆，一般起重高度≤30m，起重量可达 300kN；格构式独脚拔杆，一般起重高度达 60m，起重量可达 1000kN 以上。

2. 人字拔杆

人字拔杆由两根圆木（或钢管、格构式截面的独脚拔杆）在顶部成 20°～30°夹角相交，以钢丝绳绑扎或铁件铰接而成，如图 6-2 所示。拔杆下端两脚的距离约为高度的 1/2～1/3。人字拔杆的特点是侧向稳定性好、缆风绳用量较少（一般不少于 5 根），但构件起吊后活动范围小，一般仅适用于安装重型构件，也可作为辅助起重设备，用于安装厂房屋盖上的轻型构件。

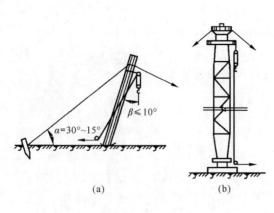

图 6-1 独角拔杆

（a）木拔杆；（b）格构式金属拔杆

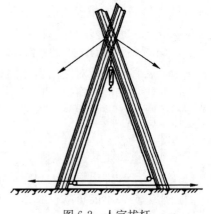

图 6-2 人字拔杆

3. 悬臂拔杆

悬臂拔杆是在独脚拔杆中部或 2/3 高度处装一根起重臂制成的，如图 6-3 所示。悬臂拔杆的特点是具有较大的起重高度和起重半径，起重臂摆动角度也较大。但这种起重机的起重量较小，多用于轻型构件的吊装。悬臂拔杆的起重臂也可装在井架上，成为井架拔杆。

4. 牵缆式拔杆起重机

牵缆式拔杆起重机是在独脚拔杆的下端装上一根可以回转和起伏的起重臂组成的，如图 6-4 所示。起重臂可以起伏，且整个机身可做 360°回转，具有较大的起重量和起重半径，并具有较好的灵活性。因此，能把构件吊送到有效起重半径内的任何空间位置。

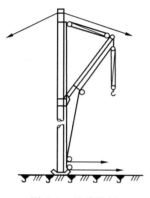　　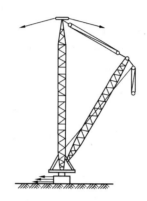

图 6-3　悬臂拔杆　　　　　图 6-4　牵缆式拔杆起重机

起重量在 5t 以下的桅杆式起重机，大多用圆木做成，用于吊装小构件；起重量在 10t 左右的桅杆式起重机，起重高度可达 25m，多用于一般工业厂房的结构安装；起重量可达 60t 的格构式截面拔杆和起重臂，起重高度可达 80m，常用于重型厂房的吊装。牵缆式拔杆起重机的缺点是缆风绳用量较多。

6.1.2　自行式起重机

常用的自行式起重机可分为履带式起重机、汽车式起重机和轮胎式起重机三种。

1. 履带式起重机

履带式起重机是一种自行式、全回转的起重机，其在行走的履带底盘上装有起重装置，因此具有操作灵活、使用方便，有较大的起重能力，在平坦、坚实的道路上可负载行走等优点，如图 6-5 所示。履带式起重机的缺点是行走速度缓慢、场地间转移时履带对路面破坏性大，在进行长距离转移时，应用平板拖车或铁路平板车运输。履带式起重机被广泛应用于单层工业厂房的安装。

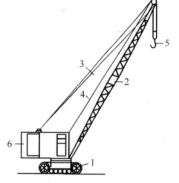

图 6-5　履带式起重机
1—履带；2—起重臂；3—起落起重臂钢丝绳；4—起落吊钩钢丝绳；5—吊钩；6—机身

2. 汽车式起重机

汽车式起重机是装在普通汽车或特质汽车底盘上的一种起重机，常用于构件运输、装卸和结构吊装。其优点是转移迅速，对路面损伤小；缺点是吊装时需使用支腿，不能负载行驶，也不适于在松软或泥泞的场地上工作，如图 6-6 所示。

3. 轮胎式起重机

轮胎式起重机是把起重机安装在加重型轮胎和轮轴组成的特质底盘上的一种自行式全回

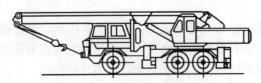

图 6-6 QY—16 型汽车式起重机

转起重机，如图 6-7 所示。随着起重量大小的不同，底盘下装有若干根轮轴，配有 4～10 个或更多个轮胎，并有可伸缩的支腿；起重时，利用支腿增加机身的稳定性，并保护轮胎。必要时，支腿下可加垫块，以扩大支承面。轮胎式起重机的优缺点与汽车式起重机相似，可用于一般工业厂房结构安装。

6.1.3 塔式起重机

塔式起重机具有竖直的高耸塔身，其起重臂安装在塔身顶部，使塔式起重机具有较大的工作空间。其安装位置能靠近施工建筑物，有效工作幅度比其他类型的起重机大。塔式起重机广泛应用于多层和高层装配式及现浇式结构施工。

塔式起重机按其功能特点一般可分为轨道式塔式起重机、爬升式塔式起重机和附着式塔式起重机三类。

1. 轨道式塔式起重机

轨道式塔式起重机能负荷行走，且能在直线和曲线轨道上运行，能同时完成水平运输和垂直运输，生产效率高，起重高度可按需要增减塔身、互换节架。但需要铺设轨道，装拆、转移较费工时，因而台班费用较高。

轨道式塔式起重机常用的型号有 QT1—2、QT1—6、QT—60/80 型等，具体如下：

（1）QT1—2 型塔式起重机。其组成部分包括塔身、起重臂、底盘，回转机构位于塔身下部。该机塔身与起重臂可折叠，能整体运输，如图 6-8 所示。起重量为 1～2t，起重力矩为 160kN·m。

（2）QT1—6 型塔式起重机。其组成部分包括底盘、塔身、起重臂、塔顶及平衡臂，该机为上回转动臂变幅

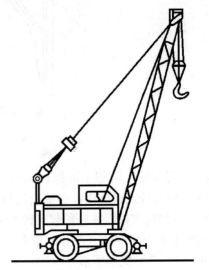

图 6-7 QL₃—16 型轮胎式起重机

塔式起重机，如图 6-9 所示。起重量为 2～6t，起重半径为 8～20m，最大起重高度为 40m，起重力矩为 400kN·m。

（3）QT—60/80 塔式起重机。该机为上回转动臂变幅式起重机，如图 6-10 所示。起重量为 10t，起重力矩为 600～800kN·m，起升高度可达 70m 左右。

2. 爬升式塔式起重机

高层结构施工一般需采用自升式塔式起重机。

爬升式塔式起重机是自升式塔式起重机的一种，它安装在建筑物内部电梯井或特设开间的结构上，借助套架托梁和爬升系统自行爬升，一般每隔 1～2 层楼便爬升一次，如图 6-11 所示。爬升式起重机的组成部分包括底座套架、塔身、塔顶、行车式起重臂、平衡臂等，其主要型号有 QT5—4/10、QT5—4/60 和 QT3—4 型等。

爬升式塔式起重机的优点是不需要铺设轨道，不占用施工场地，机身体积小，质量轻，安装简单；缺点是塔基作用于楼层，建筑结构需进行相对加固，拆卸时需在屋面架设辅助起重设备。爬升式塔式起重机适用于施工现场狭窄的高层框架结构的施工。

起重机一次爬升操作过程如下：

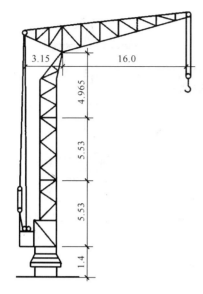

图 6-8 QT1—2 型塔式起重机

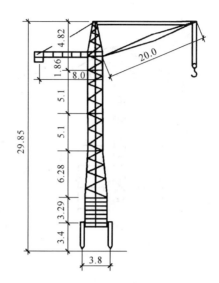

图 6-9 QT1—6 型塔式起重机

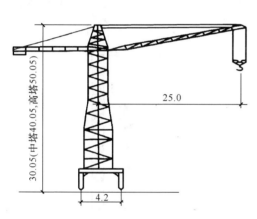

图 6-10 QT—60/80 塔式起重机

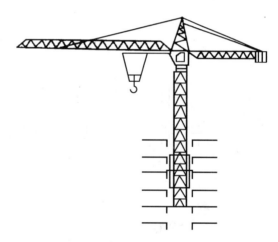

图 6-11 爬升式塔式起重机

①用起重钩将套架提升到一个塔位处予以固定，如图 6-12 （b） 所示。

②松开塔身底座梁与建筑物骨架的连接螺栓，收回支腿，将塔身提至需要位置，如图 6-12 （c） 所示。

③旋出支腿，即可再次进行安装作业，如图 6-12 （a） 所示。

3. 附着式塔式起重机

附着式塔式起重机直接固定在建筑物近旁的混凝土塔基之上，塔身可借助顶升系统自行向上接高，随着建筑物和塔身的升高，每隔 20m 左右采用附着支架装置，以保证塔身的工作稳定性，如图 6-13 所示。附着式塔式起重机一般适用于中、高层结构安装工程。其常用型号如 QTZ50、QTZ60、QTZ100、QTZ120 等。

QT4—10 型起重机的自升系统包括顶升套架、长行程液压千斤顶、承座、顶升横梁及定位销等。液压千斤顶的缸体安装在塔顶底部的承座上，其顶升过程可分为 5 个步骤，如图

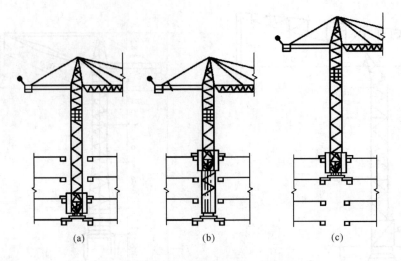

图 6-12　内爬式塔式起重机爬升过程示意图

（a）准备状态；（b）提升套架；（c）提升塔身

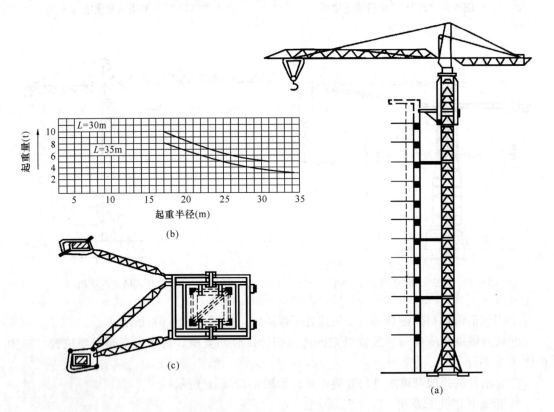

图 6-13　QT4—10 型塔式起重机

（a）全貌图；（b）性能曲线；（c）锚固装置图

6-14 所示，具体如下：

（1）准备状态。将标准节吊到摆渡小车上，并将过渡节与塔身标准节相连的螺栓松开，准备顶升。

（2）顶升塔顶。开动液压千斤顶，将塔式起重机上部结构包括顶升套架向上推升到超过

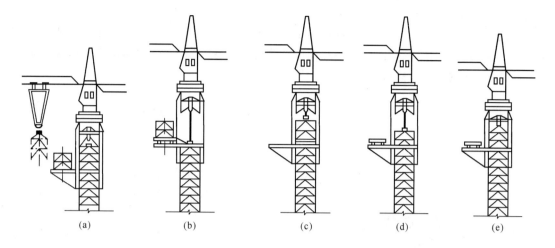

图 6-14 附着式塔式起重机的自升过程

(a) 准备状态；(b) 顶升塔顶；(c) 推入标准节；(d) 安装标准节；(e) 塔顶与塔身连成整体

一个标准节的高度，然后用定位销将套架固定，这时，塔式起重机的重量便通过定位销传给塔身。

（3）推入标准节。将液压千斤顶回程、形成引进空间，此时便将装有标准节的摆渡车推入。

（4）安装标准节。用千斤顶顶起接高的标准节，退出摆渡小车，将接高的标准节平稳地落到下面的塔身上，用螺栓拧紧。

（5）塔顶与塔身连接。拔出定位销，下降过渡节，使之与已接高的塔身连成整体。

6.2 单层工业厂房结构安装

6.2.1 吊装前准备工作

（1）场地清理与道路的修筑。吊装构件之前，应按照现场施工平面布置图，标明起重机的开行路线，清理场地上的杂物，并将道路平整压实，同时做好排水工作。若遇到松软土或回填土，应铺设枕木或厚钢板。

（2）构件的检查与清理。对现场所有的构件要进行全面检查，检查构件的型号、数量、外形、截面尺寸、混凝土强度、预埋件位置、吊环位置等，以保证工程质量。

（3）构件的运输。构件运输时混凝土强度应满足设计要求，若无设计要求，也不应低于设计强度等级的 75%。在运输过程中一定要将构件固定可靠，各构件间应有隔板和垫木，且上下垫木应在同一垂直线上，以保证构件受力合理，防止构件变形、倾倒、损坏。

（4）构件的弹线与编号。吊装前，构件经过全面质量检查合格后，即可在构件表面弹出安装用的定位、校正墨线，作为构件安装、对位、校正的依据。对构件弹线时，应按图纸对构件进行编号并写在明显的部位。不易辨别上下左右的构件，为防止安装时将方向搞错，应在构件上标明记号。

（5）杯口基础的准备。柱基施工时，杯底标高一般比设计标高低约 5cm，柱在吊装前需对基础杯底标高进行找平。调整方法是测出杯底原有标高（大柱测四个角点，小柱测中间一点），并量出柱脚底面至牛腿面的实际长度，计算出杯底标高调整值，并于杯口内标明，然后用 1:2 水泥砂浆或细石混凝土将杯底找平至标志处。此外，还要在基础杯口面上弹出建

121

筑的纵、横定位轴线和柱的吊装准线，作为柱对位、校正的依据，如图 6-15 所示。柱子应在柱身的三个面上弹出吊装准线，如图 6-16 所示。柱的吊装准线应与基础面上所弹的吊装准线位置相适应，对矩形截面柱可按几何中线弹吊装准线；对工字形截面柱，应靠柱边弹吊装准线，以便于观测及避免视差。

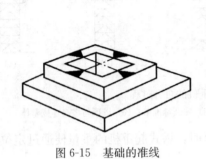

图 6-15　基础的准线　　　　　　　　图 6-16　柱的准线

1—基础顶面线；2—地坪标高线；3—柱子中心线；4—吊车梁对位线；5—柱顶中心线

6.2.2　构件安装工艺

构件的安装工艺包括绑扎、吊升、对位、临时固定、校正及最后固定等。

1. 柱的吊装

（1）柱的绑扎

柱的绑扎方法、绑扎位置和绑扎点数，应根据柱的形状、截面、长度、配筋部位、起吊方法和起重机性能等情况确定，应力求简单、可靠和便于安装就位。

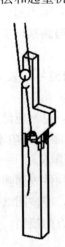

由于柱在吊升过程中所承受的荷载与使用阶段荷载不同，因此绑扎点应高于柱的重心，这样柱起吊后才不致摇晃、倾斜。吊装时应验算柱的受力情况，计算出其最合理的绑扎点，一般应在柱产生的正、负弯矩绝对值相等的位置。自重 13t 以下的中、小型柱，绑扎的位置大多选在牛腿以下，若上部柱较长，也可绑扎在牛腿以上。工字形截面柱的绑扎点应选在矩形截面处，否则应用方木在绑扎位置加固翼缘。双肢柱的绑扎点应选在平腹杆处，为避免吊索与构件之间摩擦造成损伤，在吊索与构件之间还应垫上麻袋、木板等。

柱的绑扎点数量与柱的几何尺寸和重量相关，一般中、小型柱多为一点绑扎，重型柱多为两点甚至三点绑扎。根据柱起吊后柱身是否垂直，分为斜吊法（图 6-17）和直吊法（图 6-18、图 6-19）两种。

当柱平卧起吊抗弯能力不足时，可采用直吊法，吊装前需对柱先翻身再绑扎起吊，吊索从柱的两侧引出，上端通过卡环或滑轮组挂在横吊梁上；当柱平卧起吊的抗弯强度满足要求时，可采用斜吊法。

图 6-17　斜吊绑扎法

（2）柱的吊升

柱的吊升常用旋转法和滑行法两种。对于重型柱还可采用双机抬吊的方法。

122

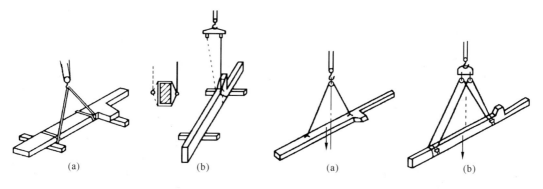

图 6-18　一点绑扎直吊绑扎法
(a) 翻身；(b) 绑扎

图 6-19　柱的两点绑扎直吊绑扎法
(a) 斜吊；(b) 直吊

1) 旋转法

旋转法一般是采用带起重臂的起重机时选用。吊柱时，柱脚应靠近基础，柱的绑扎点、柱脚与基础中心三者应位于起重机的同一起重半径的圆弧上，如图 6-20 所示。在起吊时，起重机边升钩边回转起重臂，使柱以下端为支点旋转成竖直状态，随即插入杯口，如图 6-21 所示。此法要求起重机应具有一定回转半径和机动性，适用于自行杆式起重机吊装。这种方法操作简单，柱在吊装过程中振动小且生产率较高。

采用旋转法吊柱，当受施工现场的限制，柱的布置不能做到三点共弧时，则可

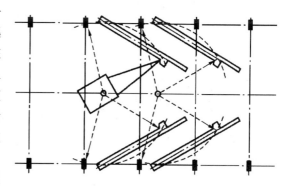

图 6-20　旋转法吊柱的平面布置

采用绑扎点与基础中心（或柱脚与基础中心）两点共弧布置，但这样做在吊升过程中需改变回转半径和起重机仰角，安全度较差且工效低。

2) 滑行法

滑行法可用于有臂杆和无臂杆的不同起重机进行柱的吊装。柱吊升时，起重机只提升吊钩而臂杆不转动，使柱脚沿地面滑升逐渐直立，然后吊离地面插入杯口，如图 6-22 所示。采用此法吊柱时，柱的绑扎点靠近基础杯口，并与杯口中心位于起重机同一起重半径的圆弧上，如图 6-23 所示。

滑行法的优点是柱的布置较灵活，起重半径小，起重杆不转动，操作简单，可以起吊较重、较长的柱子。这种方法适用于现场狭窄或采用桅杆式起重机吊装时。

滑行法的缺点是柱在滑行过程中阻力较大，且易受振动产生冲击力，致使构件、起重机引起附加内力，当柱子刚吊离地面时会产生较大的"串动"现象。为减小阻力和避免"串动"现象的发生，应在柱的下端垫一枕木或滚筒，拉一溜绳。

3) 双机抬吊

当柱的体型、质量较大，使用一台起重机无法吊装时，可以采用两台起重机联合抬吊。双机抬吊仍可采用旋转法和滑行法。

双机抬吊旋转法是用一台起重机抬吊柱的上吊点，另一台抬吊柱的下吊点，柱的布置应使两个吊点与基础中心分别处于起重半径的圆弧上，两台起重机相对而立，并列于柱的一

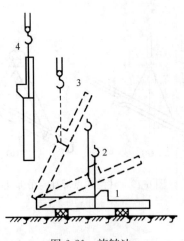

图 6-21 旋转法

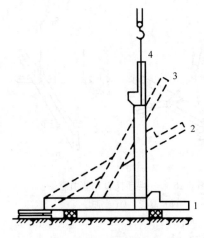

图 6-22 滑行法

侧，如图 6-24 所示。起吊时，两机以相同的升钩、降臂、旋转速度工作，因此应选择型号相同的起重机。

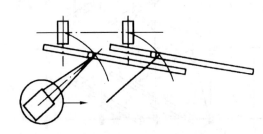

图 6-23 滑行法吊柱的平面布置

（3）柱的对位与临时固定

柱脚插入杯口后，应悬离杯底适当距离（约 30～50mm）进行对位，对位时应先从柱子四周放入 8 只楔块，并用撬棍拨动柱脚，使柱的吊装准线对准杯口上的吊装准线，并使柱基本保持垂直。

柱子对位后，应先将楔块略微打紧，经检查符合要求后即可将楔块打紧，使之临时固定。

重型柱或细长柱在必要时还可加缆风绳。为减少校正时的难度，对位基本准确后才准脱钩，脱钩时应注意起重机因突然卸载可能产生摆动现象。

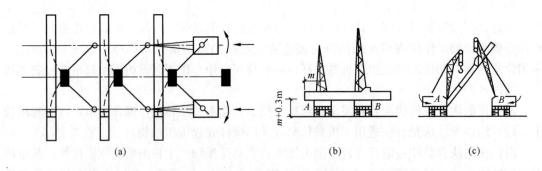

图 6-24 双机抬吊旋转法

（a）柱的平面布置；（b）双机同时提升吊钩；（c）双机同时向杯口旋转

（4）柱的校正与最后固定

柱的校正包括平面位置、垂直度和标高的校正。平面位置的校正，要在对位时进行。垂直度的校正，应在柱临时固定后进行。标高的校正，应在与柱基杯底找平时同时进行。

垂直度的校正影响着吊车梁和屋架等构件的安装质量，必须认真对待。垂直度偏差的允许值为：当柱高≤5m时，为5mm；当柱高＞5m，并小于10m时，为10mm；当柱高≥10m时，为1/1000柱高，但应≤20mm。

柱垂直度的校正方法包括敲打楔块法、千斤顶校正法、钢管撑杆斜顶法及缆风校正法等，如图6-25所示。

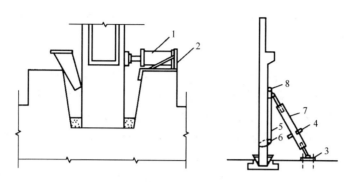

图 6-25　柱垂直度的校正
（a）螺旋千斤顶校正；（b）钢管撑杆斜顶法
1—螺旋千斤顶；2—千斤顶支座；3—底板；4—转动手柄；
5—钢丝绳；6—卡环；7—钢管；8—头部摩擦板

对于中小型或偏斜值较小的柱，可用打紧或稍放松楔块进行校正。若为重型或偏斜值较大的柱，则用撑杆、千斤顶或缆风绳等校正。校正后应立即进行最后固定，方法是在柱脚与杯口的空隙中浇筑比柱混凝土强度等级高一级的细石混凝土。混凝土的浇筑应分两次进行，首次浇至楔块底面，待混凝土强度达到25％时拔去楔块，再将混凝土浇满杯口，接头混凝土应密实并注意进行养护，待第二次浇筑混凝土强度达到70％后，方可在柱上安装其他构件。

2. 吊车梁的吊装

吊车梁在吊装时应两点对称绑扎平吊就位，吊钩要对准牛腿顶面弹出的轴线。对位时为防止使柱身受挤动产生偏差，不可用撬棍在纵轴方向撬动吊车梁。吊车梁较高时，应与柱牢固拉结。

一般较轻的吊车梁或跨度较小的吊车梁，可在屋盖吊装前或吊装后进行校正；较重的吊车梁或跨度较大的吊车梁，可在屋盖吊装前进行校正。吊车梁校正的内容包括平面位置、垂直度和标高。

吊车梁平面位置的校正，主要是校核吊车梁的跨度和吊车梁的纵向轴线。常用通线法或平移轴线法。通线法是根据柱的定位轴线，用经纬仪和钢尺准确地校正好一跨内两端的4根吊车梁的纵轴线和轨距，对吊车梁的纵轴线和轨距校正好之后，再依据校正好的端部吊车梁，沿其轴线拉上钢丝通线，逐根拨正，如图6-26所示。平移轴线法是根据柱和吊车梁的

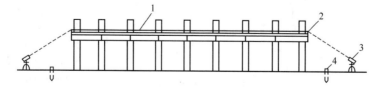

图 6-26　通线法校正吊车梁轴线
1—钢丝；2—支架；3—经纬仪；4—辅助桩

定位轴线间的距离（一般为750mm），逐根拨正吊车梁的安装中心线。

吊车梁的标高主要取决于柱牛腿标高，只要牛腿标高准确，其误差就不大。如存在误差，可待安装轨道时再调整。在检查及校正吊车梁中心线的同时，可用垂球检查吊车梁的垂直度，如发现偏差，可在两端的支座处垫上薄钢板调整。

吊车梁校正后，应立即焊接牢固，并在吊车梁与柱的空隙处浇筑细石混凝土。

3. 屋架的吊装

（1）屋架的绑扎

为使屋架起吊后基本保持水平，不晃动、倾翻，屋架的绑扎点应选在上弦节点处，左右对称，并高于屋架重心。为避免屋架承受过大的横向压力，吊索与水平线的夹角应≥45°。必要时，可采用横吊梁来减少绑扎高度及所受的横向压力。吊点的数目及位置与屋架的形式和跨度有关，一般应经吊装验算确定。在屋架两端应加溜索，以控制屋架的转动。

当屋架跨度≥18m时，采用两点绑扎，如图6-27（a）所示；当跨度为18～24m时，采用四点绑扎，如图6-27（b）；当跨度为30～36m时，采用9m横吊梁四点绑扎，如图6-27（c）所示；对侧向刚度较差的屋架，必要时应进行临时加固，如图6-27（d）所示；对于组合屋架，应对腹杆及下弦进行加固，绑扎时也应用横吊梁。

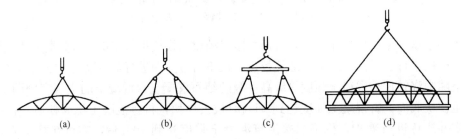

（a） （b） （c） （d）

图 6-27　屋架的绑扎方法

（2）屋架的扶直与就位

钢筋混凝土屋架一般在施工现场平卧浇筑，吊装前应将屋架扶直就位。屋架是平面受力构件，侧向刚度差。扶直时由于自重影响，会改变杆件的受力性质，容易造成屋架损伤，所以必须进行吊装验算，采取有效措施或合理的扶直方法。

按照起重机与屋架相对位置的不同，屋架扶直分为正向扶直和反向扶直。

①正向扶直。起重机位于屋架下弦一侧，首先以吊钩对准屋架中心，收紧吊钩，然后慢慢起臂使屋架脱模，随即起重机升钩、升臂，使屋架以下弦为轴缓慢旋转为直立状态，如图6-28（a）所示。

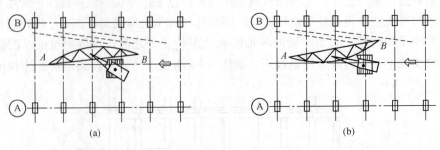

（a） （b）

图 6-28　屋架的扶直

（a）正向扶直；（b）反向扶直

②反向扶直。起重机位于屋架上弦一侧，首先以吊钩对准屋架中心，接着升钩并降臂，使屋架以下弦为轴缓慢旋转为直立状态，如图6-28（b）所示。

正向扶直和反向扶直的最大区别为起重机在起吊过程中，对于正向扶直时要升钩并升臂，而在反向扶直时要升钩并降臂。升臂比降臂易于操作且较安全，故应尽量采用正向扶直。

屋架扶直后，应立即就位。就位的位置与屋架的安装方法都和起重机械的性能有关，还应考虑屋架的安装顺序、两端朝向等问题，就位应少占场地，便于吊装。位置一般靠柱边斜放或以3～5榀为一组平行柱边纵向就位。屋架就位后，为保持稳定，应用8号钢丝、支撑等与已安装的柱或已就位好的屋架相互拉牢。

（3）屋架的吊升、对位与临时固定

在屋架吊离地面约300mm时，将屋架转至吊装位置下方，再将屋架吊升超过柱顶约300mm，随即将屋架缓缓放至柱顶，进行屋架与柱顶的对位。屋架的对位应以建筑物的定位轴线为准。如柱顶截面中心线与定位轴线偏差过大时，应逐步调整、纠正。

屋架对位后，应立即进行临时固定，第一榀屋架可用4根缆风绳固定，或将屋架与抗风柱连接；第二榀以后的屋架均是用两根工具式支撑撑牢在前一榀屋架上，如图6-29所示。临时固定稳妥后，起重机才能脱钩。当屋架经校正、最后固定，并安装了若干块大型屋面板后，方可取下支撑。

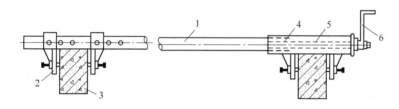

图6-29　屋架校正器

1—钢管；2—撑脚；3—屋架上弦；4—螺母；5—螺杆；6—摇把

（4）屋架的校正与固定

屋架的垂直度可用垂球或经纬仪检查校正，偏差超出规定时采用工具式支撑纠正，并在柱顶加垫薄钢片。屋架校正完毕后，应立即用电焊固定，焊接时，应在屋架两端同时对角施焊，避免两端同侧施焊，如图6-30所示。

中小型屋架，一般均用单机吊装；当屋架跨度＞24m或质量较大时，应采用双机抬吊。

4. 天窗架及屋面板的吊装

天窗架一般常采用单独吊装，为减少高空作业，也可在地面上与屋架拼装成整体后同时吊装，但对起重机的起重量和起重高度要求较高。天窗架单独吊装时，应等两侧屋面板吊装后再进行，并应用工具式夹具或绑扎圆木进行临时加固，如图6-31所示。

屋面板的吊装，为发挥起重机的效能，提高

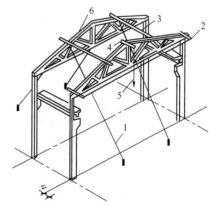

图6-30　屋架的临时固定

1—缆风绳；2、4—挂线标尺；3—工具式支撑；5—线坠；6—屋架生产率，一般多采用一钩多块选吊或平吊法，如图 6-32 所示。吊装顺序应由两边檐口左右对称逐块吊向屋脊，以避免屋架承受半跨荷载。屋面板对位后，应立即焊接牢固，并应保证有三个角点焊接。

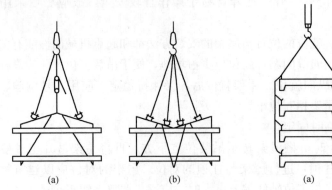

图 6-31　天窗架的绑扎
（a）两点绑扎；（b）四点绑扎

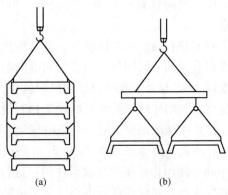

图 6-32　屋面板吊装
（a）多块选吊；（b）多块平吊

6.2.3　结构安装方案

单层工业厂房结构安装方案重点包括起重机的选择、结构安装方法、起重机开行路线与构件的平面布置等问题。

1. 起重机的选择

起重机应根据工程安装的需要合理确定机械的类型、型号和台数。在确定型号时主要是计算机械的臂杆长度和起重参数。

起重机类型的选择，应根据厂房跨度、构件重量、吊装高度以及施工现场条件和当地现有机械设备等因素综合考虑。对于一般中小型工业厂房，应采用履带式起重机（或塔式起重机）进行安装。对于大跨度的重型工业厂房，则应选用大型的履带式起重机、牵揽式拔杆或重型塔吊等进行吊装。

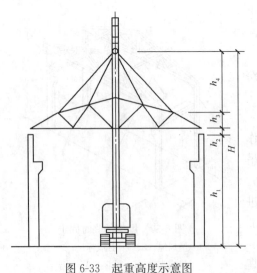

图 6-33　起重高度示意图

对于履带式起重机型号的选择，应使起重量、起重高度以及起重半径均能满足结构吊装的要求。

（1）起重量

起重机的起重量应满足下式要求，即

$$Q \geqslant Q_1 + Q_2 \qquad (6-1)$$

式中　Q——起重机的起重量，单位为 kN；

Q_1——所吊最重构件的重量，单位为 kN；

Q_2——索具的重量，单位为 kN。

（2）起重高度

起重机的起重高度应满足下式要求，如图 6-33 所示：

$$H \geqslant h_1 + h_2 + h_3 + h_4 \qquad\qquad (6\text{-}2)$$

式中　H——起重机的起重高度，单位为 m；

　　　h_1——安装支座表面高度，从停机面算起，单位为 m；

　　　h_2——安装对位时的空隙高度，单位为 m，$h_2 \geqslant 0.3m$；

　　　h_3——绑扎点至吊起时构件底面的距离，单位为 m；

　　　h_4——绑扎点至吊钩中心的索具高度，即索具绳高度，应视具体情况而定，单位为 m。

（3）起重半径

①当起重机可以不受限制地开到构件吊装位置附近吊装时，对起重半径没有要求，在计算起重量及起重高度后，便可查阅起重机资料来选择起重机型号及起重臂长度，并可查得满足一定起重量及起重高度下的起重半径的范围，以此作为确定起重机开行路线及停机位置的参考。

②当起重机不能直接开到构件吊装位置附近吊装时，应根据实际所要求的起重量、起重高度和起重半径三个参数，查阅起重机起重性能表或曲线来选择起重机型号及起重臂长。

③当起重机的起重臂需要跨过已安装好的结构吊装时，应求出起重机的最小臂长及相应的起重半径，以避免起重臂与已安装结构相碰，使所吊构件不碰起重臂。

2. 结构安装方法

单层工业厂房的结构安装方法通常分为分件吊装法和综合吊装法两种。

（1）分件吊装法

分件吊装法是指起重机每次开行只吊装一种或两种构件，如图 6-34 所示。

第一次开行，吊装柱，并进行校正和固定。

第二次开行，吊装吊车梁、连系梁及柱间支撑。

第三次开行，吊装屋架、天窗架、屋面板及屋面支撑等。

分件吊装法的优点是：

①构件可以分批进场，供应较单一，吊装现场不至于过分拥挤。

②吊具不需经常更换。

③构件便于校正。

④可以根据不同的构件选用不同性能的起重机，充分发挥机械的效率。

分件吊装法的缺点是：不能为后续工作及早提供工作面，起重机的开行路线长。

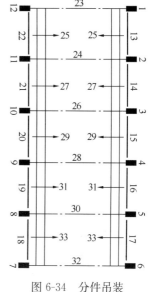

图 6-34　分件吊装
1，2，3…

（2）综合吊装法

综合吊装法是指起重机在车间内开行一次，就吊装完厂房结构的全部构件。起重机以节间为单位，在一个停机点上安装完一个节间的全部构件。

第一次开行，吊装完一节间柱子，柱子固定后立即吊装这个节间的吊车梁、屋架和屋面板等构件。

第二次开行，起重机移至下一节间进行吊装，直至厂房结构构件吊装完毕。

综合吊装法的优点是：

①起重机开行路线短，停机次数少。

②由于是以节间为单位进行吊装，因此其他后续工种可以进入已吊装完的节间内进行工

作，有利于加速整个工程的进度。

综合吊装法的缺点是：

①由于一次停机吊装多种构件，索具更换频繁，影响吊装效率。

②轻重不一的各构件在同时段吊装，起重机性能不能充分发挥。

③构件的校正固定要相互穿插进行，时间紧迫，秩序不佳。

④构件供应及现场布置困难较大。

⑤安装技术比较复杂。

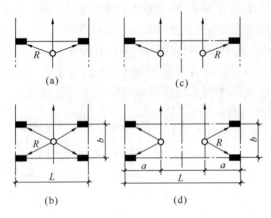

图 6-35 起重机吊装柱时的开行路线及停机位置

所以在采用桅杆起重机或吊装轻型厂房结构、钢结构时才可能采用综合吊装法，一般中型以上的厂房用得较少。

3.起重机开行路线及停机位置

起重机开行路线与停机位置与起重机的性能、吊装方法、厂房的跨度、构件的尺寸及质量、构件的平面位置和构件的供应方式等因素有关。

当吊装屋架、屋面板等屋面构件时，起重机大多沿跨着中开行；当吊装柱时，则视跨度大小、构件尺寸、质量以及起重机性能，可以沿着跨中开行，也可沿着跨边开行，如图6-35所示。

4.构件的平面布置及运输堆放

构件的平面布置与吊装方法、起重机性能、构件制作方法等有关。所以应在确定吊装方法、选择好起重机械之后，根据施工现场的实际情况，进行构件平面布置。

（1）柱的布置

柱的布置方法分为斜向布置和纵向布置两种，是配合柱的起吊方法而排列的，如图6-36所示。其中旋转法的布置步骤如下：

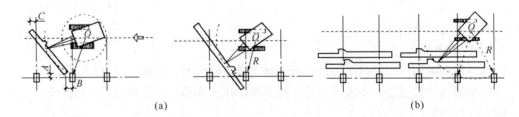

图 6-36 柱子的布置

（a）斜向布置；（b）纵向布置

①确定起重机开行到柱基中心线的距离，并画出开行路线。距离大小应适宜，不应取得太小，最大也不能超过起重机吊装该柱时的最大起重半径。还应注意当起重机回转时，其尾部不得与其他物体相碰。确定距离后，即可画出起重机的开行路线。

②确定起重机停机位置。按旋转法要求，吊点、柱脚与杯口中心三者均在以起重半径为半径的圆弧上，柱脚靠近基础。以杯形基础中心为圆心，以起重半径 R 为半径画弧，与开行路线相交于 O 点，O 点即为停机点。

③确定柱子预制时的场地位置。以 O 点为圆心，以 R 为半径画弧，在弧线上靠近柱基的弧上选一点为柱脚中心位置，再以柱脚中心为圆心，以柱脚到绑扎点距离为半径画弧，以两弧交点与柱脚中心点的连线为中心线画出柱的模板图，即为柱子预制时的场地位置。最后标出柱顶、柱脚到柱纵横轴线的距离，即为支模时的依据。

布置柱时，为避免在吊装时调转方向，应注意牛腿的朝向。当柱子布置在跨内时，牛腿应朝向起重机；布置在跨外时，牛腿应背向起重机。若由于场地限制或柱子太长，很难做到三点共弧时，可安排两点共弧。

为了节约模板及场地，对于矩形柱可以采用叠浇或排成两行进行预制。

（2）屋架的布置

屋架一般在跨内平卧叠浇进行预制，每迭 3～4 榀，布置方式包括斜向布置、正反斜向布置及正反纵向布置三种，如图 6-37 所示。

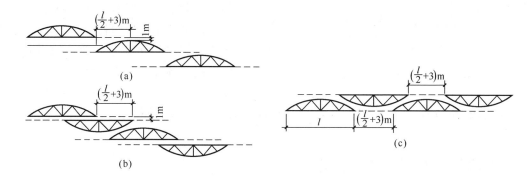

图 6-37　屋架的预制布置

（a）斜向布置；（b）正反斜向布置；（c）正反纵向布置

上述三种布置形式中，应优先考虑采用斜向布置，因为这种布置方式便于屋架的扶直就位。只有当场地受限制时，才采用后两种形式。在屋架布置时，还应考虑屋架扶直吊装的先后顺序，应将先扶直后吊装的放在上层。同时也要考虑屋架两端的朝向，要符合吊装时对朝向的要求。

（3）吊车梁、天窗架的布置

吊车梁、天窗架可靠近柱基础顺纵轴方向或略微倾斜布置，也可以布置在两柱基空挡处。如有运输条件，也可在场外预制。

（4）屋架的扶直与就位

屋架扶直后应立即进行就位，按就位的位置不同，可分为同侧就位和异侧就位两种，如图 6-38 所示。

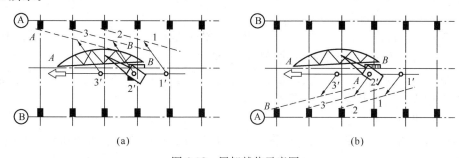

图 6-38　屋架就位示意图

（a）同侧就位；（b）异侧就位

①同侧就位时，屋架的预制位置与就位位置均在起重机开行路线的同一边。

②异侧就位时，需将屋架由预制的一边转至起重机开行路线的另一边就位，此时，屋架两端的朝向已有变动。

因此，在预制屋架时，对屋架的就位位置应事先加以考虑，以便确定屋架两端的朝向及预埋件的位置。

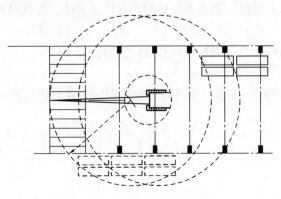

图 6-39　屋面板吊装就位布置

（5）吊车梁、连系梁、屋面板的就位

吊车梁、连系梁、屋面板一般在预制厂集中生产，然后运输至工地安装。

构件运至现场后，应按施工组织设计所规定的位置，按构件吊装顺序及编号进行堆放。梁式构件叠放不应过高，常取 2～3 层，大型屋面板不超过 6～8 层。

吊车梁、连系梁的就位位置，一般在其吊装位置的柱列附近，跨内跨外均可，也可根据具体条件采取随吊随运的方法。屋面板的就位位置，可布置在跨内或跨外，当在跨内就位时，应向后退 3～4 个节间沿柱边堆放；若在跨外就位，应向后退 1～2 个节间靠柱边堆放，如图 6-39 所示。

6.3　多层工业厂房结构安装

6.3.1　吊装方案

多层工业厂房结构安装方案重点包括吊装机械的选择与布置、吊装顺序及吊装方法等问题。

1. 吊装机械的选择与布置

（1）起重机械的选择

多层房屋结构吊装机械的选择应根据建筑物的层数和总高度，建筑物平面现状和尺寸，构件大小、长短、轻重和安装位置，以及现场实际条件和现有起重机械设备等因素确定。目前多层房屋结构常用的吊装机械包括履带式起重机、汽车式起重机、轮胎式起重机和塔式起重机等。

①五层以下的民用建筑及高度＜18m 的工业厂房或外形不规则的多层厂房，一般多选用履带式、汽车式或轮胎式起重机。起重机可在跨内开行，采用综合吊装法；起重机也可在跨外开行，采用分层大流水吊装法。

②多层房屋总高度＜25m，宽度＜15m 的，构件质量在 2～3t 以下，一般多选用 QT_1-6 型塔式起重机或具有相同性能的其他轻型塔式起重机。

③十层以上的高层装配式结构，由于高度大，普通塔式起重机的安装高度不能满足要求，一般选用爬升式或附着式自升塔式起重机。

（2）起重机械的布置

塔式起重机的布置方案主要应根据建筑物平面形状、构件质量、起重机性能及施工现场地形等因素确定，通常包括单侧和双侧两种布置方案。

双侧布置适用于建筑物宽度较大（b＞17m）或构件质量较大，单侧布置的起重力矩不能满足最远构件的吊装要求的情况。此时起重半径应满足：

$$R \geqslant b/2 + a \tag{6-3}$$

式中　R——起重半径；

　　　a——构件距起重机的最远距离；

　　　b——建筑物的宽度。

当建筑物周围场地狭窄，起重机不能布置在建筑物外侧，或者由于构件质量较大而建筑物宽度又较大，塔式起重机在建筑物外侧布置不能满足构件吊装要求时，可将起重机布置在跨内，其布置方式包括跨内单行布置和跨内环形布置两种。

施工时应尽量不采用跨内布置方案，尤其是跨内环形布置方案。因为塔式起重机跨内布置只能采用竖向综合吊装，结构稳定性差，同时，构件多布置在起重机回转半径之外，需增加二次搬运，而且对建筑物外侧围护结构吊装也较困难。

2. 吊装方法

多层装配式框架结构的结构吊装方法，分为分件安装法和综合安装法两种。

（1）分件安装法

分件安装法是指塔式起重机每开行一次吊装一种构件，经多次开行完成框架结构的装配全过程。

分件安装法的优点为：一次只吊一种构件，为构件的校正和节点接头处理留有充裕时间，不需要更换吊索，起重机工作效率较高。分件安装法的缺点为：其形成空间稳定结构时间较迟，当柱子高度较大时，则对柱的稳定不利。

分件安装法可以分层分段地进行流水作业，也可不分段采用分层大流水作业。分层分段流水吊装顺序如图 6-40 所示，其具体顺序为：每层划分为 4 个流水段，每段内先吊柱子，然后吊装纵横梁形成框架，最后吊装楼板和楼梯。其间穿插校正、焊接和混凝土的灌筑各工序。也可以先吊装Ⅰ、Ⅱ流水段的柱梁，最后统一吊装两段的楼板及楼梯。

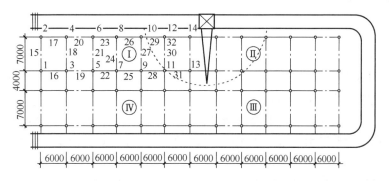

图 6-40　分层分段流水吊装顺序

（2）综合安装法

综合安装法是指起重机以节间为吊装单元，一次将节间内的柱、梁、板和楼梯全部吊装完毕，再移向下一节间进行安装。根据所采用吊装机械的性能及流水方式的不同，综合安装法可分为分层综合安装法与竖向综合安装法两种。

分层综合安装法就是将多层房屋划分为若干施工层，起重机在每一施工层中只开行一次，一次按节间把该层构件全部安装完毕并固定后，再依次安装上一层构件，如图 6-41（a）所示。

竖向综合安装法是指从底层直到顶层把第一节间的构件全部安装完毕后，再依次安装第二节间、第三节间等各层的构件，如图6-41（b）所示。

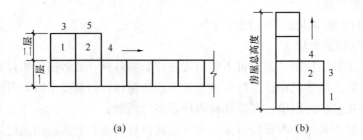

（a）　　　　　　　　　（b）

图6-41　综合安装法

（a）分层综合安装；（b）竖向综合安装

（图中1、2、3为安装顺序）

6.3.2　结构构件吊装

1. 柱的吊装

各层柱的截面应尽量保持不变，以便其预制和吊装。采用塔吊安装时，柱子长度一般为1～2层为一节；采用履带式起重机安装时，也可以3～4层为一节，甚至4～5层为一节，但应注意4～5层框架结构时，柱长宜一节到顶。柱与柱的接头应设在弯矩较小的地方或便于施工的梁、柱节点处。为方便统一构件的规格，减少构件型号，每层柱的柱接头应设在同一标高上。

框架柱长细比很大，为避免发生构件断裂现象，吊装时必须合理选择吊点位置和吊升方法。对于长度＞14m的长柱，应采用两点绑扎起吊，并进行吊装验算。尽可能避免三点或多点绑扎或起吊。柱子起吊方法、框架底柱与基础杯口的连接均与单层厂房相同。柱的临时固定多采用杯形固定器或管式支撑。

2. 梁与柱的接头

装配式框架梁与柱的接头，按结构设计要求分为刚接和铰接两种。整体式梁柱刚接的上下柱、主次梁的接头在节点处焊接和浇筑，因其构造简单，施工方便，故应用广泛。它是将梁端搁置在下柱顶端，上柱榫头压在叠合层上，上下柱、梁的节点外伸钢筋按规定弯起并进行焊接。

整体式梁柱刚接的施工顺序是：

①下一层的梁安装完毕后，即对钢筋进行焊接，同时绑扎节点区加密的箍筋。

②浇筑节点区的混凝土，第一次先浇至楼板顶面，待混凝土强度＞10N/mm² 后，方可吊装上柱。

③上柱经过校正并绑扎好加密箍筋，即可搭接上下柱主筋接头。

④随后第二次浇筑接头混凝土，留35mm空隙。

⑤最后用细石混凝土灌筑。

上岗工作要点

1. 掌握单层工业厂房构件安装工艺的施工流程。

2. 掌握单层工业厂房结构安装方案的内容。

3. 了解多层装配式框架结构吊装方案的内容。

思 考 题

1. 常见的起重机械有几种类型？试述其特点及适用范围。

2. 怎样选择塔式起重机？

3. 起重机开行路线与停机位置有何关系？

4. 单层工业厂房吊装前应做哪些准备工作？为何要做这些准备工作？

5. 柱子的吊装方法有哪几种？各有什么特点？适用于什么情况？

6. 柱子的绑扎方法有哪几种？各适用于什么情况？

7. 如何校正吊车梁的安装位置？

8. 屋架的扶直就位有哪些方法？应注意哪些问题？

9. 试分析分件安装法和综合安装法的优缺点。

10. 试述屋架的安装工艺。

第7章 防水工程

重 点 提 示

1. 掌握屋面防水工程的分类。
2. 掌握地下水防水工程方案的内容。
3. 理解厨房、卫生间防水工程的施工要点。

7.1 屋面防水工程

屋面防水工程指的是为防止雨水或人为因素产生的水从屋面渗入建筑物所采取的一系列结构、构造及建筑措施。

屋面防水工程的常用做法有卷材防水屋面、涂料防水屋面、刚性防水屋面等。

7.1.1 卷材防水屋面

卷材防水屋面是用胶结材料粘贴卷材进行防水的屋面。粘结层的材料取决于卷材种类：一般石油沥青防水卷材采用沥青胶作胶结剂，热铺；高聚物改性沥青防水卷材采用改性沥青胶结剂；合成高分子类系列卷材采用与其配套的胶结剂，冷铺。

卷材防水屋面的构造如图7-1所示。

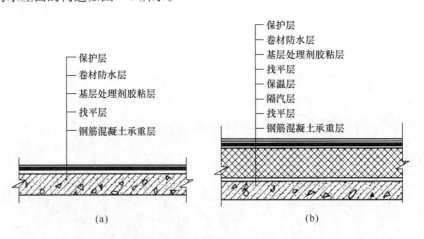

图 7-1　卷材屋面构造层次示意图
（a）不保温卷材屋面；（b）保温卷材屋面

1. 石油沥青卷材防水屋面

（1）找平层施工

找平层可使卷材铺贴平整，粘结牢固，并具有一定强度，它一般为结构层（保温层）与防水层的中间过渡层。找平层一般采用水泥砂浆、沥青砂浆（质量比为沥青：砂＝1：8）和细石混凝土找平层作基层，按设计留置坡度，屋面转角处设置半径≥100mm的圆角或斜边长为 100~150mm 的钝角垫坡。顺屋架或承重墙方向应留设 20mm 左右的分格缝，以防止由于温差和结构层的伸缩而造成防水层开裂。

①水泥砂浆找平层。其铺设应由高到低、由远而近，每分格内应一次连续铺成，找平使用 2m 左右长的木条。待砂浆稍收水后，用抹子压实抹平，完工后尽量避免踩踏。

②沥青砂浆找平层。其施工时，基层必须干燥，然后涂满冷底子油 1~2 道，待干燥后，可铺设沥青砂浆，其虚铺厚度约为压实后厚度的 1.3~1.4 倍，刮干后，用火滚滚压至平整、密实、表面不出现蜂窝和压痕为止。滚筒应保持清洁，表面可涂刷柴油。滚压不到之处，可用烙铁烫压平整，沥青砂浆铺设后，当天应铺第一层卷材，否则要用卷材盖好，防止雨水、露水浸入。

（2）保温层施工

严寒和寒冷地区屋面热桥部位，应按设计要求采取节能保温等隔断热桥措施。

1）板状材料保温层

①基层应平整、干燥、干净。

②相邻板块应错缝拼接，分层铺设的板块上下层接缝应相互错开，板间缝隙应采用同类材料嵌填密实。

③采用干铺法施工时，板状保温材料应紧靠在基层表面上，并应铺平垫稳。

④采用粘结法施工时，胶粘剂应与保温材料相容，板状保温材料应贴严、粘牢，在胶粘剂固化前不得上人踩踏。

⑤采用机械固定法施工时，固定件应固定在结构层上，固定件的间距应符合设计要求。

2）纤维材料保温层

①基层应平整、干燥、干净。

②纤维保温材料在施工时，应避免重压，并应采取防潮措施。

③纤维保温材料铺设时，平面拼接缝应贴紧，上下层拼接缝应相互错开。

④屋面坡度较大时，纤维保温材料宜采用机械固定法施工。

⑤在铺设纤维保温材料时，应做好劳动保护工作。

3）喷涂硬泡聚氨酯保温层

①基层应平整、干燥、干净。

②施工前应对喷涂设备进行调试，并应喷涂试块进行材料性能检测。

③喷涂时喷嘴与施工基面的间距应由试验确定。

④喷涂硬泡聚氨酯的配比应准确计量，发泡厚度应均匀一致。

⑤一个作业面应分遍喷涂完成，每遍喷涂厚度不宜大于 15mm，硬泡聚氨酯喷涂后 20min 内严禁上人。

⑥喷涂作业时，应采取防止污染的遮挡措施。

4）现浇泡沫混凝土保温层

①基层应清理干净，不得有油污、浮尘和积水。

②泡沫混凝土应按设计要求的干密度和抗压强度进行配合比设计，拌制时应计量准确，并应搅拌均匀。

③泡沫混凝土应按设计的厚度设定浇筑面标高线，找坡时宜采取挡板辅助措施。

④泡沫混凝土的浇筑出料口离基层的高度不宜超过 1m，泵送时应采取低压泵送。

⑤泡沫混凝土应分层浇筑，一次浇筑厚度不宜超过 200mm，终凝后应进行保湿养护，养护时间不得少于 7d。

5）保温层的施工环境温度

①干铺的保温材料可在负温度下施工。

②用水泥砂浆粘贴的板状保温材料不宜低于5℃。

③喷涂硬泡聚氨酯宜为15～35℃，空气相对湿度宜小于85%，风速不宜大于三级。

④现浇泡沫混凝土宜为5～35℃。

（3）排气层施工

①卷材应铺设在干燥的基层上。若屋面保温层或找平层干燥有困难而又急需铺设屋面卷材时，则应采用排汽屋面。

②排汽屋面是整体连续的，在屋面与垂直面连接的地方，为方便与防水层相连，隔汽层应延伸到保温层顶部，并高出150mm，要防止房间内的水蒸气进入保温层，使防水层起鼓破坏，保温层的含水率必须符合设计要求。

③在铺贴第一层卷材时，采用条粘、点粘、空铺等方法使卷材与基层之间留有纵横相互贯通的空隙作排汽道，排汽道的宽度应为30～40mm，深度可深至结构层。

④对于有保温层的屋面，为使潮湿基层中的水分蒸发排出，防止油毡起鼓，也可在保温层上的找平层上留槽作排汽道，并在屋面或屋脊上设置一定的排汽孔（每36m² 左右一个）与大气相通。

⑤排汽屋面适用于气候潮湿，雨量充沛，夏季阵雨多，保温层或找平层含水率较大，且干燥有困难的地区。

（4）卷材的铺贴

卷材的铺贴方向如下：

①当屋面坡度<3%时，卷材应平行屋脊铺贴。

②当屋面坡度在3%～15%时，卷材可平行或垂直屋脊铺贴。

③当屋面坡度>15%或屋面受震动时，沥青防水卷材应垂直屋脊铺贴。

④高聚物改性沥青和合成高分子防水卷材可平行或垂直屋脊铺贴。

⑤上下层卷材不得垂直铺贴。

铺贴卷材时，应先铺贴细部节点、附加层和屋面排水比较集中的部位，然后由最低处向上进行。天沟、檐沟卷材铺贴应顺着天沟、檐沟的去向，减少卷材搭接，有多跨和高低跨时，应按先远后近、先高后低的顺序进行。

（5）卷材的搭接

卷材的搭接如下：

①平行屋脊的搭接缝，应顺流水方向搭接，卷材搭接宽度应符合表7-1的规定。

表7-1　卷材搭接宽度（mm）

卷材类别		搭接宽度
合成高分子防水卷材	胶粘剂	80
	胶粘带	50
	单缝焊	60，有效焊接宽度不小于25
	双缝焊	80，有效焊接宽度10×2＋空腔宽
高聚物改性沥青防水卷材	胶粘剂	100
	自粘	80

②垂直屋脊的搭接缝，应顺当地主导风向搭接。

③相邻两幅卷材短边搭接接缝应错开，且不得小于500mm。

④上下层卷材长边搭接缝应错开，且不得小于幅宽的1/3。

⑤叠层铺贴的各层卷材，在天沟与屋面的交接处，应采用叉接法搭接，搭接缝应错开。

⑥搭接缝应留在屋面或天沟侧面，不应留在沟底。

⑦高聚物改性沥青和合成高分子卷材的搭接缝应用密封材料封严。

⑧高聚物改性沥青和合成高分子防水卷材的搭接宽度，长边和短边分别为100mm与80mm。

（6）保护层和隔离层施工

施工完的防水层应进行雨后观察、淋水或蓄水试验，并应在合格后再进行保护层和隔离层的施工。保护层和隔离层施工前，防水层或保温层的表面应平整、干净。保护层和隔离层施工时，应避免损坏防水层或保温层。块体材料、水泥砂浆、细石混凝土保护层表面的坡度应符合设计要求，不得有积水现象。

1）块体材料保护层铺设

①在砂结合层上铺设块体时，砂结合层应平整，块体间应预留10mm的缝隙，缝内应填砂，并应用1：2水泥砂浆勾缝。

②在水泥砂浆结合层上铺设块体时，应先在防水层上做隔离层，块体间应预留10mm的缝隙，缝内应用1：2水泥砂浆勾缝。

③块体表面应洁净、色泽一致，应无裂纹、掉角和缺棱等缺陷。

2）水泥砂浆及细石混凝土保护层铺设

①水泥砂浆及细石混凝土保护层铺设前，应在防水层上做隔离层。

②细石混凝土铺设不宜留施工缝；当施工间隙超过时间规定时，应对接槎进行处理。

③水泥砂浆及细石混凝土表面应抹平压光，不得有裂纹、脱皮、麻面、起砂等缺陷。

3）浅色涂料保护层施工应符合下列规定：

①浅色涂料应与卷材、涂膜相容，材料用量应根据产品说明书的规定使用。

②浅色涂料应多遍涂刷，当防水层为涂膜时，应在涂膜固化后进行。

③涂层应与防水层粘结牢固，厚薄应均匀，不得漏涂。

④涂层表面应平整，不得流淌和堆积。

2. 高聚物改性沥青卷材防水屋面

依据高聚物改性沥青防水卷材的特性，其施工方法可分为冷粘法、热熔法和自粘法3种，目前应用最多的是热熔法。在立面或大坡面铺贴高聚物改性沥青防水卷材时，应采用满粘法，并应减少短边搭接。

（1）冷粘法施工

冷粘法施工是指利用毛刷将胶粘剂涂刷在基层或卷材上，然后直接铺贴卷材，使卷材与基层、卷材与卷材粘结，不需要加热施工。施工时，胶粘剂涂刷应均匀、不漏底、不堆积。空铺法、条粘法、点粘法应按规定的位置与面积涂刷胶粘剂。铺贴卷材时应排除卷材下的空气，卷材铺贴应平整顺直，搭接尺寸准确，不得扭曲，接缝应满涂胶粘剂，辊压粘结牢固，溢出的胶粘剂随即刮平封口；也可采用热熔法接缝。接缝口应用密封材料封严，宽度应≥10mm。

（2）热熔法施工

热熔法施工是指采用火焰加热器熔化热熔型防水卷材底层的热熔胶进行粘贴。基层处理剂涂刷后，为防止发生火灾，必须干燥 8h 后方可进行热熔施工。施工时，在卷材表面热熔后应立即滚铺卷材，使之平展，并辊压粘结牢固。搭接缝处必须以溢出热熔的改性沥青胶为度，并应随即刮封接口。加热卷材时应均匀，不可过分加热或烧穿卷材。

（3）自粘法施工

自粘法施工是指采用带有自粘胶的防水卷材，不用热施工，也不需涂胶结材料，而进行粘结的方法。卷材铺贴前，基层表面应均匀涂刷基层处理剂，干燥后及时铺贴卷材。卷材铺贴时，应将自粘胶底面隔离纸完全撕净。搭接部位必须采用热风焊枪加热后随即粘贴牢固，溢出的自粘胶随即刮平封口。接缝口用≥10mm 宽的密封材料封严。对厚度＜3mm 的高聚物改性沥青防水卷材，严禁采用热熔法施工。

3. 合成高分子卷材防水屋面

合成高分子防水卷材施工方法包括冷粘法和自粘法两种。它的施工操作要点与高聚物改性沥青防水卷材基本相同。合成高分子防水卷材的另一种施工方法为焊接法，用焊接法施工的合成高分子卷材仅有 PVC 防水卷材一种。焊接方法一种为热熔焊，即采用电加热并由焊嘴喷出热气体，将卷材表面熔化达到焊接熔合；另一种为冷焊，即采用溶剂将卷材搭接或对接进行接合。焊接前卷材应平整顺直、无皱折，焊接面应干净无油污，无水滴及附着物。焊接时应先焊长边接缝，后焊短边接缝。焊接面应受热均匀，不得有漏焊、跳焊与焊接不良等现象，更不得损害非焊接部位的卷材。

7.1.2　涂料防水屋面

涂料防水屋面是在屋面基层上涂刷防水涂料，经固化后形成一定厚度的弹性整体涂膜层的柔性防水屋面，如图 7-2 所示。

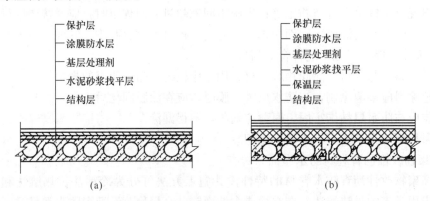

图 7-2　涂料防水屋面构造图

（a）无保温层涂膜防水屋面；（b）有保温层涂膜防水屋面

1. 防水涂料的选择

（1）防水涂料可按合成高分子防水涂料、聚合物水泥防水涂料和高聚物改性沥青防水涂料选用，其外观质量和品种、型号应符合国家现行有关材料的规定。

（2）应根据当地历年最高气温、最低气温、屋面坡度和使用条件等因素，选择耐热性、低温柔性相适应的涂料。

（3）应根据地基变形程度、结构形式、当地年温差、日温差和振动等因素，选择拉伸性能相适应的涂料。

（4）应根据屋面涂膜的暴露程度，选择耐紫外线、耐老化相适应的涂料。

（5）屋面坡度大于25％时，应选择成膜时间较短的涂料。

2. 涂料防水层施工

（1）防水涂料应多遍均匀涂布，涂膜总厚度应符合设计要求。

（2）涂膜间夹铺胎体增强材料时，宜边涂布边铺胎体；胎体应铺贴平整，应排除气泡，并应与涂料粘结牢固。在胎体上涂布涂料时，应使涂料浸透胎体，并应覆盖完全，不得有胎体外露现象。最上面的涂膜厚度不应小于1.0mm。

（3）涂膜施工应先做好细部处理，再进行大面积涂布。

（4）屋面转角及立面的涂膜应薄涂多遍，不得流淌和堆积。

3. 涂料防水层施工工艺

（1）水乳型及溶剂型防水涂料宜选用滚涂或喷涂施工。

（2）反应固化型防水涂料宜选用刮涂或喷涂施工。

（3）热熔型防水涂料宜选用刮涂施工。

（4）聚合物水泥防水涂料宜选用刮涂法施工。

（5）所有防水涂料用于细部构造时，宜选用刷涂或喷涂施工。

4. 涂料防水层的施工环境温度

（1）水乳型反应型涂料宜为5～35℃。

（2）溶剂型涂料宜为－5～35℃。

（3）热熔型涂料不宜低于－10℃。

（4）聚合物水泥涂料宜为5～35℃。

合成高分子防水涂料的施工方法包括涂刮或喷涂两种，当采用涂刮时，前后两遍涂刮的方向应垂直。如有胎体增强材料时，位于胎体下面的涂层厚度应≥1mm，最上层的涂层应至少涂两遍，其厚度应≥0.5mm。施工完毕后，均应做屋面保护层。

7.1.3 刚性防水屋面

刚性防水屋面是指利用刚性防水材料作防水层的屋面。主要包括普通细石混凝土防水屋面、补偿收缩混凝土防水屋面、块体刚性防水屋面、预应力混凝土防水屋面等。刚性防水屋面的优点为：所用材料易得，价格便宜，耐久性好，维修方便。刚性防水屋面的缺点为：刚性防水层材料的表观密度大，抗拉强度低，极限拉应力较小，易受混凝土或砂浆的干湿变形、温度变形和结构变位而产生裂缝。刚性防水屋面既可用于防水等级为Ⅲ级的屋面防水，也可用作Ⅰ、Ⅱ级屋面多道防水设防中的一道防水层，但不适用于设有松散材料保温层的屋面以及受较大振动或冲击和坡度＞15％的建筑屋面。

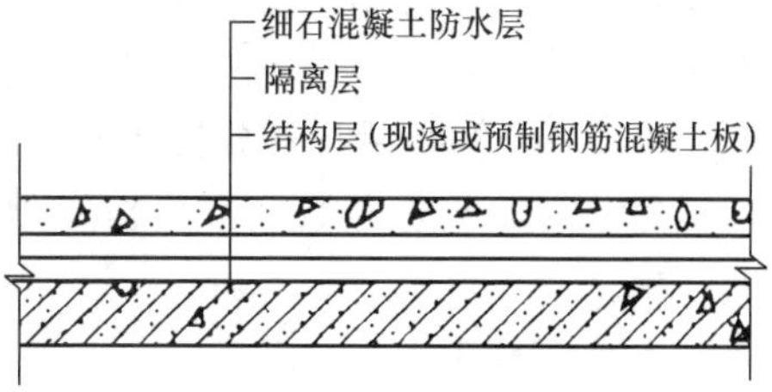

图7-3　细石混凝土防水屋面构造

刚性防水屋面的一般构造形式如图7-3所示。

1. 材料要求

防水层的细石混凝土应用强度等级≥32.5级的矿渣水泥或≥42.5级的普通硅酸盐水泥，不可使用火山灰水泥。对防水层材料的具体要求如下：

①在防水层的细石混凝土和砂浆中，粗集料的最大粒径应≤15mm，含泥量应≤1％。

②细集料应采用中砂或粗砂，含泥量应≤2％。

③拌合用水应采用不含有害物质的洁净水。

④混凝土水灰比应≤0.55，每立方米混凝土水泥最小用量应≥330kg，含砂率应为35％～40％，灰砂比应为1：2～1：2.5，并应掺入外加剂。

⑤混凝土强度应≥C20。

⑥普通细石混凝土、补偿收缩混凝土的自由膨胀率应为0.05％～0.1％。

⑦块体刚性防水层使用的块体应无裂纹、无石灰颗粒、无灰浆泥面、无缺棱掉角，质地密实，表面平整。

2. 基层要求

刚性防水屋面的基层要求如下：

①刚性防水屋面的结构层应为整体现浇的钢筋混凝土。

②刚性防水屋面的坡度应为2％～3％，并应采用结构找坡。

③当屋面结构层采用装配式钢筋混凝土板时，应用强度等级≥C20的细石混凝土灌缝，灌缝的细石混凝土宜掺微膨胀剂。

④当屋面板板缝宽度＞40mm或上窄下宽时，板缝内必须设置构造钢筋，板端缝应进行密封处理。

3. 隔离层施工

在结构层与防水层之间宜设隔离层。为减少因结构层变形对防水层产生的不利影响，隔离层可选用低强度等级砂浆、干铺卷材、砂浆垫层等材料，起隔离作用，使结构层和防水层变形互不受约束。干铺卷材隔离层的做法如下：

①在找平层上干铺一层卷材，卷材的接缝均应粘牢。

②表面涂两道石灰水或掺10％水泥的石灰浆（防止日晒使卷材变软），待隔离层有一定强度后再进行防水层的施工。

4. 分格缝的设置

施工时应按设计要求设置分格缝，以避免大面积的刚性防水层因温差、混凝土收缩等影响而产生裂缝。其位置一般应设在结构应力变化较突出的部位，并应与板缝对齐，分格缝的纵横间距一般应≤6m。设置分格缝的一般做法如下：

①刚性防水层在施工前，先在隔离层上定好分格缝的位置，再安放分格条。

②分格条应先浸水并涂刷隔离剂，用砂浆固定在隔离层上，然后按分隔板块浇筑混凝土。

③待混凝土初凝后，将分格条取出即可。

④为增加防水的可靠性，分格缝处可采用嵌填密封材料并加贴防水卷材的办法进行处理。

5. 防水层施工

（1）普通细石混凝土防水层施工

①混凝土浇筑应按先远后近、先高后低的原则进行，一个分格缝内的混凝土必须一次浇筑完毕，不得留施工缝，自搅拌至浇筑完成的时间应≤2h。

②钢筋网片铺设应按设计要求，设计无规定时，一般配置Φ_4^b间距为100～200mm的双向钢筋网片，网片的位置应放置在混凝土的中、上部，可采用绑扎或点焊成形。

③混凝土的质量要严格保证，应准确计量外加剂含量，投料顺序得当，搅拌均匀。混凝土搅拌应采用机械搅拌，搅拌时间应≥2min，其运输过程中应防止发生漏浆和离析。

④混凝土浇筑时，用平板振动器振实后，用滚筒滚压至表面平整、泛浆，然后用铁抹子压实抹平，防水层应确保其设计厚度和排水坡度适宜。

⑤混凝土抹压时，严禁在表面洒水、加水泥浆或撒干水泥。

⑥当混凝土初凝后，拆出分格条并修整。待混凝土初凝收水后，应进行二次表面压光，并在终凝前三次压光成形。

⑦混凝土浇筑 12～24h 后应进行养护，养护时间应≥14d，养护初期屋面不得上人，必须保证细石混凝土处于湿润状态。

⑧为保证防水层的施工质量，施工时的气温应在 5～35℃。

（2）补偿收缩混凝土防水层施工

补偿收缩混凝土防水层是在细石混凝土中掺入膨胀剂拌制而成，硬化后的混凝土产生微膨胀，以补偿普通混凝土的收缩，可起到致密混凝土、提高混凝土抗裂性和抗渗性的作用。其施工要求与普通细石混凝土防水层大致相同。用膨胀剂拌制补偿收缩混凝土时应按配合比准确称量，搅拌投料时，膨胀剂应与水泥同时加入。混凝土连续搅拌时间应≥3min。

7.2 地下防水工程

由于地下工程埋设在地下或水下，当地下结构底标高低于地下正常水位时，必须考虑结构的防水、抗渗能力。如果地下工程没有防水措施或防水措施不得当，那么地下水就会渗入结构内部，使混凝土腐蚀、钢筋生锈、地基下沉，甚至淹没构筑物，直接危及建筑物的安全。因此，为保证地下构筑物的安全、耐久性和正常使用，必须选择合适的防水方案并采取有效的防水措施。

7.2.1 防水方案

地下防水工程的防水方案，应遵循"防排结合、刚柔并用、多道设防、综合治理"的原则，根据使用要求、自然环境条件及结构形式等因素确定。目前常用的有以下三种防水方案：

（1）结构自防水

依靠防水混凝土本身的密实性来进行防水。结构本身既是承重围护结构，又是防水层。它具有施工简便、工期较短、改善劳动条件、节省工程造价等优点，是解决地下防水的有效途径，被广泛采用。

（2）防水层防水

在结构物的外侧增加防水层，以达到防水的目的。常用的防水层有水泥砂浆、卷材、涂膜防水层等，可根据不同的工程对象、防水要求及施工条件选用。

（3）渗排水防水

利用盲沟排水、渗排水、内排水等措施来排除附近的水源以达到防水目的。适用于地形复杂、受高温影响、地下水为上层滞水且防水要求较高的地下建筑。

7.2.2 地下防水混凝土结构施工

防水混凝土分为普通防水混凝土和掺外加剂的防水混凝土两类，可根据工程不同的防水需要进行选择。

1. 材料要求

（1）水泥

1）宜采用普通硅酸盐水泥或硅酸盐水泥，采用其他品种水泥时应经试验确定。

2）在受侵蚀性介质作用时，应按介质的性质选用相应的水泥品种。

3）不得使用过期或受潮结块的水泥，并不得将不同品种或强度等级的水泥混合使用。

（2）砂和石

1）砂宜选用中粗砂，含泥量不应大于 3.0%，泥块含量不宜大于 1.0%。

2）不宜使用海砂；在没有使用河砂的条件时，应对海砂进行处理后才能使用，且控制氯离子含量不得大于 0.06%。

3）碎石或卵石的粒径宜为 5～40mm，含泥量不应大于 1.0%，泥块含量不应大于 0.5%。

4）对长期处于潮湿环境的重要结构混凝土用砂、石，应进行碱活性检验。

（3）矿物掺合料

1）粉煤灰的级别不应低于二级，烧失量不应大于 5%。

2）硅粉的比表面积不应小于 $15000m^2/kg$，SiO_2 含量不应小于 85%。

3）粒化高炉矿渣粉的品质要求应符合现行国家标准《用于水泥和混凝土中的粒化高炉矿渣粉》（GB/T 18046—2008）的有关规定。

（4）混凝土拌合用水

混凝土拌合用水应符合现行行业标准《混凝土用水标准》（JGJ 63—2006）的有关规定。

（5）外加剂

1）外加剂的品种和用量应经试验确定，所用外加剂应符合现行国家标准《混凝土外加剂应用技术规范》GB 50119 的质量规定。

2）掺加引气剂或引气型减水剂的混凝土，其含气量宜控制在 3%～5%。

3）考虑外加剂对硬化混凝土收缩性能的影响。

4）严禁使用对人体产生危害、对环境产生污染的外加剂。

2. 防水混凝土的施工

防水混凝土的施工操作顺序是：配料→搅拌→运输→浇捣→养护→拆模→回填。

（1）配料

1）普通防水混凝土配料：

①试配要求的抗渗水压值应比设计值提高 0.2MPa。

②混凝土胶凝材料总量不宜小于 $320kg/m^3$，其中水泥用量不宜少于 $260kg/m^3$；粉煤灰掺量宜为胶凝材料总量的 20%～30%，硅粉的掺量宜为胶凝材料总量的 2%～5%。

③水胶比不得大于 0.50，有侵蚀性介质时水胶比不宜大于 0.45。

④砂率宜为 35%～40%，泵送时可增加到 45%。

⑤灰砂比宜为 1∶1.5～1∶2.5。

⑥混凝土拌合物的氯离子含量不应超过胶凝材料总量的 0.1%；混凝土中各类材料的总碱量即 Na_2O 当量不得大于 $3kg/m^3$。

2）外加剂防水混凝土配料：

不同品种减水剂的适宜掺量，见表 7-2。

表 7-2　不同品种减水剂的适宜掺量

种　类	适宜掺量（占水泥质量，%）	备　注
木钙、糖蜜	0.2～0.3	掺量应小于 0.3，否则混凝土强度下降，过分缓凝
NNO\MF	0.5～1	—
JN	0.5	—
UNF—5	0.5	外加 0.5% 的三乙醇胺，抗渗性好

（2）搅拌

制备防水混凝土所需水泥、砂、石子、水、外加剂等必须按规定配合比，准确称量。外加剂应按比例加水拌合搅匀后，再投入搅拌机中，不应直接投放。

防水混凝土必须用机械搅拌，搅拌时间应≥2min，确保混凝土中的各种材料拌合均匀。掺入外加剂的防水混凝土，应延长搅拌时间。

（3）运输

搅拌好的混凝土在运输过程中应防止出现离析和坍落度减小现象。若有离析、泌水产生，则应在浇筑前进行二次搅拌。当运输路程远或气温较高时，可在混凝土中掺入缓凝型减水剂，以减少坍落度的损失。

（4）浇捣

混凝土下料的自由倾落高度应≤1.5m，为避免石子滚落堆积、混凝土离析，确保浇筑质量，应采用窜筒、溜槽和溜管等工具进行浇筑，以降低自由倾落高度。混凝土的浇筑不应中断，应尽量一次连续完成，施工缝尽可能不留或少留。对于浇筑面积较大的混凝土，无法连续浇筑，必须留施工缝时，应采用膨胀止水条对施工缝进行密封防水处理。对于大体积的防水混凝土，在下面一层混凝土初凝前应分层浇筑，每层厚度为200～350mm，接着浇筑上一层混凝土，一般相邻两层混凝土的浇筑间隔时间应≤2h，气温高时还应缩短。

为增强混凝土的密实性和抗渗性能，防水混凝土的振捣应采用机械振捣。每次振捣应到混凝土表面泛水、无气泡排出时停止，不应产生漏振、欠振、超振现象，施工缝和预埋件等部位必须振捣密实。振捣时应避免振捣器触及模板、止水带、预埋件等。所有预埋件、预留孔洞均应在混凝土浇筑前埋设好，浇筑完毕的防水混凝土，严禁打洞、凿眼。

（5）养护

必须对防水混凝土进行养护，以确保其质量，避免混凝土因内部水分过早蒸发而收缩开裂。浇筑防水混凝土4～6h后，应覆盖并浇水养护。浇捣后3d内，每天浇水3～6次，3d后每天浇水2～3次，养护天数应≥14d。

防水混凝土不可用蒸汽养护。冬季施工时，要加强养护，并采取适当的保温措施，使混凝土表面温度控制在30℃左右。保温办法一般有：

①采用岩棉被覆盖保温。

②采用远红外电暖气等综合蓄热法。

③在混凝土表面覆盖湿草袋，上铺塑料薄膜保持湿度，再盖干草袋保温。

（6）拆模

不宜过早拆除模板，以保证防水混凝土充分养护。只有当混凝土强度超过设计强度的70%，混凝土表面温度与环境温度相差≤15℃时，方可拆模。

（7）回填

防水混凝土拆模后，最好在结构外侧再设置一道柔性或刚性附加防水层，待整个防水工程验收合格后，及时回填灰土，分层夯实，使混凝土结构外围的防水更为可靠。

7.2.3　附加防水层施工

1. 卷材防水层施工

卷材防水层是一种柔性防水层，是用胶粘剂将几层卷材粘贴在地下结构基层的表面上而形成的多层防水层。它是依靠结构的刚度由多层卷材铺贴而成，因此基层要坚固、平整而干燥。由于卷材防水层不耐油脂和溶解沥青溶剂侵蚀，所以不宜处于经常承受超过 50N/cm²

的压力和大于 $1N/cm^2$ 的侧压力下。另外，为保持正常施工，卷材铺贴温度应≥50℃，在冬期施工应有保温措施。

卷材防水层的防水方法有两种，分别为外防外贴法和外防内贴法。

（1）外防外贴法施工

外防外贴法是将立面卷材防水层铺设在防水外墙结构的外表面的施工方法，如图7-4所示。

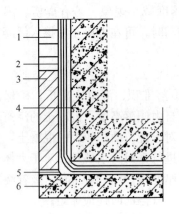

图7-4　外防外贴法卷材防水处理
1—临时保护墙；2—卷材防水层；
3—永久保护墙；4—建筑结构；
5—油毡；6—垫层

外防外贴法的施工要点如下：

①在垫层上铺设防水层后，再进行底板和结构主体施工，然后砌筑永久性保护墙，墙高为防水结构底板厚度加100mm，墙底应采用干铺方法铺设一层防水卷材。

②在永久性保护墙上用石灰砂浆砌临时保护墙，墙高为150mm×（油毡层数＋1）。

③在永久性保护墙和垫层上用1：3水泥砂浆抹灰找平，保护墙沿长度方向5～6m和转角处应断开，断缝处嵌入卷材条或沥青麻丝。

④高聚物改性沥青卷材铺设用热熔法施工，施工时应注意卷材与基层接触面加热均匀；合成高分子卷材铺设可用冷粘结法施工，施工时，胶粘剂要涂刷均匀，并应注意胶粘剂与卷材性能的相容性。

⑤在立面与平面的转角处，接缝应留在平面上，距立面墙体距离应≥600mm。双层卷材不得相互垂直铺贴，上下两层或相邻两幅材的接缝应相互错开1/3～1/2幅宽；卷材长边与短边的搭接应≥100mm。交接处应交叉搭接，转角处应粘贴一层附加层，应先铺平面，后铺立面，并应采取立面防滑措施。

（2）外防内贴法施工

外防内贴法是浇筑混凝土垫层后，在垫层上将永久保护墙全部砌好，将卷材防水层铺贴在永久性保护墙和垫层上。其施工顺序如下：

①先铺设底板的垫层，在垫层四周砌筑永久性保护墙，然后在垫层及保护墙上抹1：3水泥砂浆找平层，待其基本干燥后满涂冷底子油，沿保护墙与垫层铺贴防水卷材。

②卷材防水层铺贴完成后，在立面防水层上涂刷最后一层沥青胶时，趁热粘上干净的热砂或撒麻丝，待冷却后，随即抹一层10～20mm厚的1：3水泥砂浆找平层。

③在平面上可铺设一层30～50mm厚的水泥砂浆或细石混凝土保护层。

④最后再进行防水结构的混凝土底板和墙体的施工。

2. 水泥砂浆防水层施工

水泥砂浆防水具有高强度、抗刺穿及湿粘性等特点，适用于埋置深度较大的地下防水工程，因结构沉降，温度、湿度变化以及震动等产生有害裂缝的地下防水工程不宜采用。

水泥砂浆防水层的施工要点如下：

（1）水泥砂浆不得在雨天及5级以上大风中施工，冬季施工时，气温应≥5℃，且基层表面温度应＞0℃。夏季施工温度应≤35℃，不得在烈日照射下施工。

（2）预埋件、穿墙管预留凹槽内嵌填密封材料后，再抹防水砂浆层。

（3）掺外加剂、掺合料、聚合物等的水泥砂浆配合比和施工方法应符合所掺材料的规定。

（4）基层表面应平整、坚实、粗糙、清洁，并充分湿润，一般混凝土应提前一天浇水，应无积水。新浇混凝土拆模后应立即用钢丝刷将混凝土表面扫毛，基层边面的孔洞、缝隙应用与防水层相同的砂浆堵塞抹平。

（5）所有阴阳角处要求用＞1∶1.25水泥砂浆做成圆角，以利于防水层形成封闭整体（阳角 $R=2mm$，阴角 $R=25mm$）。

（6）水泥砂浆防水层各层应紧密贴合，每层应连续施工，如必须留茬时，采用阶梯形茬，但离阴阳角处应≥200mm。接茬应按层顺序操作，层层搭接紧密。

（7）水泥砂浆防水层施工完毕后要及时养护。聚合物水泥砂浆防水层未达到硬化状态时，不得浇水养护或直接受雨水冲刷，硬化后应采用干湿交替养护，潮湿环境中可在自然状态下养护。甩茬与接茬如图7-5所示。

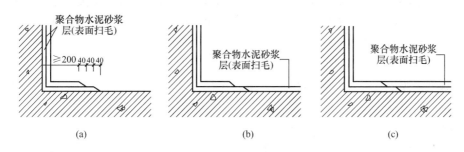

图 7-5　施工缝及基层处理
（a）甩茬；（b）一层接茬；（c）二层接茬

7.3　厨房、卫生间防水工程

目前，厨房、卫生间楼地面防水主要选用高弹性的聚氨酯涂膜防水或弹塑性的氯丁胶乳沥青涂料防水等涂膜防水新工艺，可在厨房、卫生间的楼地面形成一个没有接缝、封闭严密的整体防水层，从而提高防水工程质量。

7.3.1　聚氨酯涂膜防水施工

聚氨酯涂膜防水材料属中、高档双组分反应型厚质涂料，它是由甲、乙双组分按一定比例混合，均匀搅拌后，涂布在基层上，经反应而成的一种橡胶状弹性防水材料。其主要材料包括聚氨酯涂膜防水材料甲组分、聚氨酯涂膜防水材料乙组分和无机铝盐防水剂等。施工用辅助材料应备有二甲苯、醋酸乙酯、磷酸等。

施工工艺要点如下：

1. 基层处理

（1）卫生间的防水基层必须用1∶3的水泥砂浆找平，要求抹平压光，无空鼓，表面要坚实，不应有起砂、掉灰现象。

（2）在抹找平层时，应使管道根部的周围略高于地面，在地漏的周围，应做成略低于地面的凹坑。

（3）找平层的坡度应为1%～2%，坡向地漏。凡遇到阴、阳角处，要抹成半径≥10mm的小圆弧。

（4）与找平层相连接的管件、排水口、卫生洁具等，必须安装牢固，收头圆滑，按设计要求用密封胶嵌固。

（5）基层必须保持基本干燥，并彻底清除基层表面的尘土杂物，一般在基层表面均匀泛白、无明显水印时，才能进行涂膜防水层施工。

2. 涂布底胶

将聚氨酯甲、乙两组分和二甲苯（按 1∶1.5∶2 的重量比）配合搅拌均匀，再用小滚刷或油漆刷均匀涂布在基层表面上。涂刷量约为 0.15～0.2kg/m²，涂刷后干燥固化的时间应 >4h，之后才可进行下道工序施工。

3. 配制聚氨酯涂膜防水涂料

将聚氨酯甲、乙组分和二甲苯（按 1∶1.5∶0.3 的比例）配合搅拌均匀，随配随用，一般应在 2h 内用完。

4. 涂膜防水层施工

（1）用小滚刷或油漆刷将底胶已干固的基层表面均匀涂上已配好的防水涂料。涂完第一度涂膜后，一般应固化 5h 以上，基本不粘手时，再涂布第二、三、四度涂膜，并使前后两度的涂布方向相垂直。

（2）对管子根部、地漏周围以及墙转角部位，必须认真涂刷，涂刷厚度应 ≥2mm。在涂刷最后一度涂膜固化前及时稀撒少许干净的粒径为 2～3mm 的小豆石，作为与水泥砂浆保护层粘结的过渡层。

5. 做好保护层

当聚氨酯涂膜防水层完全固化和通过蓄水试验合格后，便可铺设一层厚度为 15～25mm 的水泥砂浆保护层，随后按设计要求铺设饰面层。

质量要求如下：

（1）聚氨酯涂膜防水材料的技术性能应符合设计要求或材料标准规定，并应附有质量证明文件和现场取样进行检测的试验报告以及其他有关质量的证明文件。

（2）聚氨酯的甲、乙料必须密封存放，甲料开盖后，吸收空气中的水分会起反应而固化，若施工中混有水分，则聚氨酯固化后内部会有水泡，影响防水能力。

（3）涂膜厚度应均匀一致，总厚度应 ≥1.5mm。

（4）涂膜防水层必须均匀固化，不应有明显的凹坑、气泡和渗漏水的现象。

7.3.2 氯丁胶乳沥青防水涂料施工

氯丁胶乳沥青防水涂料是以氯丁橡胶和沥青为基料，经加工合成的一种水乳型防水涂料。它具有防水、抗渗、耐老化、不易燃、无毒、抗基层变形能力强等优点，适用于冷作业施工，操作方便。

施工工艺要点如下：

1. 基层处理

与聚氨酯涂膜防水施工要求相同。

2. 二布六油防水层施工

（1）二布六油防水层的工艺流程如下：

基层找平处理→满刮一遍氯丁胶沥青水泥腻子→满刮第一遍涂料→做细部构造加强层→铺贴玻璃布，同时刷第二遍涂料→刷第三遍涂料→铺贴玻纤网格布，同时刷第四遍涂料→涂刷第五遍涂料→涂刷第六遍涂料并及时撒砂粒→蓄水试验→按设计要求做保护层和面层→防水层二次试水，验收。

（2）在清理干净的基层上满刮一遍氯丁胶乳沥青水泥腻子，管根和转角处要厚刮并抹平整。

①腻子的配制方法为将氯丁胶乳沥青防水涂料倒入水泥中，边倒边搅拌至稠浆状即可刮涂于基层，腻子厚度为 2～3mm。待腻子干燥后，满刷一遍防水涂料（不可过厚，不得漏刷），表面均匀不流淌，不堆积，立面刷至设计标高。

②在细部构造部位，如遇阴阳角，管道根部、地漏、大便器蹲坑等处分别附加一布二涂附加层。

③附加层干燥后，大面铺贴玻纤网格布同时涂刷第二遍防水涂料，使防水涂料浸透布纹渗入下层，玻纤网格布搭接宽度应≥100mm，立面贴到设计高度，顺水接茬，收口处贴牢。

（3）所刷涂料实干后（约 24h），满刷第三遍涂料，表干后（约 4h）铺贴第二层玻纤网格布的同时满刷第四遍防水涂料。两层纤布接茬要错开，涂刷防水涂料时，应均匀，将布展平无折皱。上述涂层实干后，满刷第五遍、第六遍防水涂料，整个防水层实干后，可进行第一次蓄水试验，蓄水时间应≥24h，无渗漏才合格，然后做保护层和饰面层。待工程交付使用前进行第二次蓄水试验。

上岗工作要点

1. 掌握屋面防水工程的防水方案及其各自施工工艺流程。
2. 掌握地下防水工程的防水方案及其各自施工工艺流程。
3. 理解厨房、卫生间防水工程的防水方案及其各自施工工艺流程。

思 考 题

1. 卷材防水屋面应具有哪些特性？
2. 试述常见高聚物改性沥青防水卷材的特点和适用范围。
3. 石油沥青卷材表面防水层包括哪些施工工序？
4. 找平层有哪些质量要求？
5. 简述卷材防水屋面各构造层的作用和构造。
6. 试述卷材防水屋面各构造层的做法及施工工艺。
7. 试述涂膜防水层的施工要点。
8. 防水混凝土是如何分类的？各有哪些特点？
9. 在防水混凝土施工中应注意哪些问题？
10. 试述地下防水工程卷材贴法的施工步骤。
11. 简述卫生间聚氨酯涂膜防水的施工要点。
12. 如何预防刚性防水屋面的开裂？

第8章 装饰工程

重 点 提 示

1. 掌握抹灰、门窗工程的施工方法。
2. 理解饰面工程的分类和施工方法。
3. 掌握楼地面工程的分类和施工方法。
4. 了解其他装饰工程的分类和施工方法。

8.1 抹灰工程

抹灰工程是最初始也是最直接的装饰工程，是建筑装饰的重要组成部分。抹灰工程就是将砂浆、装饰性石屑浆、石子浆涂抹在建筑物的墙面、顶棚、地面等部位的一种装修工程。

8.1.1 抹灰工程的组成及分类

1. 抹灰工程的组成

抹灰工程一般要分层施工。抹灰层一般由底层、中层和面层三层组成，如图8-1所示。

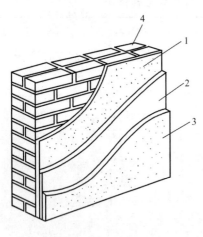

图 8-1 抹灰层的组成
1—底层；2—中层；3—面层；4—砌块

（1）底层主要起与基层粘结的作用，也起初步找平的作用，厚度一般为5～9mm。为避免抹灰砂浆在凝结过程中产生较强的收缩应力，破坏强度较低的基层，进而产生空鼓、裂缝、脱落等质量问题，底层砂浆的强度不能高于基层强度。

（2）中层主要起找平的作用，中层应分层施工，每层厚度应控制在5～9mm。根据施工质量要求可以一次抹成，也可以分遍进行。

（3）面层主要起装饰作用，要求平整、光滑、无裂纹，颜色均匀。

抹灰层的平均总厚度要求为：

①内墙：普通抹灰≤18mm，中级抹灰≤20mm，高级抹灰≤25mm。

②外墙：墙面≤20mm，勒脚及突出墙面部分≤25mm。

③顶棚：当基层为板条、空心砖或现浇混凝土时≤15mm，预制混凝土≤18mm，金属网顶棚抹灰≤20mm。

抹灰层每层的厚度要求为：

①水泥砂浆每层厚度宜为5～7mm。

②水泥混合砂浆和石灰砂浆每层厚度宜为7～9mm。

③面层抹灰经过赶平压实后的厚度，麻刀灰应≤3mm，纸筋灰、石膏灰应≤2mm。

2. 抹灰工程的分类

抹灰工程按使用的材料以及其装饰效果分为一般抹灰和装饰抹灰两种。一般抹灰所使用的材料有水泥砂浆、石灰砂浆、水泥混合砂浆、膨胀珍珠岩水泥砂浆、聚合物水泥砂浆等。装饰抹灰的底层和中层与一般抹灰相同，但其面层主要有水刷石、干粘石、聚合物水泥砂浆抹灰等。另外还有特种砂浆抹灰，是指采用保温砂浆、耐酸砂浆、防水砂浆等材料进行的具有特殊要求的抹灰。

8.1.2 一般抹灰施工

1. 一般抹灰的材料

一般抹灰所用材料的品种和性能应符合设计要求。

（1）胶凝材料

在抹灰工程中，胶凝材料主要包括水泥、石灰、石膏等。

①水泥。常用的水泥有硅酸盐水泥、普通硅酸盐水泥和矿渣硅酸盐水泥等，强度等级应≥32.5级。不同品种的水泥不得混用，出厂时间＞3个月的水泥应经试验后方可使用，受潮后结块的水泥应经过筛试验后使用。

②石灰。在抹灰工程中采用的石灰为块状生石灰经熟化陈伏后淋制成的石灰膏。为保证过火生石灰的充分熟化，以避免后期熟化引起抹灰层的起鼓和开裂，生石灰的熟化时间一般应≥15d，如用于拌制罩面灰，则熟化时间应≥30d。抹灰用的石灰膏可用优质块状生石灰磨细而成的生石灰粉代替，可省去淋灰作业而直接使用，但为保护抹灰质量，其细度要求能过4800孔/cm²的筛。但用于拌制罩面灰时，生石灰粉仍要经一定时间的熟化，熟化时间应≥3d，以避免出现干裂和爆灰现象。

③石膏。抹石灰用的石膏，是在建筑石膏中掺入缓凝剂及掺合料制作而成，一般用于高级抹灰或抹灰龟裂的补平。使用时，应将建筑石膏磨细成粉，细度要求能通过0.15mm筛孔，筛余量应≤10％。在抹灰过程中可掺入适量的食盐使其加速凝结，若还需进一步缓凝，可在其中掺入适量的石灰浆或明胶。

（2）砂

抹灰用的砂，一般采用普通中砂（细度模数为3.0～2.6），或与粗砂（细度模数为3.7～3.1）混合使用。可以用细砂，但不应用特细砂。抹灰用砂要求颗粒坚硬、洁净，使用前需要过筛（筛孔≤5mm），去除粗大颗粒及杂质，不得含有黏土、草根、树叶、碱性物质及其他有害杂质。应根据现场砂的含水率及时调整砂浆拌合用水量。

（3）纤维材料

抹灰砂浆中常掺加麻刀、纸筋、玻璃纤维等纤维材料，它们在抹灰层中主要起拉结和骨架作用，以提高其抗拉强度和抗裂能力，增加抹灰层的弹性和耐久性，使其不易裂缝、脱落。

①麻刀长度应为20～30mm，均匀、干燥、不含杂质，用时将其敲打松散。

②纸筋可分为干、湿两种。湿纸筋可直接掺用，而拌合纸筋灰用的干纸筋则应用水浸透后捣烂，罩面纸筋应机碾磨细。

③玻璃纤维丝长度应为10mm左右，用其配制抹面灰浆可耐热、耐久、耐腐蚀，但为防止其刺激皮肤，使用时要采取保护措施。

2. 抹灰工具

常用的手工抹灰工具，主要包括抹子、辅助工具和其他工具。

（1）抹子

抹子是将灰浆施于抹灰面上的主要工具，主要有：用于抹灰的方头铁抹子、用于压光罩面灰的圆头铁抹子、用于搓平底灰和搓毛砂浆表面的木抹子、用于压光阴角的阴角抹子、用于有圆弧阴角部位的抹灰面压光的圆弧阴角抹子和用于压光阳角的阳角抹子。

（2）辅助工具

抹灰工程所用的辅助工具很多，常用的有木杠、刮尺、靠尺、靠尺板、方尺、托线板和线锤等，分别用于抹灰层的找平、墙面楞角的制作、测阴阳角的方正和靠吊墙面的垂直度。

（3）其他工具

抹灰工程常用的其他工具有毛刷、猪鬃刷、鸡腿刷、钢丝刷、茅草帚、小水桶、喷壶、水壶、粉线包和墨斗等，分别用于抹灰面的洒水、清刷基层、木抹子搓平时洒水机墙面洒水和浇水。

3. 基层表面处理

抹灰工程施工前，必须对基层表面做适当的处理，使其坚实、粗糙，增强抹灰层的粘结，还应检查门、窗框的位置以及与墙连接的牢固性，应用水泥砂浆或水泥混合砂浆将连接处的缝隙分层嵌塞密实。基层处理应注意以下内容：

（1）抹灰前应将凹凸不平的基层表面剔平，或用1∶3水泥砂浆补平，以使抹灰砂浆与基体表面粘结牢固，防止抹灰层产生空鼓现象。

（2）基层表面的尘土、污垢、油渍等应清除干净，并应洒水润湿。

（3）过光的墙面应予以凿毛，或涂刷一层界面剂，以加强抹灰层与基层的粘结力。

（4）凡室内墙洞和楼板洞有管道穿越的，凿剔墙后安装的管道，均应用1∶3水泥砂浆将墙面的脚手孔洞填嵌密实。

（5）在内墙和门洞口侧壁的阳角、柱角等易于碰撞之处，应采用1∶2水泥砂浆制作护角，其高度应≥2m，每侧宽度应≥50mm。对外墙窗台、窗楣、雨篷、阳台、压顶和突出腰线等，上面应做成流水坡度，下面应做滴水线或滴水槽，滴水槽的深度和宽度均应≥10mm，要求整齐一致。

（6）抹灰前，为控制抹灰层的厚度和墙面的平整度，应先检查基层表面的平整度，并用与抹灰层相同的砂浆来设置50mm×50mm的标志或宽约100mm的标筋。

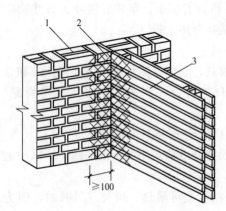

图 8-2　砖木交接处基体处理

1—砖墙；2—钢丝网；3—板条

（7）不同材料基体交接处表面的抹灰应采取加强措施，当采用加强金属网时，为防止抹灰层因基体温度变化胀缩不一而产生裂缝，搭接宽度从缝边起两侧均应≥100mm，如图8-2所示。

（8）顶棚抹灰的基层处理：

①单层板条顶棚抹灰前，应检查板条缝是否合适，一般要求间隙为7～10mm。

②预制混凝土楼板顶棚在抹灰前应检查其板缝大小。若板缝较大，应用细石混凝土灌实；若板缝较小，为避免抹灰后顺缝产生裂缝，可用1∶0.3∶3的水泥石灰混合砂浆勾实。

③预制混凝土板或钢模现浇混凝土顶棚拆模后，

构件表面较为光滑、平整，并常粘附一层隔离剂。当隔离剂为滑石粉或其他粉状物时，应先用钢丝刷刷除，再用清水冲干净，当隔离剂为油脂类时，先用浓度为10％的火碱溶液洗刷干净，再用清水冲洗干净。

4. 抹灰施工

抹灰一般应遵循先外墙后内墙，先上后下，先顶棚、墙面后地面的顺序，也可以根据具体工程的不同而调整其先后顺序。

（1）内墙抹灰

内墙抹灰施工工艺流程为：基层处理→找规矩→做灰饼→做标筋→抹底层、中层灰→抹门窗护角→抹面层灰→清理。

1）基层处理

抹灰前，应彻底清除基体表面的灰尘、污垢、油渍、碱膜、跌落砂浆等杂物，并用水泥砂浆对墙面上的孔洞、剔槽等进行填嵌，以保证基层与抹灰砂浆的粘结强度，防止抹灰层产生空鼓、脱落。除此之外，还应用水泥砂浆或混合砂浆将门窗框与墙体交接处的缝隙分层嵌塞。具体的处理内容如下：

①为增强基体与抹灰砂浆之间的粘结强度，材质不同的基体表面应分别做相应处理。光滑的混凝土基体表面应凿毛或刷一道素水泥浆（水∶灰为0.37～0.4），若无设计要求，可直接用刮腻子处理。

②板条墙体的板缝间距一般为8～10mm，不可过小，保证可使抹灰砂浆能挤入板缝空隙并与板条牢固嵌接。

③为使表面形成隔离层，缓解抹面砂浆的早期脱水，提高粘结强度，加气混凝土砌块表面应清扫干净，并刷一道108胶的1∶4水溶液。

④木结构与砖石砌体、混凝土结构等连接处，应先铺设金属网，并使其绷紧牢固，每侧金属网与各基体间的搭接宽度均应≥100mm。

2）找规矩

在抹底、中层灰前应设置标筋作为抹灰的依据，以便有效地控制抹灰厚度，特别是保证整体平整度和墙面垂直度。设置标筋即找规矩，将房间找方或找正。找方后将线弹在地面上，依据规定（墙面的实际平整度和垂直度及抹灰的总厚度）与找方线进行比较，找出一个抹灰的假想平面（决定抹灰厚度）。用此平面与相邻墙面的交线弹于相邻的墙面上作为此墙面抹灰的基准线，并以此作为标筋的厚度标准。

3）做灰饼

做灰饼即做抹灰标志块。具体步骤如下：

①做灰饼前，应先确定灰饼的厚度。用托线板和靠尺检查整个墙面的平整度和垂直度，根据检查结果确定灰饼的厚度，一般最薄处应≥7mm。

②在距顶棚、墙阴角约100～200mm处，用水泥砂浆或混合砂浆各做一个50mm×50mm见方的矩形灰饼作为标志块，厚度为抹灰层厚度。

③以这两个标志块为标准，再用托线板或线锤在此灰饼面吊挂垂直，做上下对应的两个灰饼（即标准标志块）。

④标准标志块做好后，将钉子钉在标志块外侧的墙缝内，以标志块为准，在钉子间拉上水平横线，然后按间距1.2～1.5m做若干标志块。

4）做标筋

标筋是以标志块为准在标志块之间所做的灰埂，作为抹灰平面的基础。灰埂的宽度为100mm左右，厚度与标志块相平。具体做法是：

①用与底层抹灰相同的砂浆在上下两个标志块中间先抹一层，再抹第二遍凸出成"八"字形，要比标志块凸出10mm左右。

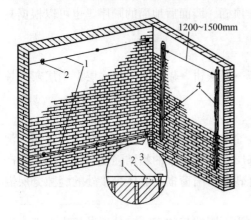

图8-3 挂线做标志块及标筋

1—引线；2—标志块；3—钉子；4—标筋

②然后用木杠紧贴标志块搓动，直到把标筋搓得与标志块齐平为止，为使其与抹灰面接茬顺平，还要将标筋的两边用刮尺修成斜面，如图8-3所示。

5）抹底、中层灰

待标筋有一定的强度后，即可在两标筋间用力抹上底层灰，并用木抹子压实、搓毛。其具体方法是：

①将砂浆抹于墙面两条标筋之间，底层要低于标筋的1/3，由上而下抹灰，将灰板靠近墙面，铁抹子横向将砂浆抹在墙面上。灰板要时刻接在铁抹子下边，以便托住抹灰时掉落的灰。

②待底层灰收水后，即可抹中层灰，厚度应略高于标筋。

③中层抹灰后，随即用木杠沿标筋刮平，不平处补抹砂浆再刮，直到墙面平直。

④最后用木抹子搓压，使其表面平整密实。

6）抹门窗护角

室内墙角、柱角和门窗洞口的阳角抹灰要线条清晰、挺直，为保护墙面转角处不易遭碰撞损坏，凡是与人、物经常接触的阳角部位都需要做水泥砂浆护角，并用水泥浆捋出小圆角，如图8-4所示。阴角的扯平找直如图8-5所示。

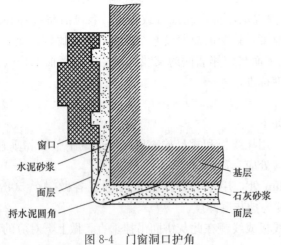

窗口
水泥砂浆
面层
捋水泥圆角

基层
石灰砂浆
面层

图8-4 门窗洞口护角

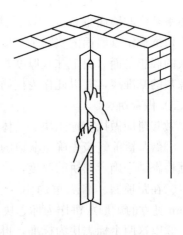

图8-5 阴角的扯平找直

7）抹面层灰

抹面层灰在工程上俗称罩面。待中层灰有六、七成干时，即可抹面层灰。室内抹面层灰常用纸筋石灰、石灰砂浆、麻刀石灰、石膏、水泥砂浆等罩面。操作一般从阴角或阳角处开始，自左向右进行。阴、阳角处用阴、阳角抹子捋光，并用毛刷蘸水将门窗圆角等处刷干净。面层抹灰应在底层灰稍干后进行，但若太干则容易使面层脱水太快而影响粘结，造成面层空鼓。

（2）外墙抹灰

外墙一般抹灰的工艺流程为：基层处理→找规矩→做标筋→抹底层、中层灰→弹线粘贴分格条→抹面层灰→起分格条→勾缝→养护。

外墙抹灰与内墙抹灰基本相似，其特殊的几点要求如下：

1）抹灰顺序

外墙面抹灰要求有一定的耐久性，应按先上后下、先檐口再墙面的顺序进行。外墙若面积过大则可分块同时施工；高层建筑的外墙面可在垂直方向适当分段，不能一次抹完，可在阴、阳角交接处或分格线处间断施工。

2）嵌分格条，抹面层灰及分格条的拆除

弹分格线应在中层灰六七成干后进行。分格条为梯形截面，浸水湿润后用黏稠的素水泥浆将其两侧与墙面粘结（呈 45°角）。施工时应注意以下几点：

①嵌分格条时，应横平竖直，接头平直。若当天不能抹面层灰，分格条两侧的素水泥浆应与墙面成 60°角粘结。

②抹面层灰应略高于分格条，用刮杠刮平并用木抹子搓平，待稍干后再用刮杠刮一遍，用木抹子将其表面搓磨平整、粗糙、均匀。

③在面层抹好后可拆除分格条，分格缝之间用素水泥浆勾平整。若不能当即拆除分格条，则必须待面层达到适当强度后方可拆除。

（3）顶棚抹灰

钢筋混凝土楼板下的顶棚抹灰，应待上层楼板地面面层完成后才能进行。板条、金属网顶棚抹灰，应待板条、金属网装钉完成，并经检查合格后，方可进行。

顶棚抹灰的施工工艺流程为：基层处理→找规矩→抹底、中层灰→抹面层灰。顶棚抹灰与内墙抹灰基本相似。

需要注意的是顶棚抹灰一般不设置标筋，只需按抹灰层的厚度在墙面四周弹出水平线作为控制抹灰层厚度的标高线，此标高线必须从地面量起，不可从顶棚底向下量。

8.1.3 装饰抹灰施工

装饰抹灰与一般抹灰的主要区别在于两者具有不同的装饰面层，其底层和中层的做法与一般抹灰基本相同。装饰抹灰的做法很多，下面介绍一些常用的装饰抹灰做法：

1. 干粘石

干粘石是将干石子直接粘在砂浆层上的一种装饰抹灰做法。

具体做法为：按先后顺序在底层抹上水泥砂浆层和水泥石灰膏粘结层，同时将石子甩粘、拍平、压实在粘结层上，然后用铁抹子将石子拍入粘结层（石子嵌入深度不小于石子粒径的 1/2），待有一定强度后洒水养护。

其优点为：湿作业量小，节约原材料，能明显提高工效，且操作简单。

其缺点为：日久经风吹雨打易产生脱粒现象，现在已多不采用。

2. 水刷石

水刷石是指在底层抹上水泥石子浆面层，拍平压实待达到一定强度时，自上而下刷掉面层水泥浆，使各色石子表面外露，然后用喷雾器自上而下喷水冲洗干净，使表面具有"绒面感"。

水刷石的优点：耐久性强，具有良好的装饰效果，且造价较低，是传统的外墙装饰做法之一。水刷石装饰抹灰一般做在砖墙、混凝土墙、加气混凝土墙等基体上，是石粒类材料饰面的传统做法。

3. 聚合物水泥砂浆的喷涂、滚涂与弹涂施工

喷涂、滚涂、弹涂饰面层，要求颜色一致，花纹大小均匀，不显接茬。

（1）喷涂施工

喷涂是把聚合物水泥砂浆用砂浆泵或喷斗将砂浆喷涂于外墙面形成的装饰抹灰。喷涂聚合物砂浆的主要机具设备包括：空气压缩机（0.6m³/min）、加压罐、喷枪（波面喷涂使用喷枪如图8-6所示）、喷斗（粒状喷涂使用喷斗如图8-7所示）、灰浆泵、振动筛（5mm筛孔）、胶管（25mm）、输气胶管等。

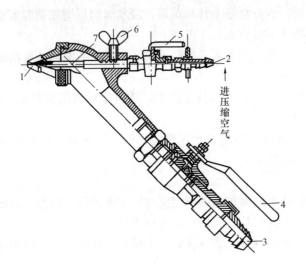

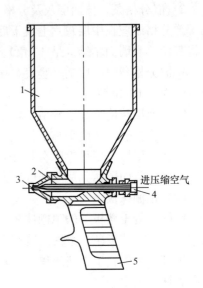

图8-6　喷枪
1—喷嘴；2—压缩空气接头；3—砂浆皮管接头；4—砂浆
控制阀；5—压缩空气控制阀；6—顶丝；7—喷气管

图8-7　喷头
1—砂浆喷头；2—喷管；3—喷嘴；
4—压缩空气接头；5—手柄

聚合物砂浆应用砂浆搅拌机进行拌合：

①将水泥、颜料、细集料干拌均匀，在搅拌的同时顺序加入木质素磺酸钠（先溶于少量水中）、108胶和水，全部拌匀。

②若聚合物砂浆为水泥石灰砂浆时，应先用少量水将石灰膏调稀，再加入水泥与细集料的干拌料中。

③拌合好的聚合物砂浆，应在2h内用完。

（2）滚涂施工

滚涂是在底层上均匀涂抹2～3mm厚带色的聚合物水泥砂浆，用橡胶（平面或刻有花纹）、泡沫塑料滚子在罩面层上垂直施滚涂拉，一次成活滚出所需花纹。滚涂操作包括干滚和湿滚两种方法，如下：

①干滚法是使用不醮水的滚子上下来回滚后再向下滚一遍，待表面均匀拉毛即可。这种方法工效高，但滚出的花纹较粗。

②湿滚法是滚子蘸水上墙，并保持整个表面水量一致。这种方法比较费工，但滚出的花纹较细。

滚涂饰面的底、中层抹灰与一般抹灰相同。抹灰面干燥后，用有机硅溶液喷涂一遍。

（3）弹涂施工

弹涂是利用弹涂器将不同色彩的聚合物水泥砂浆弹在色浆面层上，其装饰面的形成效果类似于干粘石，如图 8-8 所示。弹涂应自上而下、自左向右进行，先弹深色浆，后弹浅色浆。

一般混凝土等表面较为平整的基体，可直接刷底色浆后弹涂，而砖墙基体弹涂前应先用 1：3 水泥砂浆抹找平层并搓平。基体应保证干燥、平整、棱角规矩。

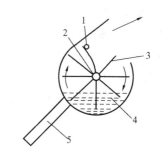

图 8-8　喷涂器工作原理示意图
1—挡棍；2—中轴；3—弹棒；
4—色浆；5—把手

弹涂时，将基层湿润并刷（喷）底色浆，然后用弹涂器将色浆弹到墙面上，形成直径为 1～3mm、厚为 2～3mm 的图形花点，一般 2～3 遍成活，每遍色浆厚度应适宜，第一遍应覆盖 60％～80％。弹涂完毕后，应罩一遍甲基硅醇钠憎水剂。

8.2　门窗工程

门窗的种类有很多，常见的有木门窗、钢门窗、铝合金门窗和塑钢门窗。

8.2.1　木门窗

木门窗的使用比较普遍，大多是由专业的木门窗加工厂按照设计图纸及加工计划制作的，安装门框前，要按照设计图纸检查门窗的品种、规格、开启方向及组合，并用对角线相等的方法复核门框的兜方程度。

木门窗的安装方法使用最普遍的有立框安装和塞框安装两种。

1. 立框安装

立框安装是先立好门窗框，再砌筑两边的墙。当砌墙砌到室内地坪时，应当立门框；砌到窗台时立窗框。

立框时应先在地面（或墙面）画出门（窗）框的中线及边线，然后把窗框立在相应的位置上，用临时支撑撑牢，用线锤和水平尺找平找直，并检查框的标高是否正确，若有不平之处应及时纠正。

立门窗框时应特别注意门窗的开启方向和墙面装饰层的厚度。

在砌两旁墙时，应将经防腐处理的木砖（规格为 115mm×115mm×53mm）砌入墙内，两块木砖的垂直间隔应为 0.5～0.7m。

2. 塞框安装

塞框安装是在砌墙时按施工图纸上的位置和尺寸预先留出门窗洞口。门窗框洞口尺寸应比门窗框尺寸每边大 20mm。在砌墙时，洞口两侧按规定砌入木砖（大小约为半砖，间距 ≤1.2m），每边 2～3 块。门窗框塞入后，先用木楔临时塞住，用线锤和水平尺进行校正，要求横平竖直。校正无误后，用钉子将门窗框钉牢在砌于墙内的木砖上。

3. 门窗扇的安装要点

在门窗扇安装前，要先测量一下门窗樘洞口的净尺寸，根据测得的准确尺寸来修刨门窗扇，扇的两边要同时修刨。还应核对门窗的开启方向是否正确，打上记号以避免安错门扇。

修刨时，先刨平下冒头，再以此为标准修刨上冒头，并注意留出风缝。将修刨好的门窗扇，用木楔临时立于门窗框中，排好缝隙后画出铰链位置。然后把扇取下来，用扇铲剔出铰链页槽。最后将铰链放入，上下铰链各拧一颗螺丝钉把扇挂上，待检查合格后，再拧上剩余螺丝。门窗扇在安装时，应保持冒头、窗芯水平，双扇门窗的冒头要对齐，开关灵活，但应避免出现自开或自关的现象。

8.2.2 铝合金门窗

铝合金门窗是用经过表面处理的材料，通过下料、打孔、铣槽、攻丝和制窗等施工工艺过程而制成的门窗框料构件，再与连接件、密封件和五金配件一起组装而成的。其安装要点如下：

1. 弹线找正

铝合金门窗框一般是用后塞口方法安装。在最高层找出门窗口边线，用大线坠将门窗口边线下引，并在每层门窗口处画线标记。弹线时应注意下列要求：

（1）同一立面的门窗在水平与垂直方向应做到整齐一致。

（2）在洞口弹出门、窗位置线。

（3）门的安装应注意室内地面的标高。

2. 防腐处理

（1）为避免填缝水泥砂浆直接与铝合金门窗表面接触，产生电化学反应，腐蚀门窗，应对门窗框两侧进行防腐处理，具体方法按照设计要求进行，若无设计要求时，可涂刷防腐材料，也可粘贴塑料薄膜进行保护。

（2）铝合金门窗安装时连接件最好选用不锈钢件，若采用连接铁件固定，铁件应进行防腐处理。

3. 就位和临时固定

根据铝合金门、窗框已放好的安装位置线安装，并将其吊正找直，无问题后方可用木楔临时固定，用厚1.5mm的镀锌锚板将其固定在门窗洞口内。

4. 与墙体固定

铝合金门窗与墙体有三种固定方法，其铁脚至窗角的距离均应≤180mm，铁脚间距均应<600mm。

方法一：连接铁件与预埋钢板或剔出的结构箍筋焊牢。

方法二：将铁脚与混凝土墙体用射钉或膨胀螺栓固定。

方法三：沿窗框外墙用电锤打深60mm的孔，并用φ6钢筋粘108胶水泥浆，打入孔中，待水泥浆终凝后，再将铁脚与预埋钢筋焊牢。

5. 填缝

铝合金门窗安装固定后，应及时处理门窗框与墙体缝隙。若设计未规定具体填塞材料品种时，应采用矿棉或玻璃棉毡条分层填塞缝隙，外表面留5～8mm深的槽口，槽内填嵌缝油膏或在门窗两侧做防腐处理后填1：2水泥砂浆。为防止窗框受力后变形，填嵌时用力不应过大。

6. 铝合金门框的安装

铝合金门框的安装节点如图8-9所示。

铝合金门窗安装的允许偏差和检验方法应符合表8-1的规定。

表 8-1　铝合金门窗安装的允许偏差和检验方法

项 次	项　　目		允许偏差（mm）	检验方法
1	门窗槽口宽度、高度（mm）	≤1500	1.5	用钢尺检查
		>1500	2	
2	门窗槽口对角线长度差（mm）	≤2000	3	用钢尺检查
		>2000	4	
3	门窗框的正、侧面垂直度		2.5	用垂直检测尺检查
4	门窗横框的水平度		2	用 1m 水平尺和塞尺检查
5	门窗横框标高		5	用钢尺检查
6	门窗竖向偏离中心		5	用钢尺检查
7	双层门窗内外框间距		4	用钢尺检查
8	推拉门窗扇与框搭接量		1.5	用直钢尺检查

7. 弹簧座的安装

（1）根据地弹簧安装位置，提前剔洞，将地弹簧放入剔好的洞内，用水泥砂浆固定。

（2）地弹簧安装质量必须保证地弹簧座的上皮一定要与室内地坪一致；地弹簧的转轴轴线一定要与门框横梁的定位销轴心线一致。

8.2.3　塑料门窗

塑料门窗具有强度高、耐冲击的特点，它的保温性能与密闭性能比其他门窗明显优越，适用范围可达−40～70℃。塑料门窗不得有开焊、断裂等损坏现象，如有损坏，应予以修复或更换。为防止受热变形，塑料门窗进场后应存放在有靠架的室内并与热源隔开。塑料门窗是今后门窗材料发展的主要方向。

塑料门窗框与墙体的连接方法，常见的有以下两种：

（1）连接件法。可用膨胀螺栓固定。

（2）直接固定法。可在墙内预埋木砖或木楔，用木螺钉将门窗框固定在木砖或木楔上。

塑料门窗在安装前，先装五金配件及固定

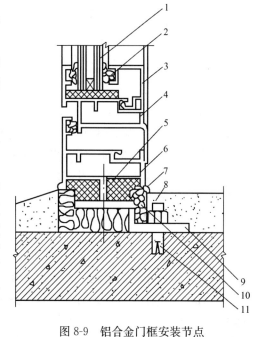

图 8-9　铝合金门框安装节点

1—玻璃；2—橡胶条；3—压条；4—内扇；5—塑料垫；
6—外框；7—密封胶；8—砂浆；9—铁脚；10—软填料；
11—膨胀螺栓

件。安装时，应先用手电钻钻孔，后用自攻螺钉拧入。为防止塑料门窗出现局部凹陷、断裂和螺钉松动等质量问题，保证零附件及固定件的安装质量，钻头直径应比所选用的自攻螺钉直径小 0.5～1.0mm。应用自攻螺钉等将与墙体连接的固定件紧固于门窗框上。将五金配件及固定件安装完毕并检查合格的塑料门窗框，放入洞口内，调整至横平竖直后，用木楔将塑料框料四角塞牢做临时固定，但为防止外框变形，不宜将其塞得过紧。最后用尼龙胀管螺栓将固定件与墙体连接牢固。

门窗框与墙体结构之间一般留 10～20mm 缝隙，填入泡沫塑料条或油毡卷条，为防止

159

框架变形，填塞不应过紧。

塑料门窗安装的允许偏差和检验方法应符合表 8-2 的规定。

表 8-2 塑料门窗安装的允许偏差和检验方法

项 次	项 目		允许偏差（mm）	检 验 方 法
1	门窗槽口宽度、高度（mm）	≤1500	2	用钢尺检查
		>1500	3	
2	门窗槽口对角线长度差（mm）	≤2000	3	用钢尺检查
		>2000	5	
3	门窗框的正、侧面垂直度		3	用垂直检测尺检查
4	门窗横框的水平度		3	用 1m 水平尺和塞尺检查
5	门窗横框标高		5	用钢尺检查
6	门窗竖向偏离中心		5	用钢直尺检查
7	双层门窗内外框间距		4	用钢尺检查
8	同樘平开窗相邻扇高度差		4	用钢直尺检查
9	平开窗铰链部位配合间隙		+2；−1	用塞尺检查
10	推拉门窗扇与框搭接量		+1.5；−2.5	用钢直尺检查
11	推拉门窗扇与竖框平行度		2	用 1m 水平尺和塞尺检查

8.2.4 玻璃安装

建筑玻璃一般采用厚平板白玻璃、雕花玻璃、钢化玻璃及彩印图案玻璃灯，具有透明度高、内部质量好、加工精细、耐冲击、机械强度高等特点。

玻璃安装的具体工艺流程及注意事项如下：

（1）玻璃安装时，操作人员要加强对窗台及门窗口抹灰等项目的成品保护。

（2）门窗的玻璃安装顺序一般应为先外后内，先西北面后东南面，在条件允许的情况下也可同时进行安装。玻璃安装前应清理裁口。

（3）玻璃推平、压实后，四边分别钉上钉子（间距为 150～200mm），每边应不少于 2 个钉子，钉完后用手轻敲玻璃，若发出"啪啦"的响声，说明油灰不严，要重新将玻璃安装平实，最后将灰边压平压光。若采用木压条固定时，应先涂一遍干性油，并且不得将玻璃压得过紧。

①铝合金框扇玻璃安装时，玻璃就位后，其边缘不得与框扇及其连接件相接触，所留间隙应符合有关标准的规定，所用材料不得影响泄水孔。密封胶封贴缝口时，封贴的宽度及深度应符合设计要求，必须密实、平整、光洁。

②彩色玻璃（或压花玻璃）安装时，应按照设计图案仔细裁割，拼缝必须吻合，不允许出现斜曲和错位松动等缺陷。

③钢化玻璃安装时，应按设计要求用夹紧螺钉或压条镶嵌固定，应在玻璃与金属框格连接处衬垫橡皮条或塑料垫。

玻璃安装完毕后，应进行清理，将油灰、钉子、钢丝卡及木压条等清理干净，关好门窗。为防止刮风损坏玻璃，还应随手挂好风钩或插上插销，并将多余的玻璃及时送库或清理干净。

（4）外墙铝合金框、扇玻璃不宜冬期安装。可冬期施工的玻璃应在室内作业，温度应＞0℃。在条件允许的情况下，要将预先裁割好的玻璃提前运至作业地点。存放玻璃的库房与作业面温度不可相差太大，玻璃如从过冷或过热的环境中运入操作地点时，应待玻璃温度与室内温度相近后再行安装。

凡已经安装完门窗玻璃的栋号，必须派专人看管维护，每日应按时开、关门窗，尤其在有风的天气，更应注意，以减少玻璃的损坏。

（5）若玻璃的面积较大、造价昂贵，应在交验栋号之前安装，如需提前安装，为防止损伤玻璃而造成损失，应采取妥善的保护措施。

8.3 饰面工程

饰面工程是指将块料面层镶贴或安装在墙柱表面而形成的装饰层。块料的种类一般可分为饰面砖和饰面板两大类。饰面砖分有釉和无釉两种，饰面板有石材饰面板、玻璃饰面板、金属饰面板和塑料饰面板等。

8.3.1 饰面砖施工

1. 施工准备

饰面砖的基层处理和找平层砂浆的涂抹方法与装饰抹灰基本相同。

（1）饰面砖镶贴前的预排应注意的问题有：

①同一墙面的横竖排列，均不得有一行以上的非整砖。

②非整砖应排在最不醒目的部位或阴角处，用接缝宽度调整。

（2）外墙面砖的预排应根据设计图纸尺寸，进行排砖分格并绘制大样图。一般要求如下：

①水平缝应与窗台齐平。

②竖向要求阴角及窗口处均为整砖，分格按整块分匀，并根据已确定的缝子大小做分格条并画出皮数杆。

③对墙、墙垛等处要求先测好中心线、水平分格线和阴阳角垂直线。

2. 釉面砖镶贴

釉面砖是采用瓷土或优质陶土烧制而成的表面上釉、薄片状的精陶制品，一般只适用于室内而不用于室外。

（1）墙面镶贴方法

釉面砖的排列方法有"对缝排列"和"错缝排列"两种，如图8-10所示。其工序步骤如下：

①镶贴墙应先在清理干净的找平层上弹线分格，弹出水平、垂直控制线。

②以所弹地平线为依据，设置支撑釉面砖的地面木托板。

③镶贴用砂浆应采用配合比为1：2的水泥砂浆（体积比），为改善砂浆的和易性，可另掺水泥重量为3％～4％的108胶。

④镶贴。镶贴前应先湿润基层，然后以弹好的地面水平线为准，从阳角开始逐一镶贴。

⑤清理。镶贴完毕后，应及时擦净其表面余浆，并用薄皮刮缝，然后用同色水泥浆嵌缝。

（2）顶棚镶贴方法

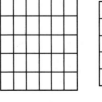

(a)　　　　(b)

图8-10　釉面砖镶贴形式

（a）矩形砖对缝；（b）方形砖错缝

顶棚镶贴方法与墙面镶贴基本相同。镶贴前，应先校核顶棚方正情况，找直阴阳角并找平顶棚。对墙与顶棚均贴釉面砖的情况，则要求房间规方，墙与顶棚成90°直角，阴阳角必须方正。排砖时，为使墙顶砖缝交圈，非整砖应留在同一方向。镶贴时应先贴标志块（间距一般为1.2m）。

3. 外墙釉面砖镶贴

外墙釉面砖镶贴由底层灰、中层灰、结合层及面层组成。外墙底、中层灰抹完后，经1～2d养护即可镶贴施工，镶贴的顺序是自上而下分层分段进行。

外墙釉面砖的镶贴形式由设计而定。镶贴时应依据"平上不平下"的原则，保证上口一线齐。矩形釉面砖多采用竖向镶贴，接缝多采用离缝，缝宽应≤10mm，釉面砖一般应采用对缝排列。一面墙贴完并检查合格后，可用水泥细砂浆（1∶1）勾缝，然后用纱头将砖面擦净（必要时可用稀盐酸擦净并用清水冲洗）。

4. 外墙锦砖（马赛克）镶贴

外墙贴锦砖包括陶瓷锦砖或玻璃锦砖两种。锦砖镶贴由底层灰、中层灰、结合层及面层等组成。

锦砖的品种、颜色及图案选择由设计而定。不是整联的锦砖应排在次要部位，同时要避免非整块锦砖的出现。整个墙面应按照每段自下而上，而各段之间自上而下的顺序镶贴。

8.3.2 饰面板施工

1. 灌浆法

灌浆法是传统的铺贴方法，它的优点是牢固可靠，缺点是工序烦琐，卡箍多样，板材上钻孔易损坏，灌注砂浆时易污染板面和使板材移位。

灌浆法的施工工艺流程为：材料准备→基层处理、挂钢筋网→弹线→安装定位→灌水泥砂浆→整理、擦缝。

（1）材料准备

安装前，应选择色调、花纹基本一致的板材进行试拼，为便于施工时对号安装，试拼后应按部位编号。为系固铜丝或不锈钢丝，每块板材的上、下边应各留2个以上钻孔（孔径5mm左右，孔深15～20mm），孔位应在板宽两端1/4～1/3处，直孔应钻在板厚度的中心位置。最后应在金属丝绕过部位轻剔一槽（深约5mm），以便使金属丝绕过板材穿孔时不搁占板材水平接缝。

（2）基层处理，挂钢筋网

扫净墙面，剔除预埋件（预埋筋），在墙体上设置锚固体，并在竖向基体上预挂钢筋网，用铜丝或镀锌铁丝绑扎板材并灌水泥砂浆粘牢。第一道钢筋网应设置在高于第一层板材的下口100mm处，以后各道均应设置在每层板材的上口以下10～20mm处。钢筋网双向中距为500mm或按板材尺寸确定。

（3）弹线

弹线分块、预排编号。外轮廓线弹在地面，距墙面50mm。分块线弹在墙面上，它是每块板材的定位线，包括水平线和垂直线。

（4）安装定位

安装时，饰面板材根据预排编号对号入座。第一层饰面板材以外层弹线为准先在墙面两端固定两块板材，找平找直后挂上横线，再从中间或一端开始安装。安装时先穿好钢丝，将板材就位，上口略向后仰，将下口钢丝绑扎于横筋上（不宜过紧），并用木楔垫稳，随后检查其水平度、平整度及垂直度，并加垫铅皮以调整板缝，使板缝均匀一致。

对于各板材的缝宽要求如下：

①一般天然石材的光面、镜面板为 1mm，凿琢面板为 5mm。

②人造石材。水磨石为 2mm，水刷石为 10mm，聚酯型人造石材为 1mm。

将板材调整至垂直、平整、方正后，可在板材表面横竖接缝处用石膏将板材碎块固定（每隔 100～150mm 设置一处），以防止板材背面灌浆时板面移位。

（5）灌水泥砂浆

灌注砂浆一般采用 1:3 的水泥砂浆，稠度为 50～150mm。灌注前，应在饰面板及基体表面浇水润湿，然后将砂浆向板材背面与基体间缓缓注入。灌注时应注意随灌随插捣密实，不得漏灌，板材不得外移。若采用浅色大理石或其他浅色石材作为板材时，为防透底而影响饰面效果，应选用白水泥及白石屑浆灌注。

（6）整理、擦缝

一层面板灌浆完毕，待砂浆初凝后，清理上口余浆，隔天再清理板材上口木楔和有碍安装上层板材的石膏。全部板材安装完毕后，洁净表面，并按板材颜色调制水泥色浆进行嵌缝，缝隙嵌浆应密实，颜色要一致。安装固定后的板材，如面层光泽受到影响，应重新打蜡上光，并采取临时措施保护其棱角，直至交付使用。粗磨面、麻面、条纹面的天然石饰面板应用水泥砂浆接缝和勾缝，勾缝深度应符合设计要求。

2. 干挂法

干挂法是利用高强度螺栓和耐腐蚀、强度高的金属挂件或利用金属龙骨，将饰面板材固定于建筑物的外表面的做法。干挂法根据板材的加工形式分为普通干挂法和复合墙干挂法。

干挂法具有可缩短施工周期、减轻建筑物自重、提高抗震性能、增强石材饰面安装的灵活性和装饰质量等优点，一般适用于高度<30m 的钢筋混凝土外墙或有钢骨架的外墙饰面，不适用于砖墙和加气混凝土墙。

干挂法的施工工艺流程为：基面处理→弹线→打孔或开槽→固定连接件→镶装板块→嵌缝→清理。

（1）基面处理

弹线前先将板材凹凸处修平，平整度为 4mm/2m，垂直度偏差为 $H/1000$（或 20mm）。清洁整理后进行弹线，若需要可加涂防水剂。

（2）弹线

在墙面上吊分块线，以控制饰面垂直度和水平度。根据设计弹位置线和分块线，并注意板间留缝。

（3）打孔或开槽

根据设计直接在饰面板厚度面和反面开槽或孔，打孔平面应当与钻头垂直，钻孔位置要准确，并及时清除孔部的石屑。

（4）固定连接件

打孔完毕后，在钢筋混凝土墙体内打入金属膨胀螺栓，用不锈钢连接器与金属膨胀螺栓或钢骨架相连接。

（5）镶装板块

将胶粘剂灌入临时固定的底层石板孔眼中，插入不锈钢销。再向上排板材的下孔内注入胶粘剂，然后插入不锈钢销中，调整水平度及垂直度，依次安装。

（6）嵌缝

安装后清理饰面，检查无误后在板缝间加泡沫塑料阻水条，外用防水密封胶做嵌缝处理。

3. 直接粘贴法

直接粘贴法是指在水泥砂浆表面涂抹胶粘剂与板材背面直接粘贴。这种方法适用于厚度在 10～12mm 以下的石材薄板和碎大理石板的铺设。铺设用的板材要求干燥、平整、干净。贴接剂可采用普通硅酸盐水泥砂浆或白水泥白石屑浆，也可采用专用的石材粘结剂。为防止石板粘贴后下滑，薄型石在粘贴第一层时应沿水平基准线放一长板作为托底板。粘贴顺序为由下至上逐层粘贴。

粘贴后，应用木锤或橡皮锤敲实，或用铁锤垫板敲实。每块板材应至少两头与水泥砂浆粘实，切忌两头空、中间实。每层用水平尺靠平，每贴三层应在垂直方向用靠尺靠平。粘贴饰面板时，应检查板材的厚度是否一致，如厚度不一致，则应在施工前分类，不同厚度的板材分贴不同墙面。

8.3.3 金属饰面施工

金属饰面板是一种可以广泛应用于各种建筑的外饰板材，具有自重轻、安装简便、耐候性好的特点。它不仅可以装饰建筑的外表面，同时还起到保护被饰面免受雨雪等侵蚀的作用。

金属饰面板主要有彩色压型钢板复合墙板、铝合金板和不锈钢板三种。

1. 彩色压型钢板复合墙板

彩色压型钢板复合墙板是以热轧钢板和镀锌钢板为面板，以轻质保温材料为芯层，经复合而成的轻质保温墙板。彩色压型钢板复合墙板在生产中敷以各种防腐蚀涂层与彩色烤漆，是一种轻质、高效的围护结构材料，不仅适用于工业建筑物的外墙挂板，而且在许多民用建筑和公共建筑中也被广泛采用。

①彩色压型钢板复合板的安装，是用吊挂件把板材挂在墙身骨架檩条上，再把吊挂件与骨架焊牢，小型板材，也可用钩形螺栓固定。

②板与板之间的连接，水平缝为搭接缝，竖缝为企口缝。所有接缝处，除用超细玻璃棉塞缝外，还需用自攻螺钉钉牢，钉距为 200mm。

③打孔时，须在螺栓位置画线，按线开孔，并用单面施工的钩形螺栓固定，使螺栓的位置横平竖直，以保证墙面外观质量。

④门窗孔洞、管道穿墙及墙面端头处，墙板均为异型复合墙板，用压型钢板与保温材料按设计规定尺寸进行裁割，然后照标准板的做法进行组装。女儿墙顶部、门窗周围均设防雨泛水板，泛水板与墙板的接缝处，用防水油膏嵌缝。

⑤墙板的内外包角及钢窗周围的泛水板，须在现场加工的异形件，应按设计要求参考图纸进行加工，并对安装好的墙面进行实测，确定其形状尺寸，使其加工准确，便于安装。

⑥压型板墙转角处，均用槽形转角板进行外包角和内包角，转角板用螺栓固定。

2. 铝合金板墙面施工

铝合金板墙面装饰经过独特的阳极氧化处理，在板材表面形成一层厚度为 5～20mm 氧化膜，并进行封孔处理，表面的硬度、耐磨性、耐腐蚀性均得到提高。其主要适用于幕墙或商业建筑入口处的门脸、柱面及招牌的衬底等部位，或用于内墙装饰。

（1）铝合金板的固定

铝合金板的固定方法按其固定原理可分为以下两种：

第一种是配合特制的带齿形卡脚的金属龙骨，安装时不需使用钉件，只需将板条卡在龙骨上面即可。

第二种是用螺栓或自攻螺钉把铝合金板固定于型钢或木骨架上。

①铝合金扣板的固定。铝合金扣板多用于建筑物较为醒目的部位（如首层的入口及招牌衬底等），其骨架可用角钢、槽钢焊成或用方木铺钉。骨架与墙面基层的固定多用膨胀螺栓，扣板与骨架的固定多用自攻螺钉。

②铝合金蜂窝板的固定。铝合金蜂窝板与骨架的固定多用连接板，连接件断面如图8-11所示。

③铝合金成型板的固定。将铝合金板的上下面各留两个孔，并将孔眼穿入内架上焊牢的钢销钉上。上下板之间的缝隙用聚氯乙烯泡沫填充后，在其外侧注入硅酮密封胶。

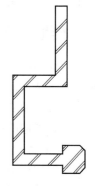

图 8-11 连接件断面

④铝合金条板与特制龙骨的卡接固定，如图 8-12 所示。该条板卡在与墙基层固定牢固的特制龙骨顶面（龙骨由镀锌钢板冲压而成）。这种固定方法具有简便可靠、拆换方便的优点，但在实际工程中需注意龙骨应与铝合金墙板配套使用。

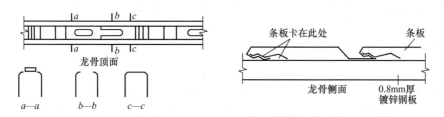

图 8-12 铝合金条板与特制龙骨的卡接固定

（2）铝合金板墙面施工顺序

铝合金墙面的施工顺序为：放线→固定骨架连接件→固定骨架→安装铝合金板→收口构造处理。

3. 不锈钢饰面板施工

不锈钢是碳钢中加入合金元素后制成的合金钢的一种，具有优良的抗腐蚀性能。不锈钢饰面板主要用于墙柱面装饰，具有强烈的金属质感和抛光的镜面效果，其中以 0.3～0.6mm 厚度的用途最广，用量最多。

（1）圆柱体不锈钢板包面焊接施工

圆柱体不锈钢板包面焊接工艺施工顺序为：柱体成型→柱体基层处理→不锈钢板滚圆→不锈钢板定位安装→焊接和打磨修光。

（2）圆柱体不锈钢板镶包饰面施工

圆柱体不锈钢板不用焊接且操作简便、快捷，适用于一般装饰柱体的表面装饰施工。通常用木胶合板作柱体的表面（即不锈钢饰面板的基层），其包柱圆筒形体的组合，可以由两片或三片加工好的圆曲面拼接。但安装的关键在于片与片之间的对口处理，其方式有直接卡口式和嵌槽压口式两种。

①直接卡口式安装。是指用螺钉将两片不锈钢板对口处安装的不锈钢卡口槽固定于柱体骨架的凹部。将板的一端弯后勾入卡口槽内，再用力推按板的另一端使其卡入另一卡口槽

内，即完成安装。

②嵌槽压口式安装。是指用螺钉或钢钉将不锈钢板对口处的凹部固定，在凹槽中间固定一条宽度小于接缝凹槽的木条，两边空出的间隙（宽约 1mm）相等。在木条上涂胶并嵌入不锈钢槽条。不锈钢槽条在嵌前应用酒精或汽油等将其内侧清洁干净，而后刷涂一层胶液。

8.4 楼地面工程

楼地面是建筑物底层地面和楼层地面的总称，要求地面要有足够的强度、防潮、防火和耐腐蚀性。楼地面装饰包括楼面装饰和地面装饰两部分，楼面装饰面层的承托层是架空的楼面结构层，地面装饰面层的承托层是室内回填土。

楼面、地面的组成分为基层、垫层和面层三部分。

1. 基层

基层即面层下的构造层，主要起加强地基、承担其上面全部荷载的作用，它是楼地面的基体。地面的基层多为素土或加入石灰、碎砖的夯实土，楼面的基层一般为现浇或预制钢筋混凝土楼板。

2. 垫层

垫层位于基层之上，是楼地面面层与基层的中间层，其作用是将上部的各种荷载均匀地传给基层，同时还起着隔声和找平作用。垫层应具有良好的刚性、韧性和较大的蓄热系数，有防潮、防水的能力。垫层按材料性质的不同，分为刚性垫层和柔性垫层两种。可增设填充层、隔离层、找平层、结合层等其他构造层。

3. 面层

面层是楼地面的表层，即装饰层，它直接承受外界各种物理和化学的作用。地面的名称通常以面层所用的材料来命名。对面层要求坚固、耐磨、平整、洁净、美观、易清扫、防滑、有适当弹性和较小的导热性。

8.4.1 整体式楼地面施工

1. 水泥砂浆楼地面施工

（1）工艺流程

水泥砂浆楼地面施工的工艺流程：基层处理→找标高、弹线→洒水湿润→抹灰饼和标筋→搅拌砂浆→刷水泥浆结合层→铺水泥砂浆面层→木抹子搓平→压光→养护。

（2）工艺要点

1）基层处理

将基层扫灰，用钢丝刷和錾子刷净、剔掉灰浆皮和灰渣层，用火碱水溶液（10％）刷掉油污，并用清水及时冲净碱液。

2）找标高、弹线

根据墙上的+50cm 水平线，往下量测出面层标高，并弹在墙上。

3）洒水湿润

用喷壶将地面基层均匀洒水一遍。

4）抹灰饼和标筋

根据房间内四周墙上弹的面层标高水平线，确定面层抹灰厚度（应≥20mm）后拉水平线抹灰饼（50mm×50mm），横竖间距为 1.5～2.0m，灰饼上平面即为地面面层标高。

5）搅拌砂浆

水泥：浆应为1:2（体积比），其稠度应≤35mm，强度等级应≥M15。使用前应搅拌均匀，颜色一致，以便控制加水量。

6）刷水泥浆结合层

铺设水泥砂浆前涂刷水泥浆一层，水：灰应为0.4～0.5，涂刷面积应适宜，随刷随铺面层砂浆。

7）铺水泥砂浆面层

刷水泥浆结合层之后紧跟着铺水泥砂浆面层，灰饼（或标筋）之间的砂浆应铺均匀，并用木刮杠按灰饼（或标筋）高度刮平。若灰饼（或标筋）已硬化，刮平后，应敲掉利用过的灰饼（或标筋），并用砂浆将其填平。

8）木抹子搓平

刮平后应立即用木抹子搓平，操作顺序为由内向外，并随时用2m靠尺检查其平整度。

9）压光

①第一遍压光。搓平后，立即用铁抹子压第一遍，直到出浆为止，若砂浆过稀并伴有泌水现象时，可均匀撒一遍干水泥和砂（1:1）的拌合料（砂子要过3mm筛）后用木抹子用力抹压，待干拌料吸水后用铁抹子压平。如有分格要求的地面，在面层上弹分格线，用劈缝溜子开缝并将分缝内压至平、直、光。以上操作要求在水泥砂浆初凝之前完成。

②第二遍压光。水泥砂浆面层初凝后，人踩上去有脚印但不下陷时，即可进行第二遍压光，边抹压边把坑凹处填平，表面压平、压光（注意不漏压）。有分格的地面压过后，应用溜子溜压使缝边光直、缝隙清晰、缝内光滑顺直。

③第三遍压光。水泥砂浆面层终凝前，人踩上去稍有脚印，即可进行第三遍压光，铁抹子抹上去不再有抹纹时，用铁抹子把第二遍抹压时留下的全部抹纹压平、压实、压光（必须在终凝前完成）。

10）养护

地面压光完工后24h，铺锯末或其他材料覆盖洒水养护，保持湿润，养护时间应≥7d，当抗压强度达5MPa时才能上人。冬期施工时，室内温度应≥5℃。

11）抹踢脚板

墙基体抹灰时，踢脚板的底层砂浆和面层砂浆分两次抹成；墙基体不抹灰时，踢脚板只抹面层砂浆。

①踢脚板抹底层水泥砂浆。基层经清洗并洒水湿润后，按50cm标高线向下测量踢脚板上口标高，吊垂直线确定踢脚板抹灰厚度，然后拉通线、套方、贴灰饼、抹水泥砂浆（1:3），最后刮平、搓平，扫毛洒水养护。

②抹面层砂浆。底层砂浆抹好硬化后，上口拉线贴紧靠尺，抹水泥砂浆（1:2），然后托灰、抹灰、刮平、压光，阴阳角、踢脚板上口应溜直压光。

2. 细石混凝土楼地面施工

细石混凝土地面强度高，干缩值小，可以克服水泥砂浆地面干缩较大的弱点。与水泥砂浆面层相比，其耐久性更好，但厚度较大，一般为30～40mm。混凝土强度等级应≥C20，所用粗集料要求级配适当，粒径≤15mm，且不大于面层厚度的2/3，用中砂或粗砂配制。

细石混凝土面层施工的基层处理和找规矩的方法与水泥砂浆面层的施工相同。

铺细石混凝土时，应当由里向门口方向进行铺设，按标志筋厚度刮平拍实后，稍待收水，即用钢抹子预压一遍，待进一步收水，即用铁滚筒滚压 3～5 遍或者用表面振动器振捣密实，直到表面泛浆为止，然后进行抹平压光。细石混凝土面层与水泥砂浆基本相同，必须在水泥初凝之前完成抹平工作，终凝前完成压光工作，要求表面色泽一致，光滑无抹子印迹。

钢筋混凝土现浇楼板或强度等级≥C15 的混凝土垫层兼面层时，可以采用随捣随抹的方法施工，在混凝土楼地面浇捣完毕，表面略有吸水后即进行抹平压光。混凝土面层的压光和养护时间以及方法也与水泥砂浆面层相同。

3. 现浇水磨石楼地面施工

（1）工艺流程

现浇水磨石楼地面施工的工艺流程为：基层处理→找标高、弹线→铺抹找平层砂浆→养护→弹分格线→镶分割条→铺水磨石拌合料→滚压抹平→机磨→草酸清洗→打蜡上光。

（2）工艺要点

1）基层处理

扫净基层杂物，不得有油污、浮土。用钢錾子和钢丝刷錾掉铲净沾在基层上的水泥浆皮。

2）找标高、弹线

根据墙面上的＋50cm 标高线，往下测量出磨石面层的标高，弹在四周墙上。

3）抹找平层砂浆

①根据墙上弹出的水平线，留出面层厚度（10～15mm），抹水泥砂浆（1∶3）找平层，先抹灰饼（纵横方向间距 1.5m 左右，尺寸约 8～10cm），以便保证找平层的平整度。

②灰饼砂浆硬结后，以其高度为标准抹纵横标筋（宽度为 8～10cm）。

③在基层上洒水湿润，刷一道水泥浆（水∶灰为 0.4～0.5），面积应适宜，随刷浆随铺抹找平层砂浆（1∶3），用刮杠（长 2m）以标筋为标准进行刮平后用木抹子搓平。

4）养护

抹好找平层砂浆后，铺锯末或其他材料覆盖洒水养护 24h，当其抗压强度达到 1.2MPa 时即可进行下道工序施工。

5）弹分格线

用分格尺寸（1m×1m）在房间中部弹十字线，计算好周边的镶边宽度后，以十字线为标准弹分格线，按设计要求，弹出的线条应清晰。

6）镶分格条

用小铁抹子抹稠水泥浆将分格条固定在分格线上，抹成 30°"八"字形，高度应比分格条条顶低 3mm，分格条作为铺设面层的标志，应平直、牢固、接头严密，不得有缝隙，如图 8-13 所示。在镶分格条时，分格条十字交叉接头处距交点 40～50mm 内不抹素水泥浆，以便使拌合料填塞饱满，如图 8-14 所示。

7）拌制水磨石拌合料（或称石渣浆）

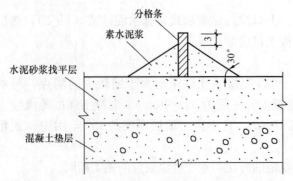

图 8-13　预置水磨石地面镶嵌分格条剖面示意图

①拌合料的体积比（水泥：石粒）应为 1：1.5～1：2.5，要求配合比准确，拌合均匀。

③各种拌合料在使用前应加水搅拌均匀（稠度约 6cm）。

②彩色水磨石拌合料是指在拌合料中加入彩色石粒以及耐光、碱的矿物颜料（水泥质量的 3％～6％）。施工前应经试验室试验后确定彩色石子与普通石子配合比、普通水泥与颜料配合比。同一彩色水磨石面层应使用同厂、同批颜料。彩色水磨石拌合料应放置在干燥室内，避免受潮，集中存放待用。

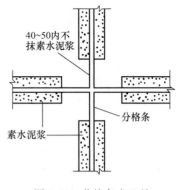

图 8-14 分格条交叉处
正确的粘贴方法

8）涂刷水泥浆结合层

洒水湿润后在找平层上均匀涂刷与面层颜色相同的水泥浆结合层（水：灰为0.4～0.5），也可在水泥浆内掺加胶粘剂，要随刷随铺拌合料，以防止浆层风干导致面层空鼓。

9）铺设水磨石拌合料

①若无特殊要求，水磨石拌合料的面层厚度应为 12～18mm，并应按石料粒径确定。铺设时先铺抹分格条边，后铺抹分格条方框中间，然后用铁抹子将分格条（应特别注意两边及交角处）压实抹平，随抹随进行平面度检查。用铁抹子将铺设过高的局部地面挖去一部分，随即将周围的水泥砂浆拍挤抹平（不得用刮杠刮平）。

②颜色不同的水磨石拌合料在铺抹时应按先深色后浅色的顺序，待一种凝固后，再铺另一种。

10）滚压、抹平

滚压前，先将分格条两边（宽约 10cm 范围）轻轻拍实，注意不要将分格条挤移位。然后从横竖两个方向轮换进行均匀滚压，使表面达到平整密实、出浆石粒均匀。待石粒浆稍收水后，再将石粒浆抹平、压实，不均匀的石粒应补石粒浆并用铁抹子拍平、压实，24h 后浇水养护。

11）机磨

①试磨。养护天数应根据气温情况来确定，温度在 20～30℃时 2～3d 即可开始机磨，但须进行试磨，以面层不掉石粒为准。

②粗磨。采用 60～90 号粗金刚石磨，使磨石机机头在地面上走横"8"字形，边磨边加水（及时清扫水泥浆），待表面磨平、磨匀，分格条和石粒全部露出时用水清洗晾干，然后用较浓的水泥浆擦一遍（应注意面层的洞眼及小孔隙要填实抹平，脱落的石粒应补齐），浇水养护 2～3d。

③细磨。采用 90～120 号金刚石磨，待磨至表面光滑后用清水冲净，满擦第二遍水泥浆（应注意小孔隙要细致擦严密），养护 2～3d。

④磨光。采用 200 号细金刚石磨，磨至表面石子显露均匀，无缺石粒现象，平整、光滑、无孔隙。

12）草酸擦洗

在打蜡前磨石面层要用草酸溶液（10％）进行擦洗，以便打蜡后能取得显著的效果。此项操作必须在各工种完工后才能进行，经酸洗后的面层不得再受污染。

13）打蜡上光

将蜡包在薄布内，在面层上薄薄涂一层，待干后用钉有帆布或麻布的木块代替油石，装在磨石机上研磨，用相同方法重复打蜡，直到光滑、明亮为止。

8.4.2 块材楼地面施工

1. 工艺流程

块材楼地面施工工艺流程为：基层处理→弹线→试拼→试排→刷水泥浆及铺砂浆结合层→铺大理石板块（或花岗石板块）→灌缝、擦缝→打蜡上光。

2. 工艺要点

（1）基层处理。扫净地面垫层上的杂物，并刷掉粘结在垫层上的砂浆。

（2）弹线。在房间内弹互相垂直的十字控制线，用来检查和控制大理石板块的位置，然后依据墙面+50cm标高线找出面层标高，在墙上弹好水平标高线（注意室内与楼道面层标高要一致）。

（3）试拼。铺设前，应按图案、颜色、纹理对每一房间的板块进行试拼，并按两个方向编号排列，将板块按编码放整齐。

（4）试排。为检查板块之间的缝隙，核对板块与墙面、柱、洞口等部位的相对位置，应在房间内的两个相互垂直的方向铺两条干砂（宽度大于板块宽度，厚度≥3cm）并结合施工图及房间实际尺寸排好板块。

（5）刷水泥浆及铺砂浆结合层。铺浆前再次将基层清扫干净，用喷壶洒水湿润，刷素水泥浆一层（水：灰为0.4～0.5），面积应适宜，随铺砂浆随刷。根据水平线确定地面结合层厚度，拉十字控制线，开始铺结合层砂浆（一般采用1：2～1：3的干硬性水泥砂浆，干硬程度以手捏成团不松散为宜），砂浆从里往门口处摊铺，铺好后用大杠刮平，再用抹子拍实找平，找平厚度控制在放板块时高出面层水平线3～4mm。

（6）铺砌板块。一般房间按先里后外的顺序沿控制线进行铺设。根据房间内的十字控制线，纵横各铺一行，作为大面积铺砌标筋用。按照试拼编号一次铺砌，逐步退至门口。

①铺前板块预先浸湿阴干后备用，先进行试铺，即搬起板块对好纵横控制线，铺落在已铺好的干硬性砂浆结合层上，用橡皮锤敲击木垫板（不得用锤直接敲击石板），振实砂浆至铺设高度后，将板块掀起移至一旁，检查砂浆上表面是否与板块相吻合，空虚之处用砂浆填补。

②正式镶铺时，先在水泥砂浆结合层上满浇一层素水泥浆结合层（水灰比为0.5），再铺板块，安放时四角应同时往下落，用橡皮锤轻击木垫板，根据水平线用铁水平尺找平，铺完第一块石板，再向两侧和后退方向顺序铺砌。在板块安放时，要将板块四角同时平稳下落，将缝轻敲振实后用水平尺进行找平，板块与墙角、镶边和靠墙处应紧密砌合，不得有空隙。

（7）灌缝、擦缝。对于不设置镶条的板材，应在铺贴完毕24h后洒水养护，一般养护2d后无板块裂缝及空鼓现象即可进行灌缝。根据大理石（或花岗石）颜色，选择相同颜色矿物颜料和水泥拌合均匀，调成稀水泥浆（1：1），用浆壶慢慢灌入板块之间的缝隙中。灌缝应为板缝的2/3高度，溢出的水泥浆应在凝结之前清除干净。灌浆1～2h后，用棉纱团蘸原稀水泥浆擦缝与板面擦平，待缝内水泥凝结后，将面层清理干净并加以覆盖，养护时间应≥7d。

（8）打蜡上光。当水泥砂浆结合层的抗压强度达到1.2MPa时，方可进行打蜡，使面层达到光滑、明亮。

8.4.3 木楼地面施工

1. 粘贴式木地板

在混凝土结构层上用厚 15mm 的水泥砂浆（水：泥＝1：3）找平，并用高分子粘结剂将木地板直接粘贴于地面上，其构造如图 8-15 所示。

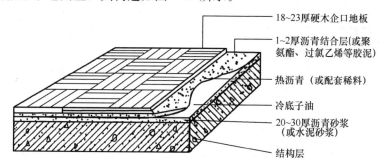

图 8-15 粘贴式木地板构造示意图

粘贴法工艺流程为：基层处理→涂刷底胶→弹线、找平→钻孔、安装预埋件→安装毛地板、找平、刨平→钉木地板、找平、刨平→钉踢脚板→刨光、打磨→油漆→打蜡上光。

2. 实铺式木地板

实铺式木地板基层是指为降低人行走时的空鼓声并改善保温隔热效果，在梯形截面木搁栅（间距为 400mm）中间填加轻质材料。木搁栅上需铺钉毛地板并在毛地板上打接或粘结木地板，以便增强其整体性，其构造如图 8-16 所示。

用踢脚板将木地板与墙的交接处压盖，并可在踢脚板上开孔通风，以便散发潮气，如图 8-17 所示。

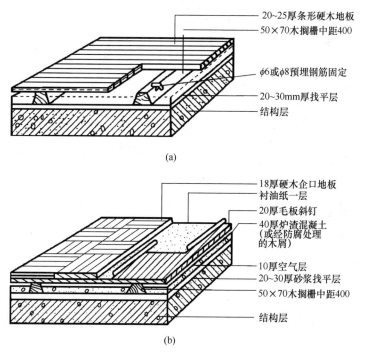

(a)

(b)

图 8-16 实铺式木地板构造示意图

（a）单层；（b）双层

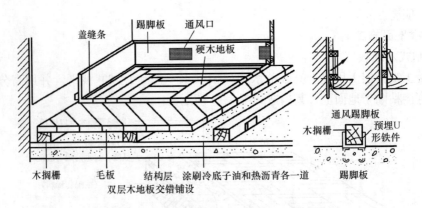

图 8-17　实铺式木地板通风示意图

实铺法工艺流程为：基层处理→弹线→钻孔安装预埋件→地面防潮、防水处理→安装木龙骨→垫保温层→弹线、钉装毛地板→找平、刨平→钉木地板、找平、刨平→装踢脚板→刨光、打磨→油漆→打蜡上光。

3. 架空式木地板

架空式木地板是指在地面砌地垄墙之后安装木搁栅、毛地板、面层地板。架空式木地板很少在家庭装饰中使用，其构造如图 8-18 所示。

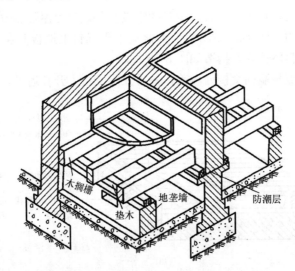

图 8-18　架空式木地板构造示意图

8.5　其他装饰工程

8.5.1　玻璃幕墙施工

1. 玻璃幕墙的分类

玻璃幕墙一般由固定玻璃的骨架（型钢、铝合金和不锈钢）、连接件、嵌缝密封材料、填衬材料和幕墙玻璃等组成。

玻璃幕墙按照其构造和组合形式的不同可分为：明框玻璃幕墙、隐框玻璃幕墙、半隐框玻璃幕墙和全玻璃幕墙。

玻璃幕墙按照其施工方法的不同又可分为：在现场安装组合的元件式玻璃幕墙和先在工厂组装再在现场安装的单元式玻璃幕墙。

2. 玻璃幕墙的安装

（1）定位放线

确定玻璃幕墙的位置是保证工程安装质量的第一道重要工序。玻璃幕墙的测量放线应与主体结构测量放线相配合，以建筑物轴线为基准，将骨架的位置线弹到主体结构上，以确定竖向杆件的位置。

水平标高要逐层从地面基点引上，以免误差积累。工程主体部分以中部水平线为基准，向上下返线，每层水平线确定后，即可用水准仪抄平横向节点的标高。以此标高为基准确定立柱的前后位置，从而决定整片幕墙的位置。由于建筑物易随气温变化产生侧移，测量应每天定时进行。

（2）骨架安装

放线后即可进行骨架安装，骨架的固定是用连接件将骨架与主体结构相连。

连接件一般用型钢加工而成，玻璃幕墙与主体结构连接的钢构件，一般采用三维可调连接件。在安装骨架时，一般是先安竖向杆件（立柱），再安装横向杆件。

1）立柱的安装

安装立柱时，先将立柱先于连接件连接，再将连接件点焊在主体结构的预埋钢板上，并同时进行位置调整、固定。

立柱一般根据施工运输条件，可以一、二层楼高为一整根。接头应有一定空隙，采用套筒连接法。立柱安装标高的偏差应≤3mm，轴线前后偏差应≤2mm，左右偏差应≤3mm。

2）横梁的安装

横向杆件的安装，应在竖向杆件安装后进行。同一层横梁的安装应由下向上进行，经检查、调整、校正并符合质量要求后固定。如果横竖杆件均是型钢一类的材料，可以采用焊接（注意焊接的顺序及操作），也可以采用螺栓或其他办法连接。

铝合金型材骨架，其横梁与竖框的连接，一般是用铝拉铆钉将其与连接件进行固定，连接件多为角铝或角钢。

横梁与立柱相连处应垫弹橡胶垫片以消除横向热胀冷缩应力以及变形造成的横竖杆间的摩擦响声。

（3）玻璃安装

安装前，应将玻璃表面尘土污物擦拭干净，四边的铝框也要清除污物，以保证嵌缝耐候胶可靠粘结。玻璃的镀膜面应朝室内方向，为防止玻璃因温度变化引起胀缩导致破坏，玻璃与构件不得直接接触。

当玻璃在 $3m^2$ 以内时，一般可采用人工安装。玻璃面积过大、质量很大时，应采用真空吸盘等机械安装。玻璃四周与构件凹槽底必须留有一定空隙，下部应有定位垫块，垫块宽度与槽口相同，长度应≥100mm。隐框幕墙用经过设计确定的铝压板通过不锈钢螺钉固定玻璃组合件，然后用发泡聚乙烯垫条填充玻璃拼缝处空隙，构件下部还应设两个金属支托，支托不应凸出到玻璃的外面。

（4）缝隙处理

玻璃安装完毕后，幕墙与主体结构之间的缝隙要进行处理，用耐候胶嵌缝，予以密封，防止气体渗透和雨水渗漏。窗间墙、窗槛墙之间采用防火材料堵塞，隔离挡板采用厚度为1.5mm 的钢板，并涂防火涂料两遍。

8.5.2 涂料、刷浆及裱糊工程施工

涂料和刷浆是将液体涂料涂敷在物体表面，待其干燥后形成一层与基层牢固粘结的薄膜，以此来保护基层免受外界侵蚀。也常采用壁纸裱糊墙壁，以此来达到装饰的要求。

1. 涂料工程

(1) 涂料的分类

涂料是由胶粘剂、颜料、溶剂和辅助材料等组成。涂料的分类如下：

①按装饰部位不同分为：外墙涂料、内墙涂料、地面涂料、顶棚涂料。

②按成膜物质不同分为：油性涂料、有机高分子涂料、无机高分子涂料和有机无机复合型涂料。其中有机高分子涂料又可分为：水溶性涂料、乳液涂料、溶剂型涂料等。

③按涂层质感不同分为：薄质涂料、厚质涂料、复层涂料和多彩涂料等。

(2) 涂料的施工

涂料施工的基本方法有刷涂、滚涂、喷涂、擦涂、弹涂、刮涂等。

①刷涂。刷涂是指采用鬃刷或毛刷蘸上涂料直接涂刷于被饰涂面。要求：不流、不挂、不皱、不漏、不露刷痕。刷涂一般不少于两遍，应待第一遍涂料表面干后再涂刷第二遍，第二遍一般为竖涂。两道间隔时间由涂料品种和涂刷厚度确定，一般为 2～4h。刷涂法具有设备简单、操作方便的优点，但其工效低，不适于快干或扩散性不良的涂料施工。

②滚涂。滚涂是指用滚涂辊子滚上涂料后，再滚涂于物面上。要求滚涂的涂膜应厚薄均匀、平整光滑，不流挂，不漏底，表面图案清晰、均匀，颜色和谐。滚涂适用于墙面滚花涂刷。滚完 24h 后，为防止污染和增强耐久性，应在其表面喷罩一层有机硅。

③喷涂。喷涂法是指利用压力将涂料涂于被涂饰面上的机械施工方法。一次不能喷得过厚，要分几次喷涂。喷涂具有工效高，涂料分散均匀、平整光滑的优点，但是涂料消耗大，施工时还要采取通风、防火、防爆等安全措施。

④擦涂。擦涂是指用棉花团外包纱布蘸油漆在物面上擦涂，待漆膜稍干后再连续揩擦多遍，直到均匀擦亮为止。擦涂法具有漆膜光亮、质量好的优点，但效率低。

⑤弹涂。弹涂是指通过电动弹涂机的弹力器分几遍将不同色彩的涂料弹在已涂刷的涂层上，形成 1～3mm 大小的扁圆形花点，弹点后需喷罩一层有机硅。

⑥刮涂。刮涂是指利用刮板，将涂料厚浆均匀地批刮于涂面上，形成厚度为 1～2mm 的厚涂层。刮涂法多用于地面等较厚层涂料的施涂。

2. 刷浆工程

刷浆工程是指将液体涂料喷刷在物体表面，与基体材料粘结并形成完整而坚韧的一层薄膜，以此来保护基层免受外界侵蚀。刷浆工程常用于室内外墙面及顶棚表面刷浆。

(1) 刷浆材料

刷浆所用材料主要包括大白浆、可赛银浆、石灰浆和水泥色浆等。大白浆和可赛银浆可用于室内墙面，石灰浆和水泥浆可用于室内外墙面。

①大白浆：其成分包括大白粉、水及适量胶结材料（15%～20%的 108 胶或 8%～10%的聚醋酸乙烯液），加入颜料，可制成各种色浆。大白浆一般适用于喷涂和刷涂。

②可赛银浆：其成分包括可赛银粉（碳酸钙、滑石粉和颜料研磨，加入干酪素胶粉等混合配制而成）和水。

③石灰浆：其成分包括生石灰块（或淋好的石灰膏）和水，为提高其附着力，还可在石灰浆内加入食盐、明矾（0.3％～0.5％）或108胶（20％～30％）。如需配色浆，将颜料用水化开后加入石灰浆内拌匀。

④水泥色浆：一般用聚合物水泥浆，其成分包括白水泥、高分子材料（20％的108胶）、颜料、分散剂（1％的六偏磷酸钠或0.3％的木质素磺酸钙）和憎水剂（甲基硅醇钠）。

（2）施工工艺

1）基层处理和刮腻子

刷浆前应将基层表面的灰尘、污垢、油渍和砂浆流痕等彻底清理干净，并用腻子将基层表面的孔眼、缝隙、凸凹不平处找补并打磨齐平。

室内中、高级刷浆工程应局部找补腻子，并在满刮的1～2道腻子干后用砂纸打磨表面。大白浆和可赛银粉要求墙面干燥，在抹灰面未干前应先刷一道石灰浆，以增加大白浆的附着力。

2）刷浆

刷浆方法一般包括刷涂法、滚涂法和喷涂法施工。其施工要点与涂料工程的涂饰施工要点相同。

需要注意的是聚合物水泥浆刷浆前，应先用乳胶水溶液或聚乙烯醇缩甲醛胶水溶液湿润基层。分段进行的室外刷浆，应以分格缝、墙角或水落管等处为分界线，材料配合比应相同。同一墙面应用相同的材料和配合比，浆料必须搅拌均匀。

3．裱糊工程

裱糊工程是将普通壁纸、塑料壁纸等，用胶粘剂裱糊在内墙面的一种装饰工程。

普通壁纸现已很少采用，塑料壁纸和墙布是目前日益广泛采用的内墙装饰材料。塑料壁纸的裱糊施工要点为：基层处理、裁纸、壁纸湿润和刷胶、裱糊。塑料壁纸的裱糊适用于粘贴在抹灰层、混凝土墙面，以及纤维板、石膏板、胶合板表面。

用裱糊工程装饰，具有施工简单、美观耐用且增加装饰效果等优点。

（1）基层处理

施工前应将基层表面清理干净，泛碱部位用稀醋酸（9％）中和清洗。阴阳角应顺直。施工时要求基层基本干燥，混凝土和抹灰层的含水率应≤8％（木材制品应≤12％），表面应坚实、平滑，不得有飞刺、麻点和砂粒。为防止基层吸水太快、引起胶粘剂脱水而影响粘结效果，墙面应满批腻子，砂纸磨平，再涂刷一道108胶做底胶。

（2）裁纸

根据墙面尺寸及壁纸类型、图案、规格尺寸，规划分幅裁纸。裁纸时要求纸幅必须垂直，并要照顾主要墙面的花纹、图案对称完整及光泽效果，裁边平直整齐，不能有纸毛、飞刺等。

（3）壁纸湿润和刷胶

纸基壁纸裱糊吸水后，在宽度方面能胀出约1％。故壁纸应先浸水3min，再抖掉余水，静置20min后使用。这样刷胶后裱糊，可避免出现皱褶。在纸背和基层表面上刷胶要求薄而均匀。裱糊用的胶粘剂应按壁纸的品种选用。

（4）裱糊

裱糊粘贴时，纸幅要垂直，先对花、对纹拼缝，再用括板由上向下、先高后低抹压平整。多余的胶粘剂挤出纸边，及时擦净以保持整洁。不足一幅的应裱糊在较暗或不明显的部位。

相邻两张壁纸粘贴时，纸边搭接重叠 20mm，然后用裁切刀沿搭接中心裁切，撕去重叠的多余纸边，经滚压平服而成，这种"搭接裁缝"的方法具有接缝严密、施工方便的优点。

裱糊工程的质量要求是：壁纸必须粘结牢固，表面应色泽一致，无气泡、空鼓、翘边、皱折和斑污，斜视时无胶痕，距墙面 1.5m 处直视不显拼缝。壁纸与挂镜线、贴脸板和踢脚板紧接，不得有缝隙。拼缝处的图案和花纹应吻合，且应顺光搭接。

8.5.3 顶棚与隔墙（断）工程施工

1. 顶棚施工

顶棚即吊顶，又名平顶、天花板，是室内装饰工程的一个重要组成部分，具有保温、隔热、隔声和吸声的作用，也是安装照明、暖卫、通风空调、通信和防火、报警管线设备的隐蔽层。

顶棚有直接式顶棚和悬吊式顶棚两种形式。

①直接式顶棚按施工方法和装饰材料的不同可分为：直接刷（喷）浆顶棚、直接抹灰顶棚、直接粘贴式顶棚（用胶粘剂粘贴装饰面层）。

②悬吊式顶棚按结构形式分为：活动式装配吊顶、隐蔽式装配吊顶、金属装饰板吊顶、开敞式吊顶和整体式吊顶（灰板条吊顶）等。

③吊顶按使用材料分为：轻钢龙骨吊顶、铝合金龙骨吊顶、木龙骨吊顶、石膏板吊顶、金属装饰板吊顶、装饰板吊顶和采光板吊顶。

（1）轻金属龙骨吊顶施工

轻金属龙骨按材料可分为轻钢龙骨和铝合金龙骨。下面以轻钢龙骨装配式吊顶施工为例，介绍轻金属龙骨吊顶施工。

轻金属龙骨吊顶是以镀锌钢带、铝带、铝合金型材、薄壁冷轧退火卷带为原料，经冷弯或冲压工艺加工而成的顶棚吊顶的骨架支承材料。轻钢吊顶龙骨有 U 形和 T 形两种。U 形龙骨安装方法如图 8-19 所示。

①施工前，按龙骨的标高在房间四周的墙上弹出水平线，根据龙骨的要求按一定间距弹出龙骨的中心线，找出吊点中心，将吊杆固定在埋件上。

②吊顶结构未设埋件时，要按确定的节点中心用射钉固定螺钉或吊杆，吊杆长度计算好后，在一端套丝并分别配好紧固用的螺母。

③主龙骨的吊顶挂件连在吊杆上校平调正后，拧紧固定螺母并确定好间距，用吊挂件将次龙骨固定在主龙骨上，调平调正后安装饰面板。

④饰面板的安装方法有：搁置法、嵌入法、粘贴法、钉固法和卡固法。

（2）木龙骨吊顶施工

木龙骨吊顶是以木质龙骨为基本骨架，配以胶合板、纤维板或其他人造板作为罩面板材组合而成的吊顶体系。

①弹水平线。首先将楼地面基准线弹在墙上，并以此为起点，弹出吊顶高度水平线。弹线时吊顶施工的标准，一方面使施工有了基准线，便于下一道工序确定施工位置；另一方面能检查吊顶以上部位的管道对标高位置的影响。

②主龙骨的安装。主龙骨与屋顶结构或楼板结构的连接主要有三种方式：用屋面结构或

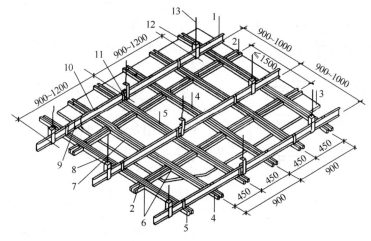

图 8-19 U 形龙骨吊顶示意

1—BD 大龙骨；2—UZ 横撑龙骨；3—吊顶板；4—UZ 龙骨；5—UX 龙骨；

6—UZ₃ 支托连接；7—UZ₂ 连接件；8—UZ₂ 连接件；9—BD₂ 连接件；

10—UX₁ 吊挂；11—UX₂ 吊件；12—BD₁ 吊件；13—UX₃ 吊杆 $\phi 8 \sim \phi 10$

楼板内预埋铁件固定吊杆，用射钉将角钢等固定于楼底面固定吊杆，用金属膨胀螺栓固定铁件再与吊杆连接，如图 8-20 所示。

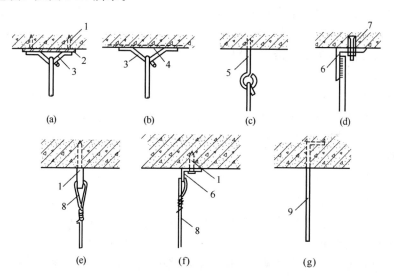

图 8-20 吊杆固定

（a）射钉固定；（b）预埋件固定；（c）预埋 $\phi 6$ 钢筋吊环；（d）金属膨胀螺栓固定；

（e）射钉直接连接钢丝；（f）射钉、角铁连接法；（g）预埋 8 号镀锌钢丝

1—射钉；2—焊板；3—$\phi 10$ 钢筋吊环；4—预埋钢板；5—$\phi 6$ 钢筋；6—角钢；

7—金属膨胀螺栓；8—镀锌钢丝（6 号、12 号、14 号）；9—8 号镀锌钢丝

主龙骨安装后，沿吊顶标高线固定沿墙木龙骨，木龙骨的底边与吊顶标高线齐平，如图 8-21 所示。

③罩面板的铺钉。多采用人造板，切成方形、长方形等。板材安装前，按分块尺寸弹线，安装时由中间向四周呈对称排列，顶棚的接缝与墙面交圈应保持一致。面板应安装牢固

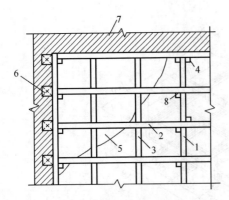

图 8-21　木龙骨吊顶

1—吊筋横梁；2—纵撑横龙骨；3—横撑龙骨；
4—吊筋；5—罩面板；6—木砖；
7—砖墙；8—吊木

且不得出现折裂、翘曲、缺棱掉角和脱层等缺陷。

（3）常见饰面板的安装

铝合金龙骨吊顶与轻钢龙骨吊顶饰面板安装方法基本相同。

1）石膏饰面板的安装可采用钉固法、粘贴法和暗式企口胶接法

U形轻钢龙骨采用钉固法安装石膏板时，使用规格为 M5×25（或 M5×35）的镀锌自攻螺钉与龙骨固定。螺钉与板边距离应≤15mm，螺钉间距应为150～170mm，均匀布置，并与板面垂直。石膏板之间还应留出 8～10mm 的安装缝，以便石膏板全部固定好后，用塑料压缝条或铝压缝条压缝。

2）钙塑泡沫板的主要安装可采用钉固法和粘贴法

①用钉固法安装时，用圆钉或木螺钉将面板钉在顶棚的龙骨上，要求钉距≤150mm，钉帽应与板面齐平并排列整齐，用与板面颜色相同的涂料装饰。面板的交角处需用木螺钉将塑料小花固定，并在小花之间沿板边按等距离加钉固定。

②用粘贴法安装时，胶粘剂可用 401 胶（或 10：1 的氧丁胶浆——聚异氧酸酯胶），涂胶后应待稍干，方可把板材粘贴压紧。

3）胶合板、纤维板安装主要采用钉固法

钉固前，将钉眼用油性腻子抹平，要求：

①胶合板钉距 80～150mm，钉长 25～35mm，钉帽应打扁，并进入板面 0.5～1mm。

②纤维板钉距 80～120mm，钉长 20～30mm，钉帽进入板面 0.5mm。

③硬质纤维板应用水浸透，自然阴干后安装。

4）矿棉板安装主要采用搁置法、钉固法和粘贴法

①顶棚为轻金属 T 形龙骨吊顶时，顶棚龙骨安装后将矿棉板直接平放在龙骨上，矿棉板每边应留有板材安装缝，缝宽应≤1mm。

②顶棚为木龙骨吊顶时，可在矿棉板每四块的交角处和板的中心用专门的塑料花托脚，用木螺钉固定在木龙骨上。

③混凝土顶面可按装饰尺寸做出平顶木条，然后再选用适宜的胶粘剂将矿棉板粘贴在平顶木条上。

5）金属饰面板主要有金属条板、金属方板和金属格栅

板材常采用卡固法和钉固法。

①卡固法要求龙骨形式与条板配套，钉固法采用螺钉固定时，后安装的板块压住前安装的板块，将螺钉遮盖，拼缝严密。方形板可采用搁置法和钉固法，也可用铜丝绑扎固定。

②格栅安装方法有两种：

A. 将单体构件先用卡具连成整体，然后通过钢管与吊杆相连接。

B. 用带卡口的吊管将单体物体卡住，然后将吊管用吊杆悬吊。

金属板吊顶与四周墙面空隙，应用同材质的金属压缝条找齐。

2. 隔墙

隔墙按构造方式分为骨架隔墙、砌块隔墙、板材隔墙三种形式。

（1）骨架隔墙

骨架隔墙是由骨架（龙骨）和饰面材料组成的轻质隔墙。常用的骨架有木骨架和金属骨架，饰面有抹灰饰面和板材饰面。

1）抹灰饰面骨架隔墙

抹灰饰面骨架隔墙，是在骨架上加钉板条、钢板网、钢丝网，然后做抹灰饰面，还可在此基础上另加其他饰面，这种抹灰饰面骨架隔墙目前已很少采用。

2）板材饰面骨架隔墙

板材饰面骨架隔墙自重轻、材料新、厚度薄、干作业、施工灵活方便，目前室内采用较多。

①木骨架隔墙

木骨架隔墙是由上槛、下槛、立柱（墙筋）、横档或斜撑组成骨架，然后在立柱两侧铺钉饰面板，这种隔墙具有质轻、壁薄、拆装方便等优点，但防火、防潮、隔声性能差，并且耗用木材较多。

②金属骨架隔墙

金属骨架隔墙一般采用薄壁轻型钢、铝合金或拉眼钢板做骨架，两侧铺钉饰面板，这种隔墙的材料来源广泛，并且具有强度高、质轻、防火、易于加工和大批量生产等优点，近几年得到了广泛的应用。

（2）砌块隔墙

砌块隔墙是由加气混凝土砌块、空心砌块及各种小型砌块等砌筑而成的非承重墙，具有防潮、防火、隔声、取材方便、造价低等优点。目前，装饰工程中多采用玻璃砖砌筑隔墙。

（3）板材隔墙

板材隔墙是用各种板状材料直接拼装而成的隔墙，一般不用骨架，有时为了提高其稳定性也可设置竖向龙骨。隔墙所用板材一般为等于房间净高的条形板材，通常分为复合板材、单一材料板材、空心板材等类型。板材式隔墙墙面上均可做喷浆、油漆、贴墙纸等多种饰面。

3. 隔断

（1）传统建筑隔断

①隔扇

隔扇（碧纱橱）多数是用硬木精工制作骨架，隔心镶嵌玻璃或裱糊纱纸，裙板多数镂雕图案或以螺钿、玉石、贝壳等作装饰，如图 8-22 所示。

②罩

罩是指附着于柱和梁的空间分隔物，常用细木制作。两侧落地称为"落地罩"，两侧不落地为称"飞罩"，如图 8-23 所示。用罩分隔空间能增加空间的层

图 8-22　隔扇

次，造成一种有分有合、似分似合的空间环境。

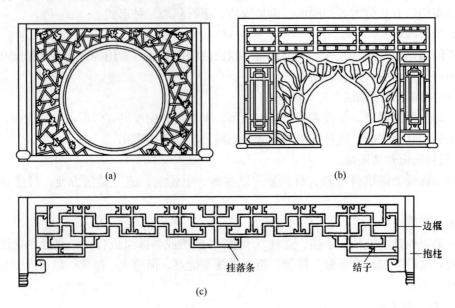

图 8-23　罩的形式

（a）梅花冰纹月洞式落地罩；（b）灯笼框莲叶莲瓣洞式落地罩；（c）飞罩

（2）现代建筑隔断

现代建筑隔断的类型有很多，按隔断的固定方式分为固定式隔断和活动式隔断两种。固定式隔断所用材料有木制、竹制、金属、玻璃及水泥制品等，可以做成花格、飞罩、落地罩、博古架等各种形式。活动式隔断又称移动式隔断，使用时灵活多变，可随开随关，使相邻空间根据需要变成一个大空间或几个小空间，关闭时能与隔墙一样限定空间，阻隔视线和声音。也有一些全部或者局部镶嵌玻璃，目的是增加透光性，而不强调阻隔视线。活动式间隔有拼装式、直滑式、卷帘式和起落式五大类，构造较为复杂。另外现代建筑隔断还有硬质隔断、软质隔断、家具式隔断、屏风式隔断等。

上岗工作要点

1. 掌握一般抹灰工程和砖石抹灰工程施工工艺的施工流程。

2. 了解门窗工程的分类及其各分类的施工流程。

3. 了解饰面砖、板的施工流程，理解金属饰面工程的施工方法。

4. 掌握整体及块材地面工程的施工方法及流程。

5. 了解木楼地面工程的施工方法。

6. 理解玻璃幕墙工程的施工方法。

7. 了解涂料、刷浆及裱糊工程的施工方法。

8. 掌握顶棚施工的工艺流程。

9. 了解隔墙（断）工程的施工方法。

思 考 题

1. 试述一般抹灰和装饰抹灰的施工过程和技术要求。

2. 试述饰面工程的施工过程和技术要求。

3. 采用石材作饰面板有哪几种施工工艺，各如何施工？

4. 试述木门窗的安装方法及注意事项。

5. 楼地面由哪些部分组成？各有什么作用？

6. 涂料的施工方法有哪些？各自的施工注意事项是什么？

7. 试述裱糊工程的主要施工顺序。

8. 简述铝合金门窗和塑料门窗的施工工艺。

9. 试述木龙骨吊顶、铝合金吊顶、轻钢龙骨吊顶的施工方法和要点。

10. 试述隔墙、隔断工程特点及施工工序。

11. 试述玻璃幕墙工程的特点及施工工序。

12. 玻璃幕墙有哪些分类？简述有框玻璃幕墙的施工工艺。

第9章 高层建筑施工简介

重 点 提 示

1. 掌握高层建筑分类及施工特点。
2. 了解高层建筑垂直运输设备的分类及施工特点。
3. 掌握高层建筑基础施工的特点。

9.1 概述

9.1.1 高层建筑的概念

我国现行国家标准《民用建筑设计通则》(GB 50352—2005) 中规定,高层建筑是指 10 层以上的住宅及总高超过 24m 的公共建筑及综合建筑,但不包括单层超过 24m 的建筑物。

9.1.2 高层建筑的发展

高层建筑在我国起源于建造佛教砖塔。如 1400 多年前,即公元 523 年建于河南登封的嵩岳寺砖塔,15 层,高 41m;公元 704 年改建的西安大雁塔,7 层,高 64m;北宋开元寺砖塔,11 层,高 84m 等。我国这些现存的古代高层建筑,经受了几百年甚至上千年的风雨侵蚀和地震的考验,至今基本完好,充分显示了我国古代劳动人民的高度智慧和才能,也表明我国古代建筑师对高层建筑已具有较高的设计和施工水平。

在西方古代七大建筑奇迹中,有两座是高层建筑。公元前 338 年在巴比伦城所建的巴贝尔塔,塔高约 90m。公元前 280 年建于亚历山大港口的灯塔,高约 150m。

近代高层建筑是从 19 世纪以后逐渐发展起来的,这与采用钢铁结构作为承重结构有关。1801 年英国曼彻斯特棉纺厂,高 7 层,首先采用铸铁框架作为建筑物内部的承重骨架。1843 年美国长岛的里港灯塔,亦采用了熟铁框架结构。1883 年在芝加哥建造的家庭保险公司大楼,11 层,高 55m,采用铁框架、部分钢梁的砖石自承重外墙,是近代高层建筑起点的标志。

19 世纪末至 20 世纪初是近代高层建筑发展的初始阶段,这一时期的高层建筑虽然有很大的改进,但受建筑材料和设计理论的限制,一般结构的自重较大,而且结构形式也较单调,多为框架结构。近代高层建筑的迅速发展是从 20 世纪 50 年代开始的,由于轻质高强材料的发展,新的设计理论和计算机的应用,以及新的施工机械和施工技术的出现,都为大规模地、经济地建造高层建筑提供了可能。

城市人口的猛增和城市用地有限、地价昂贵,这些都迫使建筑物不断向高层发展,加之国际交往的日益频繁和世界各国旅游事业的发展,更促进了高层建筑的蓬勃发展。

如今高层建筑已不是作为城市的点缀品和标志而建造的,而是城市走向现代化的必然产物。随着国民经济的提高,我国的高层建筑正在迅猛发展,仅上海市至 1997 年底高层建筑已达 2437 幢,其中 30 层以上者就有 105 幢。还有一大批高层和超高层建筑正在建设。随着经济的高速发展,目前我国的高层建筑建设,已从北京、上海、天津、重庆、广州、深圳、武汉等大城市发展到其他大中城市，有些经济发达的小城市亦建有高层建筑。

9.2 高层建筑分类及施工特点

9.2.1 高层建筑分类

1. 国际分类标准

高层建筑和超高层建筑在国际上没有统一的标准。1972 年国际高层建筑会议规定可按建筑层数和高度划分为以下四类：

第一类高层建筑：9～16 层（最高到 50m）；

第二类高层建筑：17～25 层（最高到 75m）；

第三类高层建筑：26～40 层（最高到 100m）；

第四类高层建筑：40 层以上（高度 100m 以上）。

世界各国随着高层建筑的发展，划分高层建筑的标准也相应作了调整。

2. 我国分类标准

（1）我国《高层建筑混凝土结构技术规程》（JGJ 3－2010）中规定：适用于 10 层及 10 层以上或房屋高度大于 28m 的住宅建筑以及房屋高度大于 24m 的其他高层民用建筑混凝土结构。非抗震设计和抗震设防烈度为 6 至 9 度抗震设计的高层民用建筑结构，其适用的房屋最大高度和结构类型应符合本规程的有关规定。不适用于建造在危险地段以及发震断裂最小避让距离内的高层建筑结构。

（2）我国《高层民用建筑设计防火规范（2005 版）》（GB 50045—1995）中规定：适用下列新建、扩建和改建的高层建筑及其裙房：

①10 层及 10 层以上的居住建筑（包括首层设置商业服务网点的住宅）。

②建筑高度超过 24m 的公共建筑。

（3）我国《民用建筑设计通则》（GB 50352—2005）中又进一步明确了民用建筑层数的如下划分标准：

①住宅建筑按层数划分为：1～3 层为低层；4～6 层为多层；7～9 层为中高层；10 层及 10 层以上为高层住宅。

②公共建筑及综合性建筑总高度超过 24m 者为高层（不包括高度超过 24m 的单层公共建筑）。

③建筑物高度超过 100m 的民用建筑为超高层。

对高层建筑进行统计时，很难做到逐栋公共建筑核实其建筑总高是否达到 24m，为简化统计统一标准，建设主管部门从 1984 年起，对住宅和非住宅规定为：10 层及 10 层以上的建筑都为高层建筑。

9.2.2 高层建筑施工特点

高层建筑楼层多、高度大，要求施工质量高及施工的连续性强，施工技术和组织管理复杂，在具体施工中主要有以下施工特点：

1. 工程量大、造价高

据资料统计，高层建筑比多层建筑造价一般平均高出 60% 左右，建筑面积一般是多层建筑的 6 倍。

2. 施工周期长、工期紧

据建工系统统计，多层建筑单栋工期平均为十个月左右，而高层建筑单栋施工周期平均为两年左右，结构工期一般 5～10d 一层，少则 3d 一层，而且需进行冬、雨期施工。因此，必须充分利用全年的时间，合理安排工序，才能保证质量、节约费用。

3. 施工准备工作量大，而且大多施工用地紧张

高层建筑施工用料量大，品种多、机具设备繁杂、运输量大；但一般又在市区施工，场地较小，因此在施工期间要尽量压缩现场暂设工程，减少现场材料、制品、设备储存量，根据现场条件合理选择机械设备、充分利用工厂化、商品化成品。

4. 基础较深、地基处理、基坑支护复杂

高层建筑基础一般较深；土方开挖、基坑支护、地基处理等，在施工、技术上都较复杂困难，基础方案有多种选择，对造价和工期影响较大。还需要研究和解决各种深基础开挖支护技术。

5. 高处作业多、垂直运输量大、安全防护要求严

高空作业要突出解决好材料、设备和人员的垂直运输问题，用水、用电、防火、通信、安全保护问题，防止物品坠落等问题，以便保证工效。

6. 装饰、防水、设备质量要求高，技术复杂

高层建筑深基础、地下室、墙面、卫生间的防水和管道连接等施工质量都要求达到优良，施工中必须采取有效的技术措施和新材料、设备、工艺加以保证，施工技术复杂。另外，高层建筑的设备繁多、高级装修多，因此在施工前期就要安排好加工订货，在结构施工阶段就要提前插入装修施工，保证施工质量。

7. 工种多、立体交叉作业多、机械化程度高

高层建筑施工为加快工程进度，往往采用多工种、多工序平行流水交叉作业，而且机械化程度比较高，需要解决好各个工种工序、设备运行等各方面的关系，保证施工有条理、有节奏、安全、顺利地进行。

8. 工程参与施工的单位多、管理复杂

高层施工在总包、分包中涉及很多单位，各方面协作关系涉及许多部门，只有合理组织、精于管理才能保证施工的顺利进行。

9.3 高层建筑垂直运输设备

9.3.1 塔式起重机

塔式起重机既能垂直运输，又能水平运输，工作范围大，是高层建筑施工的关键设备。塔式起重机主要由塔体、工作机构、电气设备和安全装置等组成。塔式起重机的种类繁多，高层建筑施工中主要应用附着自升式和内爬式塔式起重机，如图 9-1 所示。这类起重机可以

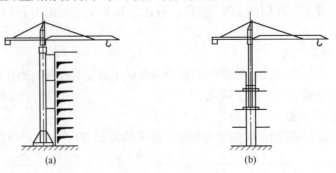

图 9-1 塔式起重机
(a) 附着式；(b) 内爬式

随着建筑物的施工层次的升高而相应地升高，尽管塔式起重机的优点很多，但一次投资大，台班费用高，因此，在一幢高层建筑施工中，常常以其他辅助设备来配合塔式起重机进行垂直运输。

9.3.2 混凝土泵

混凝土泵是在压力推动下沿管道输送混凝土的一种设备，它能一次连续完成混凝土的水平运输和垂直运输，配以布料杆和布料机，还可以进行布料和浇筑。它具有工效高、劳动强度低等特点，是高层建筑中混凝土运输的关键设备。

混凝土泵分为固定式、拖式（牵引，如图9-2所示）和汽车式泵车（图9-3）。高层混凝土施工主要应用后两种形式。拖式混凝土泵是将混凝土泵装在可移动的底盘上，由其他运输工具牵引到施工场地；汽车式泵车是装设在载重卡车底盘上的混凝土泵，大都装有三节折叠式臂架的液压操纵布料杆。汽车式泵车移动方便，机动灵活，移至新的工作地点不需要进行很多准备工作即可进行混凝土浇筑。

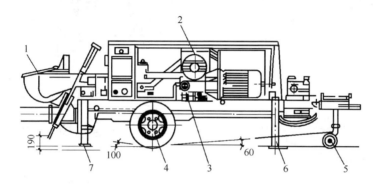

图 9-2　HBT60牵引柱塞式混凝土泵
1—料斗；2—泵体；3—变量手柄；4—车轿；5—导向轮；
6—前支腿；7—后支腿

9.3.3 施工电梯

施工电梯，全称为外用施工电梯或施工升降机，它是附着在外墙面或其他结构部位上的垂直提升机械。施工电梯的作用主要是运送施工人员上下楼，还可以运送材料和小型机具。

我国目前使用的施工电梯分为：齿轮条驱动式（图9-4）和绳索驱动式（图9-5）。两者都由吊箱和塔架组成，塔架可以自升接高。高层建筑施工时，应根据建筑体形、建筑面积、运输量、工期及电梯价格、供货条件等选择施工电梯。要求施工电梯的载重量、提升高度、提升速度满足要求、可靠性高、价格便宜。根据我国一些高层建筑施工时施工电梯配置数量的调查，一台单笼齿轮齿条驱动的施工电梯，其服务面积一般为 $2000\sim4000m^2$。

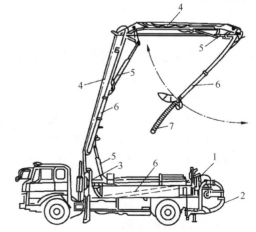

图 9-3　带布料杆的混凝土泵车
1—混凝土泵；2—输送管；3—布料杆回转支承装置；
4—布料杆臂架；5—油缸；6—输送管；
7—橡胶软管

185

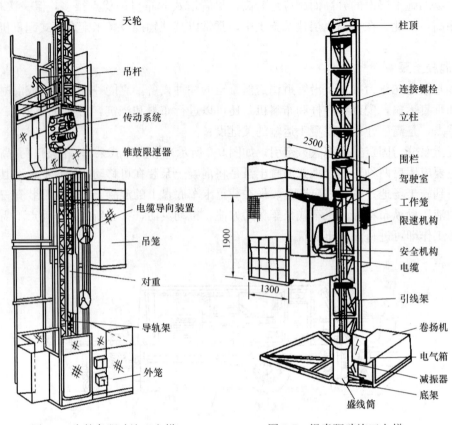

图9-4 齿轮条驱动施工电梯	图9-5 绳索驱动施工电梯

9.4 高层建筑施工外用脚手架

脚手架是为建筑施工而搭设的上料、堆料与施工作业用的临时结构架,是高层建筑施工中必须使用的重要工具设备。尤其是外脚手架在高层建筑施工中占有重要的位置,它使用量大,技术要求复杂,对人员安全、施工质量、施工速度和工程成本以及邻近建筑物和场地有着重大的影响,与多层脚手架相比有着较多不同之处,对其选型、设计计算、构造和安全技术有着严格的要求。高层建筑施工常用的外脚手架有扣件式钢管脚手架、碗扣式钢管脚手架、门式钢管脚手架、悬挑式脚手架和附着升降式脚手架等。

9.4.1 扣件式钢管脚手架

扣件式钢管脚手架是一种由标准的钢管做成扣件(立杆、横杆、斜杆)和特制扣件组成脚手骨架、脚手板、防护构配件和连墙件等构成的具有各种用途的脚手架,如图9-6所示。扣件式钢管脚手架可搭脚手架,也可搭模板支架,是目前应用范围最广的一种脚手架。目前,在施工现场使用最多的仍是扣件式钢管脚手架。当采用落地搭设时,搭设高度最大不超过50m;超过时需采用挑脚手架、吊脚手架等方式。

9.4.2 碗扣式钢管脚手架

碗扣式钢管脚手架是在吸取国外同类型脚手架的先进接头和配件的基础上,结合我国实际情况而研制的一种新型脚手架,具有多功能、高功效、承载力大、安全可靠、便于管理和易改造等优点。碗扣式钢管脚手架由钢管(立杆、顶杆、横杆、斜杆)、碗扣接头、连接销、连接撑、支座、脚手板等组成，如图 9-7 所示。其基本构造和搭设要求与扣件式钢管脚手架类似，不同之处主要在于碗扣接头。

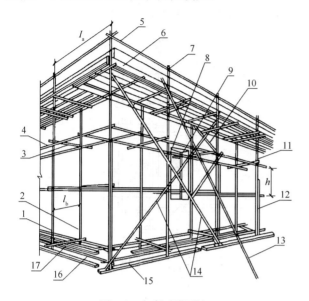

图 9-6　扣件式脚手架

1—外立杆；2—内立杆；3—横向水平杆；4—纵向水平杆；
5—栏杆；6—挡脚板；7—直角扣件；8—旋转扣件；
9—连墙件；10—侧向斜撑；11—主立杆；12—副立杆；
13—抛撑；14—剪刀撑；15—垫板；16—纵向扫地杆；
17—横向扫地杆

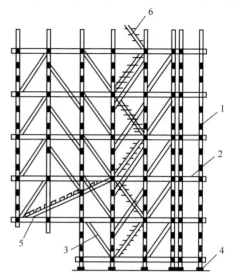

图 9-7　碗扣式钢管脚手架

1—立杆；2—横杆；3—斜杆；4—垫座；
5—斜脚手板；6—梯子

9.4.3　门式钢管脚手架

门式钢管脚手架的基本单元是由一对门型架、二副剪刀撑、一副平架（踏脚板）和四个连接器组合而成，如图 9-8 所示；若干基本单元通过连接棒竖向叠加，扣上锁臂，组成一个多层框架；在水平方向，用加固杆和平梁架（或脚手板）使其与相邻单元连成整体，加上剪刀撑斜梯、栏杆柱和横杆组成上下步相通的外脚手架，并通过连墙件与建筑物主体结构相连，形成整体稳定的脚手架结构。

门式钢管脚手架的主要特点是组装方便，装拆时间约为扣件式钢管脚手架的 1/3，在施工现场组合而成，它承载力大、寿命长，特别适用于周期短或频繁周转的脚手架。

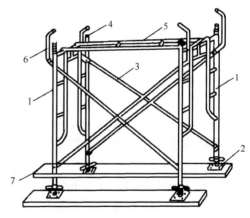

图 9-8　门式钢管脚手架单元图

1—门型架；2—螺栓基脚；3—剪刀撑；
4—连接棒；5—平架（踏脚板）
6—锁臂；7—木板

9.4.4　悬挑式脚手架

近年来，随着高层建筑的层数和高度的增加，施工中如果采用扣件式脚手架、门式钢管脚手架，从地面往上搭接，不仅不经济，而且在强度和稳定性方面也难以满足要求。目前，高层建筑结构和装饰施工常采用悬挑式脚手架。悬挑式脚手架是利用建筑结构外边缘向外伸出的悬挑结构来支撑外脚手架，将脚手架的荷载全部或部分传给建筑结构，如图9-9所示。它分为钢管悬挑式、下撑式、斜拉式悬挑脚手架。悬挑脚手架的关键是悬挑支撑结构，它必须有足够的强度、稳定性和刚度，并能将脚手架的荷载传递给建筑结构。

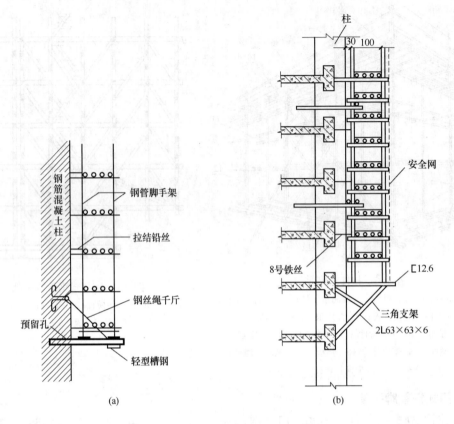

图 9-9　悬挑式脚手架

（a）斜拉式；（b）下撑式

9.4.5　附着升降式脚手架

凡采用附着于工程结构、依靠自身提升设备实现升降的悬空脚手架，统称为"附着升降式脚手架"，其主要由架体结构，提升设备，附着支撑设备和防倾、防坠装置等组成。附着升降式脚手架是在挂、挑、吊脚手架基础上增加升降功能形成发展起来的，是适应高层建筑，尤其是超高层施工所产生的新的脚手架类别，其升降功能是采用反复搭设或吊升降，是挑、挂脚手架所没有的，其架面的操作条件也优于单独使用的各类吊脚手架；当建筑物的高度＞80m 时，其经济性更是其他脚手架所不能比拟的。

9.5　高层建筑基础施工

9.5.1　高层建筑基础工程的特点

高层建筑对地基基础的稳定性和坚固性要求很高。随着建筑高度的增加，基础深度也相应增加，因而增加了基础施工的复杂性。另外，基础选型是否得当，对高层建筑的质量、造价和工期影响很大。

高层建筑由于层数多、建筑高、荷载重、面积大、造型复杂，主楼与裙房高低悬殊，在结构上要求埋置一定深度，在使用上要求设置多层地下室，这些高层建筑的特点结合各地不同的地质水文条件，构成了高层建筑基础的特殊性，主要有以下几点。

（1）基础必须适应地基

各种不同的高层建筑，高度不同，荷载不同，遇到各种不同的地质情况，基础必须适应地基，因而发展了高层建筑的基础，如箱基、筏基、桩基以及复合基础等。同时也发展了长桩、大直径扩底桩及钢管桩等新技术。

（2）基础埋置较深

根据《高层建筑混凝土结构技术规程》（JGJ 3—2010）的规定，基础埋置深度，天然地基应为建筑高度的 1/12；桩基应为建筑高度的 1/15，桩长不计在埋置深度以内。但是，高层建筑由于功能的需要，充分利用地下空间，往往将地下建成三、四层，深达 20 多米，深基础工程已成为建造高层建筑的条件。

（3）大体积混凝土的施工

高层建筑的箱基基础和筏基基础，都有厚度较大的钢筋混凝土底板，还常有深梁、大型设备基础，这些都是大体积混凝土基础。

大体积混凝土一般是指结构断面最小尺寸＞80cm，水化热引起混凝土内的最高温度与外界气温之差，预计＞25℃的混凝土。

大体积混凝土工程条件复杂、混凝土的收缩变形、水化热产生的温度变化都很大，极易产生裂缝，因此大体积混凝土施工中在选用的材料、配合比和施工方法、养护等方面，都需采取一系列的措施才能有效地防止产生裂缝，确保工程质量。

（4）正确处理好主楼与裙房的基础关系

由于建筑功能的需要，高层建筑往往设置主楼与裙房，并必须连接在一起。但主楼高裙房低，沉降不同，因此在设计与施工时，必须防止两者间产生较大的差异沉降，并应符合规范的要求。

9.5.2　大体积混凝土基础施工

1．大体积混凝土的原材料要求

（1）大体积混凝土工程宜采用水化热低和安定性好的水泥，如选用矿渣水泥、粉煤灰水泥、火山灰水泥，以降低水泥水化热引起的温升。

（2）高层建筑的大体积混凝土一般因混凝土等级较高而要求水泥等级较高，且水泥用量较多，为降低水化热、减少收缩裂缝，可采用减少水泥用量的措施。

（3）用大集料配合比，再掺加一定量的引气减水剂和缓凝剂，以此改善混凝土的性质。

2．钢筋工程施工

大体积混凝土结构由于承载力大，体积厚重，因此钢筋配置数量多、直径大、分布密、上下层钢筋高差较大，为保证上层钢筋的标高和位置准确无误，应设角钢焊制的钢筋支架以支撑上层钢筋。钢筋支架由角钢焊制，每隔一定距离（一般 2m 左右）设置一个，且相互间有一定的拉结，以保持稳定。支架除了支撑上层钢筋外，亦可支撑操作平台上的施工荷载。

钢筋网片和骨架多在钢筋加工厂加工成型，然后运到工地进行安装；工地有时也设简易的钢筋加工成型机械，以便对钢筋整修和临时补缺。

3．模板工程施工

模板是保证工程结构设计外形和尺寸的关键，而混凝土对模板的侧压力是确定模板尺寸的依据。大体积混凝土的浇筑常采用泵送混凝土工艺，其特点是浇筑速度快，浇筑面集中。

由于泵送混凝土的操作工艺不可能做到同时将混凝土均匀地分送到需浇筑混凝土的各个部位，往往会使某一部位的混凝土有较大量后，才移动输送管，依次浇筑其他部位的混凝土。因此，采用泵送工艺的大体积混凝土的模板，不能按照传统、常规的办法配置。而应当根据实际受力状况，对模板和支撑系统等进行认真计算，以确保模板体系具有足够的强度和刚度。

4. 混凝土工程施工

高层建筑基础工程的大体积混凝土浇筑数量较大，多采用商品混凝土，或现场设置搅拌站搅拌混凝土，并利用混凝土泵（泵车）进行浇筑。

（1）施工平面布置

混凝土的泵送能否顺利进行，在很大程度上取决于其在平面上的合理布置与施工现场道路的畅通。

混凝土泵车的布置是保证混凝土顺利浇筑的核心，在布置时应注意：根据混凝土的浇筑计划、顺序和速度等要求，选择混凝土泵车的型号、台数，确定每一台泵车负责的浇筑范围；应尽量使泵车靠近基坑；严格管理施工平面和道路交通，确保泵车、搅拌运输车正常运输。

在泵送混凝土的施工过程中，最容易发生的是混凝土堵塞，为了充分发挥混凝土泵车的效率，确保管道输送畅通，在混凝土施工过程中，应加强混凝土的质量控制；搅拌运输车在卸料之前，应首先高速运转1min，使卸料时的混凝土质量均匀；严格进行对混凝土泵车的管理，在使用前和工作过程中，要特别重视"一水"（冷却水）、"三油"（工作油、材料油和润滑油）的检查；作业后，应将料斗内和管道内的混凝土全部输出，然后对泵机、料斗和管道进行冲洗。

（2）大体积混凝土的浇筑

大体积混凝土的浇筑与其他混凝土的浇筑工艺基本相同，主要包括搅拌、运送、浇筑入模、振捣及平仓等工序，其中浇筑方法可结合结构物大小、钢筋疏密、混凝土供应条件以及施工季节等情况加以选择。

为保证混凝土结构的整体性，混凝土应当连续浇筑，根据结构特点不同，可分为全断面分层浇筑、分段分层浇筑和斜面分层浇筑等方案，每层的厚度应符合规定，如图9-10所示。目前工程上常用的是斜面分层浇筑法。

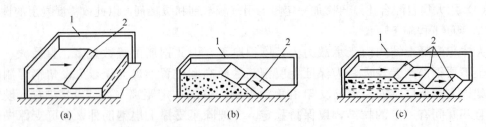

图9-10 体积混凝土的浇筑方案
（a）全断面分层浇筑；（b）分段分层浇筑；（c）斜面分层浇筑
1—模板；2—新浇筑的混凝土

混凝土的振捣是保证混凝土质量的重要环节。由于泵送混凝土的流动性大，当基础厚度不很大时，可采用多斜面分层循序推进、一次到顶的方法（图9-11），这种自然流淌形成斜坡的混凝土浇筑方法，能较好地适应泵送工艺。在每个浇筑带的前、后布置两道振动器，第一道振动器布置在混凝土的卸料点，主要解决上部混凝土的捣实；第二道振动器布置在混凝土的坡脚处，以确保下部混凝土的密实。随着混凝土浇筑工作的向前推进，振动器也相应跟上。

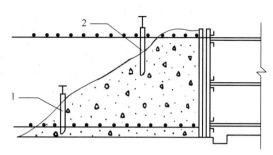

图9-11　混凝土振捣示意图
1—前道振动器；2—后道振动器

大体积混凝土（尤其采用泵送混凝土工艺），其表面水泥浆较厚，不仅会引起混凝土的表面收缩开裂，而且会影响混凝土的表面强度。因此，在混凝土浇筑结束后要认真进行表面处理，以防其表面水泥浆较厚引起混凝土表面收缩开裂。处理的方法是在混凝土浇筑4～5h左右，先初步按设计标高用长刮尺刮平，然后在初凝前用铁辊碾压数遍，再用木楔打磨压实，以闭合收水裂缝，经12～14h后，再用塑料薄膜和草袋（包）覆盖充分，浇水湿润养护。大体积混凝土宜采用蓄热养护法养护，其内外温差应≤25℃，一般养护时间为14～21d。

9.6　高层建筑主体施工

9.6.1　高层框架结构施工

框架结构（包括框架——剪力墙结构）都是由梁、板、柱、墙等构件，现场支模、轧钢筋、浇筑混凝土而形成的结构。

框架结构形式有梁、板、柱结构和板柱结构。

框架结构的施工工艺有：现浇框架、装配整体式框架、整体预应力装配式板柱结构等。目前高层建筑框架结构主要采用现浇框架，部分采用装配整体式框架。

现浇框架结构具有结构整体性好、抗震能力较强、用钢量较省、现场作业多、现场用工量大等特点，是目前高层建筑中应用较多的一种结构形式。

现浇框架结构的施工：模板主要采用各种组合式模板，可以散支散拆，也可以拼装成多块模板，如装配式柱模、梁板施工的台模；粗钢筋的竖向连接，采用气压焊、电渣压力焊以及各种机械连接方法（钢筋绑扎连接质量不可靠，应限制使用）；混凝土浇筑多采用泵送混凝土，宜掺入适量的煤灰，以改善混凝土的粘塑性，保证浇筑的顺利进行。

高层框架结构也可采用预制楼板。其施工工艺有两种：一是先浇筑柱、梁混凝土，后安装楼板；二是先安装楼板，后浇筑梁混凝土。

9.6.2　高层筒体结构施工

筒体结构是指由一个或几个筒体作为承重结构的高层结构承重体系，水平荷载主要由筒体承受，承受荷载时整个筒体如同一个固定在基础上的封闭空心悬臂梁。筒体结构有钢筋混凝土结构，也有钢结构。筒体结构具有刚度大、建筑布局灵活等优点。筒体结构能形成大空间，单位面积的结构材料消耗少，比框架结构有一定的优势，是目前超高层建筑的主要应用结构体系。

1. 筒体结构的类型

（1）核心筒体系。核心筒体系一般是由设于平面中央的电梯井和设备竖井的现浇钢筋混凝土筒体与外部框架共同组成。

（2）框筒体系。框筒体系是由建筑物周边密集柱和高跨比很大的横梁组成的空腹筒结构，柱距一般为 1.2～3.0m，横梁高为 0.6～1.2m。

（3）筒中筒体系。筒中筒体系是由内筒和外筒组合而成，内筒为电梯井或设备井等，外筒多为框筒，内外筒的间距多为 10～16m。内筒面积占整个筒体面积的比例大小对结构的抗侧强度有较大的影响。一般来说，内筒的边长宜为外筒相应边长的 1/3 左右，当内外筒之间的距离较大时，可另设柱子作为楼面梁的支撑点，以减小楼面结构层的高度。

（4）组合筒体系。分为成束筒和成组筒两类。

2. 筒体结构的施工

（1）筒体结构的施工标准层约占整体建筑的 80％左右，标准层大都有统一的尺寸、结构模式和配筋，这就要求在组织材料、机具、劳动力时要统筹安排。

（2）筒体结构的施工模板可以采用筒体大模板、整体升降模板、爬升模板或滑模。

（3）运输工具多用塔吊、人货电梯等垂直运输工具。

（4）混凝土浇筑采用泵送高强混凝土，混凝土的配比、外掺剂质量都极其重要，一定要严格把关。

9.6.3 高层钢结构施工

1. 钢结构的特点

钢结构具有强度高、自重轻、构件截面小、抗震性能好等优点，且建造周期短、施工速度快、投资效益高。此外，钢结构还具有钢柱截面小，钢梁跨度大，节约空间，建筑布置灵活，可以满足不同时期不同用户的需要等优点。但钢材用量大、价格昂贵、防火要求高，除此之外其综合效益优于同类高层混凝土结构，而且建筑物越高，其优势就越突出。

2. 高层钢结构的结构体系

高层钢结构建筑的结构体系有纯框架体系、框架-剪力墙体系、错层桁架体系、框筒体系和筒中筒体系等。高层钢结构应用较多的是前两种体系，主要由框架柱，主梁、次梁、剪力板组成。

3. 高层钢结构施工要点

（1）高层钢结构建筑施工中应用最多的是 Q235 普通碳素钢，其次是普通低合金钢，还有耐候钢、结构钢、铸钢和高强度钢等。钢结构构件制作工艺要求严格，均由专业工厂加工，施工现场主要是检查其质量是否合格。

（2）高层钢结构构件安装前需检查柱基、标高块设置和柱底灌浆等，并且要妥善安排好钢材的储存与堆放；钢结构构件的连接采用高强度螺栓连接和焊接连接，施工后都需做质量检查，合格后才能进行钢结构的安装。

（3）高层钢结构安装包括钢柱安装、框架钢梁安装、剪力墙板安装和钢扶梯安装，安装中一定要按钢结构施工规范要求控制安装质量，不合格应立即校正。

（4）高层钢结构需进行防火保护层的施工。钢结构的防火材料，应选用绝热性能好，与构件能牢固粘结，而且不腐蚀钢材的防火材料。我国近年来多用绝缘型防火涂料和膨胀防火涂料，防火涂料一般采用湿法喷涂，由于防火层较厚，故应分层喷涂。

上岗工作要点

1. 掌握高层建筑的分类和施工要点。
2. 了解塔式起重机、混凝土泵、施工电梯的工作原理。
3. 了解高层建筑施工外用脚手架的分类及其各自的施工原理。
4. 掌握大体积混凝土施工的工艺流程。
5. 掌握高层建筑主体施工的分类及施工要点。

思 考 题

1. 高层建筑是如何定义的，有哪些类型？
2. 高层建筑的施工特点有哪些？
3. 高层建筑有哪些结构形式？有哪些相应的施工方法？
4. 高层建筑有哪些主要的垂直运输方式？其适用范围有哪些？施工时需注意的安全事项有哪些？
5. 施工电梯有哪些？使用中有哪些安全要求？
6. 高层建筑施工外用脚手架有哪些？各有何用途？
7. 高层建筑基础施工内容有哪些？
8. 什么是大体积混凝土施工？简述其施工方法？
9. 高层建筑主体施工的内容包括哪些？

第 10 章 季节性施工

重 点 提 示

1. 理解冬期、雨期施工准备工作的内容。
2. 掌握主要分部分项工程的冬期、雨期施工的施工内容。

10.1 冬期施工

冬期施工是以气温为依据规定的，日平均气温稳定低于5℃（混凝土工程5d，砌筑工程10d）时的这段时间称为冬期施工期。

10.1.1 冬期施工的准备工作

（1）搜集有关气象资料，作为选择冬期施工技术措施的依据之一。

（2）在入冬前应当组织专人编制冬期施工方案，将不适宜冬期施工的分项工程安排在冬期前或后进行施工。

（3）凡进行冬期施工的分项工程，需会同设计单位，核对其是否能适应冬期施工要求，如有问题应及时提出并修改。

（4）根据冬期施工工程量提前准备好施工的设备、机具、材料以及劳动防护用品。

（5）冬期施工前对配制外掺剂的人员、测温保温人员、锅炉工等，应当专门组织技术培训。

10.1.2 主要分部分项工程的冬期施工

1. 土方工程的冬期施工

（1）冻土的特性和分类

当温度低于0℃时，地面及地面以下一定深度的含水土壤被冻结，处于该冻结深度的土称为冻土。冬期土层冻结的厚度称为冻结深度。土在冻结后，体积比冻前增大的现象称为冻胀。通常用冻胀量、冻胀率来表示冻胀的大小。

按季节性冻土地基冻胀量的大小及其对建筑物的危害程度，可将地基土的冻胀性分为四类：

①Ⅰ类不冻胀。一般冻胀率<1%，对敏感的浅基础均无危害。

②Ⅱ类弱冻胀。一般冻胀率在1%～3.5%之间，对浅埋基础的建筑物无危害，在最不利条件下，可能产生细小的裂缝，但不影响建筑物的安全。

③Ⅲ类冻胀。一般冻胀率在3.5%～6%之间，浅埋基础的建筑物将产生裂缝。

④Ⅳ类强冻胀。一般冻胀率>6%，浅埋基础将产生严重破坏。

（2）土方的防冻

大量土方开挖应在冬期前就采取措施进行防冻，以减少冬期挖土困难。土的防冻应尽量利用自然条件，以就地取材为原则，常用的防冻方法有翻松耙平防冻法、雪覆盖防冻法、保温材料防冻法和暖棚法等。

①翻松耙平防冻法。是在进入冬期施工前，将预先确定的冬季土方作业地段上的表层土翻松耙平，翻松的深度一般在 25～30cm 范围内，宽度宜为开挖时间土冻结深度的两倍加基槽底宽之和。经翻松的土中，有许多充满空气的空隙，可降低土的导热性，从而达到防冻的目的。此方法适用于大面积的土方工程。

②雪覆盖防冻法。在初冬降雪量较大的土方工程施工地区，宜采用雪覆盖法。如场地面积较大，可在地面上设篱笆或雪堤，或用其他材料堆积成墙，其高度宜为 50～100cm，间距宜为 10～15m，设置时应使其长边垂直于主导风向。对面积较小的基槽（坑），可在预定的位置上挖积雪沟，沟深宜为 30～50cm，宽度为基槽（坑）预计深度的两倍加基槽底宽之和，在挖好的沟内，应随即用雪填满，以防止未挖土层的冻结。

③保温材料防冻法。对于开挖面积较小的基槽（坑），宜采用保温材料覆盖法，保温材料可用草帘、炉渣、锯末、草袋、树叶和膨胀珍珠岩（可装入袋内使用）等，再加盖一层塑料布。对未开挖的基坑，保温材料的铺设宽度亦为待挖基坑宽度的两倍加基槽（坑）底宽之和。在已经开挖的基槽（坑）中，靠近基槽（坑）壁处覆盖的保温材料需加厚，以使土壤不致受冻或冻结轻微。

④暖棚法。暖棚法主要适用于基础或地下工程，在已挖好的基槽（坑）上，宜搭设骨架，铺上基层，覆盖保温材料，也可搭设塑料大棚，在棚内采取供暖措施。

（3）冻土的开挖

冬期土方施工可采取的比较经济的方法是先将冻土破碎融化，然后挖掘。开挖方法一般有人工法、机械法和爆破法三种。

①人工法

人工开挖冻土适用于开挖面积较小和场地狭窄，不具备用其他方法进行土方破碎、开挖的情况。开挖时一般用大铁锤和铁楔子劈冻土。施工时掌铁楔的人与掌锤的不能脸对着脸，必须互成 90°，同时要随时注意去掉楔头打出的飞刺，以免飞出伤人。

②机械法

当冻土层厚度＜0.25m 时，可用推土机或中等动力的普通挖掘机施工开挖；＜0.3m 时，可用拖拉机牵引的专用松土机破碎冻土层；＜0.4m 时，可用大马力的挖土机（斗容量≥1m³）开挖土体；在 0.4～1m 时，可用松碎冻土的打桩机进行破碎。最简单的施工方法是用风镐将冻土破碎，然后用人工和机械挖掘运输。

③爆破法

爆破法适用于冻土层较厚、面积较大的土方工程，将炸药放入直立爆破孔中或水平爆破孔中进行爆破，冻土破碎后用挖土机挖出，或借爆破的力量向四周崩出，做成需要的沟槽。冻土深度＜2m 时，可以采用直立爆破孔；＞2m 时，可采用水平爆破孔。

冬期开挖土方时应注意以下几点：

①必须在周密的计划下，组织强有力的施工队伍，连续施工，尽可能减少继续加深冻结深度。

②为防已挖完的基土冻结，挖完一段应及时覆盖。如果基坑开挖后需要停歇较长时间才能进行基础施工，应注意基坑不要一次挖到设计标高，应在地基上留一层土（约 30cm 厚）暂不铲除。

③对各种管道、机械设备等采取保温措施。

④当相邻建筑物与基坑周边距离较近时，应对地基土的冻胀性进行准确的评价；当地基土不具有冻胀性时，可按正常基坑进行支护；当地基土冻胀性较强，且基坑开挖有可能造成相邻建筑物基底土冻结时，应在基坑开挖后采取可靠的保温防冻措施。

（4）土方的回填

冬期回填土应尽量选用未受冻、不冻胀的土壤进行回填施工。填土前，应清除基础坑边上的冰雪和保温材料；填方边坡表层 1m 以内，不得用冻土填筑；填方上层应用未受冻、不冻胀或透水性好的土料填筑。冬期填方每层铺土厚度应比常温施工时减少 20%～25%，预留沉降量应比常温施工时适当增加。采用含有冻土块的土料作回填土时，冻土块粒径应≤150mm；铺填时，冻土块应均匀分布、逐层压实。

冬期施工室外平均气温＞−5℃时，填方高度不受限制；平均气温＜−5℃时填方高度不宜超过表 10-1 的规定。用石块和不含冰块的砂土（不包括粉砂）、碎石类土填筑时，填方高度不受限制。

表 10-1　冬期填方的高度

室外日平均气温（℃）	填方高度（m）	室外日平均气温（℃）	填方高度（m）
−5～−10	4.5	−16～−20	2.5
−12～−15	3.5		

室外基槽（坑）或管沟可用含冻土块的土回填，但冻土块体积不得超过填土总体积的 15%，且冻土块的粒径应小于 150mm；室内的基槽（坑）或管沟的回填土不得含有冻土块；管沟底至管顶 0.5m 范围内不得用含有冻土块的土回填；回填工作应当连续进行，防止基土或已填土层受冻。

冬期土方回填时应注意以下几点：

①在施工前将未冻的土堆积在一起，覆盖 2～3 层草帘以防止受冻，留作回填土用。

②土方回填前，应先清除基底上的冰雪和保温材料，方可开始回填。

③土方回填时，应连续进行，加快回填速度，对已回填的土方采取防冻措施。

④冬期施工应尽量减少回填土方量，其余的土可待春暖解冻后再回填；

⑤为确保回填土质量，对重大工程项目，必要时可用砂土进行回填。

注意：不得将砂土回填在黏土等渗透性小的土层上，以免回填的砂土在一定条件下液化。

2．砌体工程的冬期施工

当预计连续 10d 内的平均气温＜5℃时，砌体工程的施工应当按照冬期施工技术的有关规定进行。砌体工程的冬期施工方法主要有掺盐砂浆法、冻结法等。

（1）掺盐砂浆法

①掺盐砂浆法的原理。掺盐砂浆法就是在砂浆内掺入一定数量的氯化物，来降低水的冰点，以保证砂浆中有液态水存在，使水泥水化反应能在一定负温下进行。同时，由于降低了砂浆中水的冰点，砌体的表面也不会立即结冰而形成冰膜，故砂浆和砌体能够较好地粘结。

②掺盐砂浆法的适用范围。掺盐砂浆会使砌体析盐、吸湿，并对钢筋有锈蚀作用，故这时应再加亚硝酸钠以阻之。对下列有特殊要求的工程不允许采用掺盐砂浆法：发电站、变电所等工程；装饰艺术要求较高的工程；房屋使用时湿度＞60%的工程；经常受 40℃ 以上高温影响的工程；经常处于地下水位变化范围内，以及在地下未设防水层的结构。

③砂浆的配置。氯化钠的掺量为：当气温≥−10℃时，为用水量的 3%；−11℃～

—15℃时，为5％；—16～20℃时，为7％。当温度较低时（如＜—20℃时），应用7％的氯化钠和3％的氯化钙。

掺盐砂浆使用时的温度应≥5℃。当设计无要求，且当日最低气温＜—15℃时，对砌筑承重砌体的砂浆强度等级应比常温施工时提高1级，以弥补砂浆冻结后其后期强度降低的影响。

（2）冻结法

①冻结法的原理。冻结法是在室外用热砂浆进行砌筑，砂浆不掺外加剂，砂浆有一定强度后砌体很快冻结，融化后的砂浆强度接近于零，当气温升高转入正温后砂浆的强度继续增长。

②冻结法的适用范围。由于砂浆经冻结、融化、再硬化三个阶段，砂浆强度、砂浆与砖石砌体的粘结力都有不同程度的降低，在砂浆融化阶段，由于砂浆强度接近于零，增加了砌体的变形和沉降，会严重影响砌体的稳定性。故下列工程不允许采用冻结法施工：毛石砌体或乱毛石砌体；在解冻过程中遭受相当大的动力作用和震动作用的砖、石、砌块结构；空斗墙；在解冻期间不允许沉降的砌体。

③对砂浆的要求。冻结施工时，当室外温度＞—10℃时，砂浆温度应≥10℃；气温为—10～—20℃时，砂浆温度应≥15℃；气温＜—20℃时，砂浆温度应≥20℃且强度提高2级；当气温＞—20℃时，砂浆强度应提高1级。上述要求，用以弥补冻结对砌体的影响。

④砌筑施工工艺。冻结法施工时一般应采用三顺一丁法组砌，外墙转角和内外墙交接处的灰缝必须饱满，并用一顺一丁法组砌。一般应连续砌完一个施工层高度，不得间断。每天砌筑高度及临时间断处的高差应≤1.2m。对未安装楼板或屋面板的墙体，特别是山墙，应及时采取加固措施，以保证墙体稳定。

3. 钢筋混凝土结构工程的冬期施工

室外日平均气温连续5d稳定＜5℃时，混凝土结构工程应当按冬期施工要求组织施工。

混凝土受冻后但不致使其各项性能遭到损害的最低强度称为混凝土受冻临界强度。冬期浇筑的混凝土抗压强度，在受冻前，硅酸盐水泥或普通硅酸盐水泥配制的混凝土不得低于其设计强度标准值的30％；矿渣硅酸盐水泥配制的混凝土不得低于其设计强度标准值的40％；掺防冻剂的混凝土，温度降低到防冻剂规定温度以下时，混凝土的强度应≥3.5N/mm²。

（1）混凝土冬期施工的要求

1）对材料的要求及加热

①水泥应优先选用活性高、水化热大的硅酸盐水泥和普通硅酸盐水泥。水泥的强度等级应≥32.5R级，最小水泥用量应≥300kg/m³，水灰比应≤0.6。

②所用集料必须清洁，不得含有冰雪等冻结物及易冻裂的矿物质。冬期施工拌制混凝土的砂、石子温度要符合热工计算需要的温度。

③对组成混凝土材料的加热，应优先考虑加热水。水的常用加热方法有用锅烧水、用蒸汽加热水和用电极加热水三种。

④钢筋冷拉可在负温下进行，但冷拉温度应≥—20℃。

⑤可采用抗冻早强型外加剂。

2）混凝土的搅拌、运输和浇筑

①混凝土的搅拌。混凝土不宜露天搅拌，应当尽量搭设暖棚，优先选用大容量的搅拌机，以减少混凝土的热量损失。搅拌前，用热水或蒸汽冲洗搅拌机。混凝土的拌合时间应比

常温规定时间延长 50%。经加热后的材料投料顺序为：先将水和砂、石子投入拌合，然后加入水泥。这样可以防止水泥与高温水接触时产生假凝现象。混凝土拌合物的出机温度应≥10℃。

②混凝土的运输。混凝土的运输过程是热损失的关键阶段，应当采取必要的措施减少混凝土的热损失，同时应保证混凝土的和易性。常用的主要措施包括减少运输时间和距离；使用大容积的运输工具并采取必要的保温措施。保证混凝土入模温度应≥5℃。

③混凝土的浇筑。混凝土在浇筑前，应当清除模板和钢筋上的冰雪和污垢，尽量加快混凝土的浇筑速度，防止热量散失过多。当采用加热养护时，混凝土养护前的温度应≥2℃。

冬期施工混凝土振捣应当使用机械振捣，振捣时间应比常温时有所增加。

（2）混凝土冬期的施工方法

混凝土浇筑后，如果早期遭受冻结，转入正温后虽然强度会继续增长，但与同龄期标准养护条件下的混凝土相比，其强度都有不同程度的降低。强度损失的大小随其浇筑后遭受冻结早晚情况的不同而异。因此，混凝土的冬期施工应格外引起重视。混凝土工程冬期施工方法是保证混凝土在硬化过程中防止早期受冻所采取的各种措施并根据自然气温条件、结构类型、工期要求来确定混凝土工程冬期施工方法。

混凝土冬期养护方法主要有蓄热法、冷混凝土法、综合蓄热法等。但无论采用何种方法，均应保证混凝土尽快达到冬期施工临界强度，避免遭受冻害，一个理想的施工方案，首先应当在杜绝混凝土早期受冻的前提下，在最短的施工期限内，用最低的冬期施工费用，获得优良的施工质量。

1）蓄热法

蓄热法是在混凝土浇筑后，利用原材料预热的热量及水泥水化热，通过适当保温延缓混凝土冷却，使混凝土冷却到0℃以前达到预期要求强度的施工方法。

蓄热法施工方法简单，费用较低，较易保证质量。当室外最低温度≥−15℃时，地面以下的工程或表面系数（指结构冷却的表面积与其全部体积的比值）≤10 的结构应优先采用蓄热法养护。

2）冷混凝土法

冷混凝土法是在混凝土中加入适量的抗冻剂、早强剂，减水剂，使混凝土强度迅速增长，在冻结前达到要求的临界强度，或降低水的冰点使混凝土能在负温下凝结硬化，它不仅可以使混凝土冬期施工工艺简化，节约能源，降低冬期施工费用，掺用合理还可以改善混凝土的其他性能，是冬期施工最有发展前途的施工方法。

①常用外加剂的类型

A. 减水剂。能改善混凝土的和易性及拌合用水量，降低水灰比，提高混凝土的强度和耐久性。常用的减水剂有苯磺酸盐系减水剂、木质素系减水剂、水溶性树脂减水剂。

B. 早强剂。早强剂是加速混凝土早期强度发展的外加剂，可以在常温、低温或负温（≥−5℃）条件下加速混凝土硬化过程。常用的早强剂主要有氯化钠、氯化钙、硫酸钠、亚硝酸钠、碳酸钾、三乙醇胺等。

大部分早强剂同时具有降低水的冰点，使混凝土在负温情况下继续水化，增加强度，起到防冻的作用。

C. 引气剂。引气剂是指在混凝土搅拌过程中，引入无数微小气泡，改善混凝土拌合物的和易性和减少用水量，并显著提高混凝土的抗冻性和耐久性。常用的引气剂有松香热聚物、烷基苯磺酸盐、松香皂等。

D. 阻锈剂。氯盐类外加剂对混凝土中的金属预埋件有腐蚀作用。阻锈剂能在金属表面形成一层氧化膜，阻止金属的锈蚀。常用的阻锈剂有亚硝酸钠、重铬酸钾等。

②混凝土中外加剂的应用

单一的外加剂常不能完全满足混凝土冬期施工的要求，一般宜采用复合配方。常用的复合配方有以下几种类型：

A. 氯盐类外加剂主要有氯化钠、氯化钙，其价廉、易购买，但对钢筋有锈蚀作用，一般在钢筋混凝土中掺用，按无水状态计算不得超过水泥量的1%；无筋混凝土中，采用热材料拌合的混凝土，氯盐掺量不得大于水泥质量的3%；采用冷材料拌制时，氯盐掺量不得大于拌合水质量的15%。掺用氯盐的混凝土必须振捣密实，且不宜采用蒸汽养护。

B. 硫酸钠-氯钾钠复合外加剂由2%的硫酸钠、1%～2%的氯化钠和1%～2%的亚硝酸钠组成。当气温在−3～−5℃时，氯化钠和亚硝酸钠掺量分别为1%；当气温在−5～−8℃时，其掺量分别为2%。这种配方的复合外加剂不能用于高温湿热环境及预应力结构。

C. 亚硝酸钠-硫酸钠复合外加剂由2%～8%的亚硝酸钠和2%的硫酸钠组成。当气温分别为−3℃、−5℃、−8℃、−10℃时，亚硝酸钠的掺量分别为2%、4%、6%、8%。亚硝酸钠-硫酸钠复合外加剂在零摄氏度以下有较好的促凝作用，能使混凝土强度较快增长，且对混凝土有塑化作用，对钢筋无锈蚀作用。

使用硫酸钠复合外加剂时，易先将其溶解在30～50℃的温水中，配成浓度≤20%的溶液。施工时混凝土的出机温度应≥10℃，浇筑成型后的温度应≥5℃。有条件时，应尽量提高混凝土的温度，浇筑成型后应立即覆盖保温，尽量延长混凝土的零摄氏度以上养护时间。

D. 三乙醇胺复合外加剂由适量的三乙醇胺和氯化钠、亚硝酸钠组成，当气温<−15℃时，还可掺入适量的氯化钙。三乙醇胺在早期正温条件下起早强作用，当混凝土内部温度下降到0℃以下时，氯盐又在其中起抗冻作用，使混凝土继续硬化。混凝土浇筑入仓温度应保持在15℃以上，浇筑成型后应马上覆盖保温，使混凝土在0℃以上温度达72h以上。

3）综合蓄热法

综合蓄热法是在掺化学外加剂的混凝土浇筑后，利用原材料加热及水泥水化热，通过适当保温，延缓混凝土冷却速度，使混凝土温度降到0℃或设计规定温度前达到预期要求强度的施工方法。

4. 装饰工程的冬期施工

（1）装饰工程的环境温度

根据《建筑装饰装修工程质量验收规范》（GB 50210—2001），室内外装饰工程的环境温度应符合下列规定：

①刷浆、饰面和花饰工程以及高级的抹灰应≥5℃。

②中级和普通抹灰，混色油漆工程，以及玻璃工程应>0℃。

③裱糊工程应≥10℃。

④用胶粘剂粘贴的罩面板工程，应按产品说明要求的温度施工。

⑤涂刷清漆应≥8℃，乳胶漆应按产品说明要求的温度施工。

⑥室外涂刷石灰浆应≥3℃。

注：1. 环境温度是指施工现场的最低温度。

2. 室内温度应靠近外墙、离地面高500mm处测得。

（2）一般抹灰冬期施工

凡昼夜平均气温＜5℃和最低气温＜－3℃时，抹灰工程应当按冬期施工的要求进行。

一般拌灰冬期常用施工方法有热作法和冷作法两种。

1）热作法施工

热作法施工是利用房屋的永久热源或临时热源来提高和保持操作环境的温度，人为地创造一个正温环境，使抹灰砂浆硬化和固结。热作法一般用于室内抹灰。常用的热源有火炉、蒸汽、远红外加热器等。

室内抹灰应在屋面已做好的情况下进行。抹灰前应将门、窗封闭，并将脚手眼堵好，对抹灰砌体提前进行加热，使墙面温度保持在5℃以上，以便湿润墙面不致结冰，使砂浆与墙面粘结牢固。冻结砌体应提前进行人工解冻，待解冻下沉完毕，砌体强度达到设计强度的20％后方可抹灰。抹灰砂浆应当在零摄氏度以上的室内或暖棚内制作，用热水搅拌，抹灰时砂浆的上墙温度应≥10℃。抹灰结束后，至少7d内保持5℃的室温进行养护。在此期间，应当随时检查抹灰层的湿度，当干燥过快时，应当洒水湿润，以防产生裂纹，影响与基层的粘结，防止脱落。

2）冷作法施工

冷作法施工是指低温条件下在砂浆中掺入一定量的防冻剂（氯化钠、氯化钙、亚硝酸钠等），在不采取采暖保温措施的情况下进行抹灰作业。冷作法适用于房屋装饰要求不高、小面积的外饰面工程。

冷作法抹灰前应对抹灰墙面进行清扫，墙面应当保持干净，不得有浮土和冰霜，表面不洒水湿润；抗冻剂宜优先选用单掺氯化钠的方法，其次可选用同时掺氯化钠和氯化钙的复盐方法或掺亚硝酸钠。其掺入量与室外气温有关，可按表10-2选用，也可由试验确定。

表 10-2　砂浆内氯化钠掺量（占用水量的百分比）

项　　　　目	室外气温	
	0～－5℃	－5～－10℃
挑檐、阳台、雨罩、墙面等抹水泥砂浆	4％	4％～8％
墙面为水刷石、干粘石水泥砂浆	5％	5％～10％

当采用亚硝酸钠外加剂时，砂浆内亚硝酸钠掺量应符合表10-3的规定。

表 10-3　砂浆内亚硝酸钠掺量（占用水量的百分比）

室外气温	－3～0℃	－9～－4℃	－15～－10℃	－20～－16℃
掺量	1％	3％	5％	8％

防冻剂应由专人配制和使用，配制时可先配制浓度为20％的标准溶液，然后根据气温再配制成使用溶液。

掺氯盐的抹灰严禁用于高压电源的部位，做涂料墙面的抹灰砂浆中，不得掺入氯盐防冻剂。氯盐砂浆应在零摄氏度以上拌制使用，拌制时，应先将水泥和砂干拌均匀，然后再加入氯盐水溶液拌合，水泥可用硅酸盐水泥或矿渣硅酸盐水泥，严禁使用高铝水泥。砂浆应当随拌随用，不允许停放。

当气温＜－25℃时，不得用冷作法进行抹灰施工。

（3）装饰抹灰

装饰抹灰冬期施工除按照一般抹灰施工要求掺盐外，可另加水泥质量20％的801胶水。

要注意搅拌砂浆时，应先加一种材料搅拌均匀后，再加另一种材料，避免直接混搅。釉面砖及外墙面砖施工时宜在2%的盐水中浸泡2h，并在晾干后方可使用。

（4）其他装饰工程的冬期施工

冬期进行油漆、刷浆、裱糊、饰面工程，应采用热作法施工，并尽量利用永久性的采暖设施。室内温度应>5℃，并保持均衡，不得突然变化，否则不能保证工程质量。

冬期气温低，油漆会发黏不易涂刷，涂刷后漆膜不易干燥。为了便于施工，可在油漆中加入一定量的催干剂，保证在24h内干燥。

室外刷浆应当保持施工均衡，粉浆类料宜采用热水配制，随用随配，料浆的使用温度宜保持在15℃左右。裱糊工程施工时，混凝土或抹灰基层含水率应≤8%。施工中，当室内温度>20℃，且相对湿度>80%时，应当开窗换气，防止壁纸皱折起泡。玻璃工程冬期施工时，应将玻璃、镶嵌用合成橡胶等材料运到有采暖设备的室内，操作地点环境温度应≥5℃。

外墙铝合金、塑钢框、大扇玻璃不宜在冬期安装。

室内外装饰工程的施工环境温度，除满足上述要求以外，对新材料还应按所用材料的产品说明要求的温度进行施工。

5. 屋面工程冬期施工

卷材屋面的冬期施工宜选择气温≥−15℃的风和日丽的天气，利用日照使基层达到正温条件，方可铺设卷材。当气温<−5℃时，不宜进行找平层施工。

油毡使用前应先在+15℃的室内预热8h，并在铺贴的前一日，清扫油毡表面的滑石粉。使用时，应根据施工进度的要求，分批送至屋面。

冬期施工不宜采用焦油系列产品，而应采用石油系列产品，沥青胶配合比应准确。沥青的熬制及使用温度应比常温季节高出10℃，且≥200℃。

铺设前，应当检查基层的强度、含水率及平整度。基层含水率应≤15%，以防止基层含水率过大，导致转入常温后水分蒸发而引起油毡鼓泡。

扫清基层上的霜雪、冰层、垃圾，然后再涂刷冷底子油。铺设卷材时，应做到随涂沥青胶随铺贴和压实油毡，以免沥青胶冷却、粘结不好、产生孔隙等。沥青胶厚度宜控制在1~2mm，最大值应≤2mm。

使用改性沥青防水卷材或合成高分子卷材，应当按照产品说明书中的有关规定进行施工。

10.2 雨期施工

10.2.1 雨期施工的准备工作

（1）施工现场的道路、设施必须做到排水畅通，雨停水干。要防止地表水流入地下室、基础、地沟内。还要根据实际情况采取措施，防止滑坡和塌方。

（2）做好原材料、成品、半成品的防雨防潮工作。水泥库必须保证不漏水，地面必须防潮，并按"先收先发"、"后收后发"的原则，避免久存受潮而影响水泥的活性。木门窗等易受潮变形的半成品应当在室内堆放，其他材料也应当根据其性能做好防雨防潮工作。钢材也要做好防雨防潮工作，以免生锈。

（3）在雨期前应做好对现场房屋、设备的排水防雨措施。

（4）备足排水需用的水泵及其有关器材，准备适量的塑料布、油毡等防雨材料。

10.2.2　主要分部分项工程的雨期施工

1. 土方工程的雨期施工

（1）土方的开挖

①基坑开挖前，首先在挖土范围外先挖好挡水沟，沟边做土堤，防止雨水流入坑内。

②为防止基坑被雨水浸泡，开挖后应在坑内做好排水沟、集水井。

③土方开挖时，应随时注意边坡稳定。土方边坡坡度留设应适当缓一些，如果施工现场无法满足，则可设置支撑或采取边坡加固等措施。在施工时应加强对边坡和支撑的检查。

④土方工程施工时，工作面不宜过大，宜分段作业。可先预留 20~30cm 不挖，待大部分基槽已挖到距基底 20~30cm 时，再采用人工挖土清槽。

⑤土方施工过程中，应尽可能减小基坑边坡荷载，不得堆积过多的材料、土方，施工机械作业时应尽量远离基坑的边缘。

⑥土方开挖完后，应抓紧进行基础垫层的施工，基础施工完后，应立即进行土方回填。

（2）土方的回填

①雨期施工中，回填用土应及时采取覆盖措施，以保证土方的含水量符合要求。

②若采取措施后，土方含水量仍偏大，应晾一段时间待含水量符合要求后再进行回填，严格防止橡皮土的形成。若工期很紧，要求必须立即回填，则应由建设单位、监理单位、施工单位共同协商后进一步采取其他措施，如用灰土回填等。土的密实度必须满足要求。

2. 砌体工程的雨期施工

砖和砌块在雨季必须集中堆放，不宜浇水。砌墙时要求干湿砖或砌块合理搭配。砖和砌块湿度大时不可上墙。砌筑高度则应≤1.2m。

雨期施工时，应当加强对砂含水量的测定，及时调整砂浆搅拌时的用水量。

遇大雨必须停工。砌砖收工时应在墙体顶盖一层干砖，以避免大雨冲刷灰浆。大雨过后受雨冲刷过的新砌墙体应当翻砌最上面的两层砖。

稳定性较差的窗间墙、独立砖柱，应当加设临时支承或及时浇筑钢筋混凝土圈梁，以增加墙体的稳定性。

砌体施工时，内外墙要尽量同时砌筑，转角及丁字墙间的连接也要同时跟上。遇大风时，应当在与风向相反的方向加临时支承，以保护墙体的稳定。

雨后继续施工，必须复核已完工砌体的垂直度和标高。

3. 混凝土工程的雨期施工

在涂刷模板隔离层前要及时掌握天气预报，以防隔离层被雨水冲掉。

遇到大雨要停止浇筑混凝土，已浇部位应当加以覆盖。现浇混凝土应根据结构情况和可能，多考虑几道施工缝的留设位置。

雨期施工时，应当加强对混凝土粗细集料含水量的测定，及时调整混凝土搅拌时的用水量。

大面积混凝土浇筑前，要了解 2~3d 的天气预报，尽量避开大雨。混凝土浇筑现场要预备大量防雨材料，以备浇筑时突然遇雨进行覆盖。

模板支承下的回填土要密实，并加好垫板，雨后应及时检查有无下沉。

4. 安装工程的雨期施工

构件堆放地点要严整、坚实，周围要做好排水工作，严禁构件堆放区积水、浸泡，防止泥土粘到预埋件上。

塔式起重机路基必须高出地面150mm，严禁雨水浸泡路基。

雨后安装时，要先进行试吊，将构件吊至1m左右，往返上下数次，稳定后再进行安装工作。

5. 屋面工程

屋面应尽量在雨期前施工，并同时安装屋面的水落管。卷材、保温材料不能淋雨，雨天应严禁屋面施工。

6. 抹灰工程

雨天不能进行室外抹灰，至少应预计1~2d的天气变化情况。对已经施工的墙面，应当注意防止雨水的污染。室内抹灰尽量在做完屋面后进行，至少应在做完屋面找平层并铺一层油毡之后。

7. 机械防雨

所有的机械棚都要搭设牢固，防止倒塌漏水。电机设备应当采取防雨、防淹措施，安装接地安全设置。机动电闸箱的漏电保护装置应可靠。

上岗工作要点

1. 掌握主要分部分项工程的冬期施工方法。
2. 掌握主要分部分项工程的雨期施工方法。

思 考 题

1. 试述冻土的特性和分类。
2. 冬期施工前应做哪些准备工作？
3. 试述地基土的冻胀性分为哪几类。
4. 试述土方的防冻措施有哪几种，各有什么特点。
5. 冻土的开挖方法有几种？分别是什么？
6. 冬期开挖土方时应注意的条件有哪些？
7. 混凝土冬期施工的要求有哪些？
8. 雨期施工前应做哪些准备工作？
9. 土方工程的雨期施工应注意的事项包括哪些？
10. 砌体工程的雨期施工应注意的事项包括哪些？
11. 混凝土工程的雨期施工应注意的事项包括哪些？

参 考 文 献

［1］ 冯占红. 建筑装饰工程施工工艺与预算［M］. 北京：化学工业出版社，2009.

［2］ 刘津明. 混凝土结构施工技术［M］. 北京：机械工业出版社，2009.

［3］ 朱勇年. 砌体结构施工［M］. 北京：高等教育出版社，2009.

［4］ 张立新. 建筑电气工程施工工艺标准与检验批填写范例［M］. 北京：中国电力出版社，2008.

［5］ 崔东方. 地面装饰构造与施工工艺［M］. 北京：中国建筑工业出版社，2007.

［6］ 胡伦坚. 建筑工程施工工艺手册（中册）装饰工程施工工艺［M］. 北京：机械工业出版社，2007.

［7］ 罗忆，等. 建筑幕墙设计与施工［M］. 北京：化学工业出版社，2007.

［8］ 钟汉华. 建筑工程施工工艺［M］. 重庆：重庆大学出版社，2006.

［9］ 顾勇新. 清水混凝土工程施工技术及工艺［M］. 北京：中国建筑工业出版社，2006.

［10］ 郭东兴，等. 装饰材料与施工工艺［M］. 广州：华南理工大学出版社，2005.

［11］ 赵志缙，等. 高层建筑施工［M］. 2版. 北京：中国建筑工业出版社，2005.